suhrkamp taschenbuch 555

Pierre Bertaux, geboren 1907, 1936 habilitiert mit einer Arbeit über Hölderlin, 1938: o. Prof. Universität Toulouse, 1940-44: Krieg, Widerstand, Gefängnis. Dann: Commissaire de la République (bevollmächtigter Vertreter der prov. Regierung de Gaulles) in Toulouse. Präfekt in Lyon, Generaldirektor der Sûreté (frz. Polizei), Senator für den frz. Sudan. Kehrte 1958 zur Universität zurück: Univ. Lille, Pariser Sorbonne. Gründete 1968 das *Institut d'Allemand d'Asnières,* im Rahmen der Neuen Sorbonne (Université Paris III), wo versucht wird, sowohl die Germanistik als überhaupt den Hochschulunterricht neu zu gestalten.

Wichtigste Publikationen: Hölderlin. »Essai de biographie intérieure«. Paris 1936. »La vie quotidienne en Allemagne du temps de Guillaume II.« Paris 1962. »Die Geschichte Afrikas, südlich der Sahara.« Frankfurt/Main 1966. »Mutation der Menschheit.« Frankfurt/Main 1963. Bertaux-Lepointe, »Dictionnaires Allemand-Français und Français-Allemand.« Paris 1967-68. »Hölderlin und die Französische Revolution.« Frankfurt/Main 1969. »La Civilisation Urbaine en Allemagne.« Paris 1971. »La Libération de Toulouse.« Paris 1973. »Friedrich Hölderlin.« Frankfurt/Main 1978.

Die Zeitwende, in der wir heute stehen, ist nicht nur eine unter den vielen Zeitwenden, die es in der Menschheitsgeschichte gegeben hat. Das ungeheure Ereignis, an dem wir – bewußt oder unbewußt, aktiv oder passiv – alle beteiligt sind, ist eigentlich eine biologische Mutation. Die vorige Mutation, in paläontologischen Urzeiten, brachte das Erscheinen des *Homo sapiens.* Warum sollte aber diese Mutation die letzte gewesen sein? Wir – und vor allem die junge Generation – stehen auf der Schwelle zu einer anderen, neuen Menschenart: der Menschheit der neotechnischen Ära. In dieser umwälzenden Perspektive müssen die Probleme der Zeit, die uns alle angehen – Rolle und Bedeutung der Geschichte, Krieg und Frieden, die Bedeutung der Jugend, der Persönlichkeit, der individuellen Verantwortung –, neu interpretiert werden.

Im *Nachwort zur Taschenbuchausgabe 1979* fragt Pierre Bertaux: »Woraus aber ein Bezugssystem herleiten, welches das menschliche Dasein zu strukturieren vermag? Einzig aus der Ethik des Spiels, die verlangt, daß man beim Spielen gleich welchen Spiels die Spielregeln beachtet. . . . Angesichts dieser drei Tatsachen – Abbröckeln der traditionellen Werte, Heraufkunft einer Freizeitzivilisation, Gregarisierung der Gattung – neigt man zu der Ansicht, daß nur eine Ethik des Spiels es der Gattung Mensch erlauben wird, noch einmal davonzukommen und die Partie für einige Jahrtausende noch einmal anzukurbeln.«

Pierre Bertaux
Mutation der Menschheit
Zukunft und Lebenssinn

Mit einem Nachwort zur
Taschenbuchausgabe 1979

Suhrkamp

Aus dem Französischen übertragen
vom Verfasser und von Heinz Wissmann
Nachwort zur Taschenbuchausgabe 1979
aus dem Französischen von Eva Moldenhauer

suhrkamp taschenbuch 555
Erste Auflage 1979
© 1963 by Pierre Bertaux
© für das Nachwort Suhrkamp Verlag Frankfurt am Main 1979
Suhrkamp Taschenbuch Verlag
Satz: LibroSatz, Kriftel
Druck: Nomos Verlagsgesellschaft, Baden-Baden
Printed in Germany
Umschlag nach Entwürfen von
Willy Fleckhaus und Rolf Staudt.

Inhalt

Vorwort

».. . perché sempre una mutazione lascia lo adden-
tellato per la edificazione dell'altra.«
(. . . denn jede Mutation hinterläßt eine Verzahnung
als Ansatz für die nächste.)

Machiavell, Il Principe II

Die Entstehung dieses Buches oder zumindest der Beginn
seiner Abfassung geht auf ein eigenartiges Zusammentreffen
zurück. Seit vielen Jahren beschäftigte mich das Phänomen der
Mutation des Menschen, doch ich zögerte, auf welche Weise
ich es als Problem sichtbar und zum Gegenstand einer Untersuchung machen sollte. Fest entschlossen, die Arbeit endlich in
Angriff zu nehmen, hatte ich die ersten Seiten niedergeschrie-
ben, als ich am selben Abend im Radio die unerhörte Nachricht vernahm: Sowjetrußland war es gelungen, zum erstenmal
einen künstlichen Satelliten, den Sputnik, auf seine Umlaufbahn zu bringen. Das war der erste Schritt des Menschen in
den Weltraum, der erste Schritt aus seinem Nest hinaus, das
für ihn bislang die ganze Welt bedeutet hatte; galt ihm doch die
eigene Geschichte für »Weltgeschichte«. – Zufall? Wink des
Himmels? Was es auch immer bedeuten mochte, ich fand mich
ermutigt, meinen eigenen Versuch zu wagen, eine Idee – eben
jene der *Mutation des Menschen* – in Umlauf zu setzen. *A priori*
angezweifelt und von hohen Prälaten der Wissenschaft als
undiskutabel zurückgewiesen (es ist nicht uninteressant, ihre
Motivation zu ergründen, sie hat mit wissenschaftlichen Prinzipien wenig zu tun; eine solche Idee drohte nämlich ihr ge-
wohntes, geliebtes, humanistisches Weltbild zu zerstören),
geht die Idee der (auch genetisch zu verstehenden) Mutation
der Menschheit ihren Weg weiter.

Noch eine kleine Weile, und sie wird als evidente, schließlich
gar als banale Wahrheit wirken – ganz wie früher die Vorstellung der Kugelgestalt der Erde, die sich auch nicht gleich
durchsetzte. Der Gedanke, daß die biologische Entwicklung
nicht abgeschlossen ist, daß in ihrem Verlauf die gegenwärtige
Menschheit nur ein Durchgangsstadium darstellt, daß aus
dem Menschen etwas hervorgehen wird, das sich zwar von ihm

7

herleitet, aber dem nicht mehr genau entsprechen wird, was wir uns unter dem Wort »Mensch« vorstellen – diese Idee, von Darwin geahnt, von Nietzsche erkannt, von Teilhard de Chardin ausdrücklich formuliert, wirft ein neues Licht auf die Wirklichkeit, in der wir leben. Sie ist es eigentlich, die dem Denken neue Richtungen anweist und die biologische Größenordnung der Erscheinungen und Ereignisse des Tages festsetzt.

Ein entscheidendes Moment des modernen Denkens war die Evolutionstheorie. Es würde zu Goethes Nachruhm ausreichen, daß er sie geahnt und auf sie hingearbeitet hat. Nach Goethes Tod und Darwins Erscheinen hat es noch ein Jahrhundert gedauert, bis sich in der westlichen Welt die Erkenntnis durchsetzte, daß der Mensch das Ergebnis einer langen biologischen Entwicklung ist. Es fehlt jedoch noch viel, bis wir alle Konsequenzen dieses Entwicklungsgedankens gezogen haben. Die ersten Konsequenzen durchzukämpfen, z. B. den Glauben an die historische Wahrheit des Wortlauts der Bibel zu erschüttern, hat so viel Mühe gekostet, daß ein zweiter, doch naheliegender Schritt noch nicht getan wurde. Der Mensch ist das jüngste Mitglied der weitverzweigten Familie der Säugetiere; aber es gibt keinen Grund anzunehmen, daß die biologische Evolution, die sich auf der Erde seit über einer Milliarde Jahren durchgesetzt hat, gerade bei ihm stillstehen sollte. Warum sollte die Natur ruhen, wie Gott am siebenten Tag? Ist der Mensch wirklich »Krone der Schöpfung«? Wäre es nicht grotesk und überheblich, gerade ihn als »Ausgabe letzter Hand« der Werke der Natur zu rühmen?

Seit wenigen Jahren sickert allmählich die Erkenntnis durch, daß der Mensch nicht nur ein »terminus ad quem«, sondern auch ein »terminus a quo« ist; also nicht nur das Ende eines Prozesses, sondern auch der Beginn eines anderen – wenn ihm nur eine Chance gegeben ist.

Nach den letzten Forschungen läßt sich der Stammbaum des Menschen bis zu einer Million Jahre zurückverfolgen, doch biologisch gesehen ist die Menschheit noch sehr jung: Sie hat ungefähr das Alter eines fünfjährigen Kindes erreicht, das zwar schon sprechen kann, auch etwas Schreiben und Rechnen, das sich schon selbst zu helfen weiß, jedoch erst halbwegs vernünftig ist und sich vor allem noch nicht recht zu benehmen versteht: »Wenn ich erst einmal groß bin . . .«

Die Gattung Mensch hat viel mehr vor sich, als sie bisher hinter sich gebracht hat. Allerdings ist es fraglich, ob die Nachfahren der heutigen Menschheit nicht einer anderen Art als der von uns mit dem Namen *homo sapiens* bezeichneten angehören werden. Diese Vorstellungsweise schien mir evident zu sein und Konsequenzen nach sich ziehen zu müssen.

Doch ist die Trägheit des Geistes – womit ich die ungeheure Schwierigkeit meine, die es bereitet, einen ungewohnten, wirklich neuen Gedanken aufzunehmen – weitaus größer, als ich anfangs vermutete. Und selbst wenn es schließlich gelingt, etwas abstrakt zu begreifen, ist es noch ein weiter Weg, bis man anfängt, die Konsequenzen daraus zu ziehen. Die klare Vorstellung, der reine Begriff genügen nicht; ihr Inhalt muß in den dunklen Bereich der Gefühlsregungen hinabdringen, bevor der Gedanke wirksam wird, bevor der Mensch, der etwas *weiß,* es auch *glaubt* und schließlich danach *handelt.* Es kann lange dauern, bis eine anerkannte Wahrheit, so dringend sie auch sei, das Verhalten des Individuums und der Gesellschaft beeinflußt. Haben wir so lange Zeit? Und wenn nicht, was dann?

Kurz vor seinem Tode (1947) sagte Max Planck: »Die größte Gefahr sind heute die Leute, die nicht wahrhaben wollen, daß das jetzt anhebende Zeitalter sich grundsätzlich von der Vergangenheit unterscheidet. Mit den überkommenen politischen Begriffen werden wir mit dieser Lage nicht fertig werden. Der Bankrott der traditionellen Vorstellungen von Krieg, Angriff und Verteidigung ist offenbar. Ohne *Umdenken* ist kein Ausweg aus der Gefahr möglich.«

Auf allen Gebieten, nicht nur auf dem der Politik, ist das Umdenken das, was am meisten not tut.

Wie groß ist die Gefahr, oder, anders formuliert, wie groß sind die Überlebenschancen der Menschheit? Kompetente Forscher schätzen sie auf etwa fünfzig Prozent, oder, sagen wir, irgendwo zwischen dreißig und achtzig Prozent.

Diese Chancen aber kann man noch einen Schritt weiter analysieren. *Wenn* die Menschheit sich einigermaßen gescheit verhält, steigen die Chancen weit über neunzig Prozent; biologisch gesprochen, ist die Gattung Mensch zum Untergang überhaupt nicht verurteilt. Die Frage aber lautet: Wird die Menschheit vernünftig genug sein – und das rechtzeitig genug

–, um sich richtig zu verhalten? Da sinkt die Hoffnung, und damit auch der Prozentsatz der Überlebenschancen.

Als man Luther eines Tages fragte, was er tun würde, wenn man ihm für den nächsten Tag das Ende der Welt ankündigte, antwortete er: »Ich würde einen Baum pflanzen.« Als dem später heiliggesprochenen Aloysius von Gonzaga, damals Schüler eines Jesuitenkollegs, seine Kameraden beim Ballspiel die Frage stellten, was er tun würde, wenn man plötzlich erfahre, daß in einer Stunde das Letzte Gericht bevorstände, lautete seine Antwort: »Weiter Ball spielen.« Wir wollen nicht mit Weltuntergangsgedanken liebäugeln. Auch wenn die Menschheit verschwinden sollte, würde die Welt, würde das Leben weitergehen. Doch ist es für einen Humanisten von Erziehung und Beruf ein gewaltiger Schock, erkennen zu müssen, daß der Mensch nicht das unwandelbare Wesen ist, als das ihn die humanistische Tradition darstellt; daß die Menschheit als zoologische Gattung keineswegs ihrer Zukunft, ja nicht einmal ihres Überlebens sicher ist (eher das Gegenteil!); daß sie keineswegs einen Zustand homogener Stabilisation erreicht hat, sondern im durchaus genetischen Sinne des Begriffs einer unaufhaltsamen Mutation unterworfen ist; daß der Mensch von morgen aller Voraussicht nach ein anderer sein wird als der von heute. Aber ist es nicht gerade Beruf des Humanisten und Vollzug eines »menschlichen« Lebens, die Mutation der Gattung bewußt zu erleben?

Der Ausdruck *»homogene* Stabilisation« sollte vielleicht kurz erklärt werden. In gesunder Reaktion gegen den Rassenhaß und das von ihm verursachte Unheil neigt man heute manchmal dazu, die Existenz menschlicher Rassen einfach zu leugnen: alle Menschen, so meint man, seien gleich. Doch schießt man über das Ziel hinaus, wenn man damit sagen will, alle Menschen seien identisch. Als eingefleischter Demokrat glaube ich unerschütterlich an die Gleichheit der *Würde* aller Menschen, was immer ihre Hautfarbe oder ihr Bekenntnis sein möge. Glaube ich doch nicht minder fest an die Würde der Tiere – wer hätte ein ausgeprägteres Bewußtsein der eigenen Würde als eine Katze? – und daß man sich hüten muß, ein Tier zu demütigen. Die Schafzüchter erzählen die Geschichte des Hammels, der ein furchtbares Trauma erlitt, weil man ihn vor den Augen seiner Gefährtinnen geschoren hatte. Monatelang verweigerte er jeden Dienst, bis ihm die Wolle wieder ansehnlich gewachsen war und er sich nicht mehr zu schämen brauchte. Und nicht nur an Würde sind sich alle Menschen gleich, sondern auch wohl an Fähigkeit, wenn man nicht jeweils eine besondere Fähigkeit, sondern die Summe der Fähigkeiten, die ein jeder besitzt, in Betracht zieht. Als Summe sind sie vermutlich in jedem Fall ungefähr gleich groß. Die Fähigkeit des Buschmanns, im südafrikanischen *veld* zu leben, ist zumindest ebenso komplex und verdienstvoll wie die, ein Auto zu fahren. Doch all das bedeutet nicht, daß die Menschen identisch sind.

In jeder Menschengruppe, so stabil und homogen sie auch beim ersten Blick aussehen mag, weil sie jahrhundertelang isoliert und zurückgezogen lebte, ist immer die Möglichkeit einer Differenzierung und Weiterentwicklung gegeben. Das Erbgut der Gruppe enthält die verschiedensten Anlagen, welche sich in den Individuen je nach Gelegenheit manifestieren können. Auch in unseren westlichen Gesellschaften leben Menschen beieinander, die ganz verschiedenen Stufen oder Schichten der Evolution angehören; so würde ich die Dichtertemperamente, ob sie nun dichten oder nicht, als die Überreste der alten Rassen des Paläolithikums, als die direkten Erben der primitiven Jäger betrachten (von der Rasse Esaus) – während die anderen, die geschäftigen und berechnenden (»das schlaue Geschlecht«, sagte Hölderlin), heute die bei weitem überwiegende und auch ausschlaggebende Mehrheit bilden. Trotzdem hat jeder Mensch seine eigene Art, seine besondere Würde und das ihm eigentümliche, unersetzliche Wesen, das verlangt, beachtet und respektiert zu werden – selbst wenn man glaubt, daß die einen der Vergangenheit angehören und den anderen die Zukunft gehört.

Die Mutation ist ein Naturereignis. Als Tatsache ist sie gegenüber Klage und Jubel gleichgültig. Es gilt, sie festzustellen und zu verstehen. Als Anpassung der Art an gewandelte Umstände ist sie positiv zu bewerten.

Hier seien die Hauptthesen, die ich als Reflexionsthemen vorschlage, kurz formuliert.

1. Uns steht in absehbarer Zeit – im Laufe der drei nächsten Generationen – ein Geschehen bevor, »das große Ereignis«, das sich zwar nicht auf einen Schlag ereignen, doch Zug um Zug seine Konsequenzen zeitigen wird.

Ein Unternehmen, dessen Ausgaben steigen und dessen Einnahmen sinken, muß eines Tages Bankrott machen. In der Situation dieses Unternehmens befindet sich heute die Menschheit: Während die Erdbevölkerung und ihre Konsumansprüche wachsen, gehen die von der Natur angesammelten Rohstoffe ihrer Erschöpfung entgegen. Am Schnittpunkt der beiden Kurven wird etwas geschehen. Ein Ereignis steht bevor, das entweder die Züge einer Mutation oder diejenigen einer Katastrophe tragen wird, je nachdem, ob rechtzeitig vor dem Schnittpunkt der Entwicklungskurven eingegriffen oder passiv der fatale Ausgang abgewartet wird. Leider bleibt das Bewußtsein der Gefahr hinter dem Tempo der Entwicklung zurück. Die Rohstoffvorkommen des Planeten werden im beschleunigten Raubbau ausgebeutet, während die globale Organisation unseres Lebensraums kaum vorankommt.

Ein einziges Beispiel für diese ins Absurde gehende allgemeine Verblendung will ich hier anführen. In ganz Westeuropa ertönt der Ruf nach mehr Autobahnen, nach Städten, die im Hinblick auf die Bedürfnisse des Autofahrers geplant und gebaut werden sollen. Ein beträchtlicher Teil der Wirtschaftsanstrengungen der Industrieländer – sowie der Aktivität des einzelnen – dreht sich um das Auto. Dabei ist doch offensichtlich, daß es dieses Wesen, diese Art des Verkehrs nur noch eine kurze Zeit lang geben wird. In einigen Dezennien werden die Mineralölvorkommen der Erde erschöpft sein, selbst wenn alle Kontinente und der Kontinentalsockel unter der Meeresoberfläche so reich an Erdöl wären wie Saudi-Arabien. »Das Auto«, wie wir es verstehen, hat bereits länger existiert, als es noch existieren wird. Trotzdem ist selbst die Sowjetunion unfähig, gegen diese Tendenz (den Druck der öffentlichen Meinung, welche nach Autos verlangt) anzukämpfen, und errichtet Fabriken, um eine Million Autos im Jahr herzustellen.

Ich kenne freilich das Argument: »Wenn es einmal kein Erdöl mehr gibt, wird man schon etwas anderes finden, zum Beispiel die Brennstoffzelle.« Es ist jedoch keineswegs gewiß, daß der Ersatz vollkommen sein wird, zumindest was den privaten Bedarf angeht. Dieser wird sich wohl einer strengen Disziplin unterwerfen müssen, wenn erst die Menschheit aus dem Zeitalter der Verschwendung und Euphorie in eine Ära der rationellen Verwertung und Verwaltung ihrer Rohstoffe und Energiequellen hinübertritt. Die unausweichliche Umstellung der »freien« Wirtschaft und der nach ihren Grundsätzen lebenden Gesellschaften wird dann schwerer vor sich gehen als beispielsweise die der Chinesen, welche durch keine derartige Verschwendung verwöhnt sind.

Wo beide Erscheinungen, die Zunahme der menschlichen Bevölkerung und die Erschöpfung der natürlichen Rohstoffe, aufeinandertreffen, wird sich unvermeidlich auch das Phänomen »Mensch« in seinen Grundzügen wandeln.

2. Damit ist selbstverständlich noch nicht gesagt, daß diese Wandlung genetischer Art sein muß. Doch gerade hier setzt meine zweite Behauptung ein, daß nämlich diese Veränderung *auch* genetisch erfolgt; daß sie im *genetischen* Sinn eine *Mutation* sein wird.

3. Jeder Schritt dieser Entwicklung verstärkt die Tendenz zur Gregarisierung (Domestizierung sagt Konrad Lorenz) des Menschen. Diese Gregarisierung, die Entwicklung der Herdeninstinkte, hängt irgendwie mit dem Anwachsen der Bevölkerungsdichte zusammen. Die Tatsache ist evident, wenn auch bis jetzt der Mechanismus unergründet blieb. Jeder Mutationssprung wird anscheinend durch das Erreichen einer kritischen Dichte innerhalb einer bestimmten Siedlungsform ausgelöst. So ist der Schritt vom Jäger zum Hirten, vom Hirten zum Bauern, vom Bauern zum Stadtbewohner nicht einfach ein kultureller Vorgang. Jedesmal entsteht auch eine neue Form von Menschheit, unter Änderung des genetischen Erbgutes. Jeder neue Schritt ist eine Anpassung an eine veränderte, dichter besiedelte Umwelt. Es kommt wohl vor, daß mir ein Genetiker entgegenhält, es sei überhaupt nichts Derartiges festzustellen und es gebe keine festen Anzeichen dafür, daß sich das Erbgut der Menschen seit dem Paläolithikum geändert habe; wenn ich ihn aber frage, worin der Unterschied, von seinem »wissenschaftlich-genetischen« Standpunkt her gesehen, zwischen einer domestizierten und einer wilden Ente besteht, verstummt er.

4. Meine vierte Behauptung lautet, daß diese Mutation nicht auf einmal geschieht, sondern durch Akkumulierung »kleiner Mutationen« in derselben Richtung vor sich geht, durch eine Anzahl von Schritten, deren erste schon getan sind. So ist z. B. das, was wir »die neolithische Revolution« nennen, nicht nur

ein kulturelles, sondern auch ein genetisches Ereignis gewesen. Die Beobachtung dieser »kleinen Schritte« läßt die allgemeine Richtung erkennen, in der sich die Gattung entwickelt.

5. Den Genetikern vom Fach will ich es nicht verdenken, daß sie mit dem Begriff der Mutation vorsichtig umgehen. Sie haben bis vor kurzem nur feststellbare *körperliche* Merkmale der Mutation (anatomische Veränderungen, Farbänderungen der Pigmente) berücksichtigen wollen. Seit einigen Jahren werden jedoch auch weniger unmittelbar zu erkennende Merkmale als erblich determiniert (also eventuell einer Mutation unterworfen) betrachtet; so biochemische Zustände, wie z. B. die Widerstandsfähigkeit gewissen Krankheitserregern oder Giften gegenüber, oder gewisse Formen des Geschmackssinns, gewisse Besonderheiten des Metabolismus (vgl. Dobzhansky, Die Entwicklung zum Menschen, S. 360). Wenn man aber die Verhaltensweisen der lebenden Wesen – und gar die Grundlage des Psychischen – auf chemische Zustände zurückführen darf, so wird klar, daß eine Änderung des Erbguts (eine Mutation) das biochemische Gleichgewicht und infolgedessen die instinktive Veranlagung (so z. B. den gregarischen Instinkt) betreffen kann, ohne zwangsläufig anatomisch nachweisbare Änderungen zu bewirken; daß aber solche Änderungen des Verhaltens genetischer Art sind und als Mutation bezeichnet werden dürfen. Schließlich sind auch die anatomisch feststellbaren Mutationen auf unscheinbare chemische Mutationen zurückzuführen.

6. Mutationen sind keineswegs Ausnahmeerscheinungen. Dobzhansky nimmt an, daß 20% aller Menschen wenigstens von einer »kleineren Mutation« betroffen sind. Da jeder über ein Erbgut von mehreren zehntausend Genen verfügt, bleiben die meisten Mutationen unbemerkt.

7. Als die erste Auflage meines Buches erschien, wollten die Erbforscher unter keinen Umständen zugeben, daß die Umwelt eine erbliche Mutation verursachen könne. Das Problem des Einflusses der Umwelt auf die genetische Entwicklung war noch nicht über das Stadium der Kontroverse zwischen Lyssenko und den Vertretern der klassischen Vererbungslehre hinausgekommen. (Bekanntlich behauptete Lyssenko die Möglichkeit einer Veränderung erblicher Merkmale durch Einwirkung der Umwelt; seine »Entdeckungen« werden von

der klassischen Erbforschung weiterhin nicht als diskutabel betrachtet). Mit der Ablehnung jeder Möglichkeit einer Beeinflussung des Erbguts durch die Umwelt fiele die von mir aufgestellte Hypothese der durch größere Menschenkonzentration bewirkten Mutationsschritte fort. Doch in den letzten Jahren haben sich unsere Kenntnisse auf den Gebieten der Biochemie, der Zellularbiologie und der eigentlichen Genetik erheblich erweitert, und zwar in Richtung einer neuen Auffassung vom Einfluß der Umwelt (z. B. der Temperatur) auf das Erbgut. In dieser Hinsicht ist der kürzlich eingeführte Begriff der »Geninaktivität« besonders interessant. Es sieht so aus, als verhielten sich in den Zellen eines derartig komplexen Organismus wie des menschlichen Körpers bis zu 80% des genetischen Materials inaktiv, wobei der Aktivitätsgrad der einzelnen Gene von der Umwelt abhinge. Namentlich scheinen hormonale Ausscheidungen und Ernährungsweise die Aktivität bestimmter Gene oder Gengruppen beeinflussen zu können. Nun sind aber sowohl die hormonalen Ausscheidungen als auch die Ernährungsweise (besonders die Aufnahme von Vitaminen) ihrerseits durch Jahreszeit und Klima bestimmt. Affektive und informative, psychische und soziale Faktoren sind ebenfalls für den Hormonhaushalt determinierend. Das Problem der Beziehung zwischen genetischer Aktivität und Umwelt gewinnt dabei ein ganz anderes Aussehen, als es die klassische Erbforschung bisher wahrhaben wollte. Damit kommt man aber bereits dem Problem der »Mutation der Menschheit« auf die Spur. Diese zwar auch in der westlichen Welt heute noch schockierende Hypothese der Mutation der Menschheit wird, wenigstens für den Augenblick, von der marxistischen Welt kategorisch abgewiesen. Die offizielle Lehre des Marxismus geht nämlich davon aus, daß sich in der Entwicklung der Gattungen des Lebendigen mit dem Erscheinen des Menschen ein Bruch vollzogen hat. Im Sinne von Herder-Hegel-Marx meint der heutige Marxismus, der Mensch (als das zur Arbeit befähigte Lebewesen) verändere sich nicht mehr in biologischer Hinsicht; seine weitere Entwicklung spiele sich fortan auf sozialer und kultureller Ebene ab; mit dem Menschen habe die Geschichte die Natur abgelöst; der Mensch habe keine »Natur« mehr, sondern bloß noch »Geschichte«.

Es ist nicht zu leugnen, daß die historische Entwicklung, und vor allem die industrielle Revolution die Lebensbedingungen unendlich viel schneller und einschneidender verändert hat, als es die landschaftlichen, klimatischen und sonstigen genetisch-biologisch bestimmenden Faktoren je getan haben.

Wenn man annimmt, daß mit dem Menschen, seiner Geschichte und seiner Industrie ein neuer – und zwar ein stark beschleunigender – Faktor der Evolution ins Spiel gekommen ist, so ist es doch ein Denkfehler, die Folgerung zu ziehen, daß die anderen – biologischen – Faktoren der Evolution nicht mehr mitwirken; daß sie auf einmal und endgültig ausgeschaltet wurden. In der marxistischen Theorie lebt komischerweise die nicht überwundene alttestamentarische Vorstellung fort, Gott bzw. die biologisch verstandene Natur habe nach der Erschaffung des Menschen aufgehört, schöpferisch zu wirken.

Beide – die historisch-industrielle und die biologisch-genetische Entwicklung – laufen, sich gegenseitig beeinflussend, unzertrennlich weiter. Beide bewirken eine sich schließlich auch genetisch fixierende Änderung der Strukturen des Menschseins.

8. Die heutige Situation aber (wenn man will, das *challenge,* oder die drohende Gefahr, die Problematik der Zeit) ist dadurch gekennzeichnet, daß, während sich die Lebensformen der Menschen – soweit sie technisch-mechanistisch determiniert sind – sehr rasch weiterentwickeln, unsere Verhaltens- und Denkweisen immer noch weitgehend von der physiologischen (zerebralen und affektiven) Grundschicht abhängen. Zeitmaß der einen sind die Jahrzehnte, bei der anderen läßt sich nur mit Hunderttausenden von Jahren rechnen. In dieser Diskrepanz liegt die Gefahr.

Wohl hat sich beim Menschen gleichsam ein Relais eingeschaltet, wo die Entwicklung rascher als im rein biologischen Bereich vor sich geht: die »Kultur«. Doch ist auch diese in ihrem Entwicklungstempo der heutigen Beschleunigung der Geschichte nicht gewachsen. Mit den Reflexen der Jäger der Steinzeit und mit den Denkformen der Bauernkulturen ausgerüstet, sehen wir uns vollkommen neuen Situationen gegenübergestellt. Unser geistiges Rüstzeug steht noch auf gleicher Stufe wie das eines Moses, eines Hesiod und Laotse. Zeitgenossen unserer Großväter haben in Südafrika den letzten Maler des Paläolithikums, einen Buschmann, umgebracht; dieser war aber ein Zeitgenosse der Menschen von Altamira und Lascaux. Dennoch war der Abstand in Situation und Veranlagung zwischen dem Buschmann und den weißen Viehzüchtern, die ihn erschlugen, nicht so groß wie derjenige zwischen den Buren und den Menschen des 21. Jahrhunderts*. Der letzte große Einschnitt in der Entwicklung der Menschheit war jener Vorgang, den man »die neolithische Revolution« nennt, die Vorstufe der historischen Existenz der Menschheit. Der Einschnitt der »neotechnischen Revolution«, als deren Vorbereitung sich die industrielle Revolution des vorigen Jahrhunderts begreifen läßt, wird mindestens ebenso tief, aber weitaus abrupter erfolgen. Wenn ihn »die Menschheit« überlebt, dann wird es eine nicht nur anders organisierte, sondern auch andersgeartete Menschheit sein.

Aus diesen kurzgefaßten Thesen ergeben sich unabweisbare Folgerungen, deren Betrachtung vielleicht dazu verhilft, dem Phänomen nicht ganz ratlos gegenüberzustehen.

Als Kind habe ich den berühmten Satz von La Bruyère aufsagen müssen: »Seit fünftausend Jahren, da es Menschen gibt, Menschen, die denken . . .« Und fünftausend Jahre schie-

---

* In einem Aufsatz: *Wie können wir mit unseren archaischen Verhaltensweisen die Gegenwart meistern?* (Die Zeit, 18. Juni 1965) sagte Hoimar von Ditfurth ungefähr folgendes: Zwischen dem Tempo unserer historisch-adaptiven Evolution entsteht eine Diskrepanz von wahrhaft astronomischen Ausmaßen. Daher die im Verlaufe der historischen Entwicklung rasch zunehmenden Unstimmigkeiten zwischen den sich uns fortlaufend neu eröffnenden Möglichkeiten technisch rationalen Tuns und dem in diesem Zusammenhang als anachronistisch zu bezeichnenden Repertoire unserer angeborenen Instinktausstattung. Wir sind gezwungen, die Gegenwart (die technische Zivilisation) mit einem Repertoire von Verhaltensweisen zu meistern, das archaischer Herkunft ist. Die stolze Illusion, unser Geist sei frei und der Prozeß unserer Einsicht vollziehe sich außerhalb der Dimension der historischen Zeit, ist gefährlich. Wie in einer Hülle leben wir in der naiven Fixierung einer anthropozentrisch geordneten Umwelt: Dem Larvenstadium des Geistes entspricht es, daß er sich in einer perspektivisch auf sich selbst hingeordneten Welt erlebt. Die Ichbezogenheit aller Vorgänge, der »Subjektzentrismus«, entspricht aber einer archaischen Form des Bewußtseins. In diesem Zusammenhang bedeutet die Naturwissenschaft eine gewaltige, Jahrhunderte dauernde Anstrengung, den Menschen von jenem anthropozentrischen Weltbild zu befreien, das ihn als Fossil seiner vormenschlichen Vergangenheit bis heute noch umgibt. Erst durch den Abbau starrer Instinktmuster und emotional bedingter Reaktionen, so z. B. auf dem Gebiet der Aggressivität, wird die Möglichkeit zur Entstehung »freier« (rationaler) Verhaltensweisen geschaffen.

nen mir eine Ewigkeit, die Menschheit eine uralte, ehrwürdige Angelegenheit. Doch habe ich seitdem die Höhlenmalereien gesehen, die wenigstens fünfmal älter sind als die fünftausend Jahre La Bruyères und des Alten Testaments; und den Malern kann man das Denken nicht ganz absprechen. Mittlerweile setzt man den Gebrauch des Feuers auf 500 000 Jahre (plus-minus Tausende von Jahrhunderten!) an und den des Werkzeugs auf eine Million. Durch die Fortschritte der Archäologie, der Paläontologie, der Datierungsverfahren sind uns hundertmal größere Zeiträume, wenigstens als Zeitskala, vertraut geworden.

Ist aber im Lichte dieser Erweiterung unserer Kenntnisse die Menschheit etwa als eine noch viel ältere, viel ehrwürdigere Angelegenheit erschienen? Man könnte es glauben, und doch ist es nicht so; ganz im Gegenteil, die Menschheit erscheint jetzt als ganz jung, als eine erst ihre Jugend, vielleicht gar ihre Kindheit erlebende. Was uns als ehrwürdig-alte Tradition erschien, ist das Lallen einer Menschheit in der Wiege; »die alte Weisheit singt uns Wiegengesang«, meinte Hölderlin.

Mensch sein – eine Angelegenheit, die sich nicht nach Präzedenzfällen regeln läßt, sondern die es eigentlich noch zu erfinden gilt. Ein ganz einfaches Rechenexempel mag diesen Sachverhalt beleuchten. Wie vor ihm schon andere, hat Auguste Comte einmal gesagt, die Menschheit setze sich aus viel mehr Toten als Lebenden zusammen. Nun nähert sich aber heute die Wachstumsrate der Weltbevölkerung bereits der geometrischen Reihe, d. h., die Menschheit ist nicht sehr weit davon entfernt, sich mit jeder Generation zu verdoppeln. Seit meiner Geburt hat sich die Anzahl der lebenden Menschen verzweifacht, und es genügt, falls ich nicht allzu bald sterbe, sie sich noch einmal verdoppeln zu sehen. Zu den Eigenschaften der geometrischen Reihe gehört aber, daß jedes ihrer Glieder größer ist als alle vorhergehenden Glieder zusammengenommen $(1 + 2 + 4 + 8 = 15$, kleiner als 16). Wenn sich die Menschheit streng nach dem Gesetz der geometrischen Reihe vermehrte, dann wäre die Anzahl der lebenden Menschen jeweils größer als die Summe aller Menschen, die je gelebt haben.

Man stößt hier übrigens auf einen überaus charakteristischen Irrtum des intuitiven Denkens. Seit Christi Geburt sind 60 Generationen aufeinandergefolgt; 200 seit der Erfindung der

Viehzucht und des Ackerbaus; vielleicht 1000 seit den Höhlenmalereien von Lascaux; 20 000 seit der Zähmung des Feuers. Jeder einzelne Mensch sieht sich, wenn er an seine Vorfahren denkt, als eine verschwindend winzige, unbeträchtliche Sprosse einer ungeheuer großen Leiter. Doch was für den einzelnen als Individuum wahr ist, ist nicht mehr richtig, wenn man die Menschheit in ihrer Gesamtheit, als eine große Einheit, ins Auge faßt. Wollte man sämtliche Vorfahren seit einer Million Jahren unter den heute lebenden Menschen aufteilen, so kämen auf jeden einzelnen nicht mehr als zwanzig Ahnen; zehn, wenn man nur bis auf Christi Geburt zurückgeht. Dazu muß man sich vorstellen, daß von dieser heute lebenden Menschheit, die etwa ein Zwanzigstel der Menschen darstellt, die überhaupt je gelebt haben, die Hälfte weniger als zwanzig Jahre alt ist. Mit einem Wort, wir haben uns an den Gedanken, ja an das Gefühl zu gewöhnen, daß der Mensch als biologische Erscheinung *neu* und *jung* ist. Ebenso neu sind die Probleme, die er stellt; so neuartig, daß sie nicht im Hinblick auf Vergangenheit und Tradition gelöst werden können.

Ernst Jünger erinnert an eine Szene der antiken Sage: Der fromme Äneas, der Gründer Roms, auf der Flucht aus den brennenden Ruinen Trojas, trägt den Vater Anchises auf seinen Schultern. »Das führt uns zu der Kardinalfrage: Können wir den Vater mitnehmen? Sie muß verneint werden, wenngleich mit Einschränkungen.«

Soll man »den Vater« rücksichtslos von den Schultern werfen, um sich zu retten? Und würde das auch genügen? Sicher hat es niemals einen so brutalen Bruch in der Kontinuität der Traditionen gegeben wie den, der sich in diesem Augenblick in unserer Gegenwart ereignet. Es handelt sich für uns nicht darum, ihn zu bedauern oder uns seiner zu freuen. Es gilt einfach nüchtern festzustellen, daß einerseits ein Bruch notwendig ist und daß sich andererseits ein Bruch bereits vollzieht – ohne Gewähr dafür, daß der Bruch, der sich vollzieht, auch wirklich dem entspricht, was geschehen müßte, um das Fortleben der Gattung »Mensch« zu sichern.

Zoologisch gesehen, hat der Mensch besondere Eigenschaften, die ihn von den anderen Tierarten unterscheiden: die Fähigkeit, in jedem Klima leben zu können, die Veranlagung, sich zu jeder Jahreszeit fortzupflanzen, sich zu bekleiden, Feuer anzuzünden, Werkzeuge herzustellen und zu gebrauchen, mit seinesgleichen mittels der Sprache zu verkehren usw. Alle diese dem Menschen eigenen Merkmale treten jedoch vor einem anderen, seltener angeführten Merkmal zurück: Das Tier ist bis zu einer gewissen Grenze fähig, sich seiner Umgebung anzupassen. Der Mensch, der übrigens auch diese Fähigkeit besitzt, hat eine gerade entgegengesetzte entwickelt, und zwar die, *die Umgebung seinen eigenen Bedürfnissen anzupassen.* Das bedeutet aber eine Umpolung des Problems der Anpassung und eine ungeheure, folgenschwere Neuerung im Verlauf der biologischen Entwicklung. Während sich Pflanze und Tier je nach den herrschenden Verhältnissen einstellen oder aber verschwinden, wirkt der Mensch auf seine Umgebung ein, um sie sich günstig zu gestalten. Allerdings handelt es sich dabei nicht um eine absolute Neuheit. Die Schaffung eines günstigen Milieus ist schon bei Tieren und Insekten im Ansatz zu finden: Das Nest der Vögel (die Saurier legten die Eier einfach auf den Boden hin, und das war vielleicht die Ursache ihres Untergangs), die Termitenhügel und Bienenstöcke mit ihrer konstanten Temperatur bilden eine »Mikro-Umwelt«, die der Brut günstig ist. Doch bei den Tieren geht diese Schaffung einer künstlichen Umgebung kaum über die Grenze der Sorge um die Brut hinaus. Dem Menschen eigen und völlig neu ist, daß er weit über Nest und Wabe, über die Wohnung hinaus, seine verwandelnde Tätigkeit ausübt. Die ganze Landschaft trachtet er zu verändern, um sie sich günstig zu gestalten.

Merkwürdigerweise ist dieser heute für den Menschen äußerst charakteristische Zug ihm nicht von Anfang an eigen gewesen; dem *homo faber,* ja selbst dem *homo sapiens* nicht. Der Bruch zwischen Menschheit und Tierheit findet mit der neolithischen Revolution statt. In dieser Hinsicht ist der Jäger von dem Tier, das er verfolgt, weniger verschieden als der Ackerbauer vom Jäger.

Wie ist diese Umpolung des Problems der Anpassung zu erklären? Was war der Grund, der Ursprung dieses neuen Verhältnisses zur Umwelt? Wir wissen es nicht, müssen aber diese Tatsache mit einer anderen Feststellung in Verbindung setzen, nämlich der, daß der Mensch das einzige wirklich böse, grundböse Tier ist; das einzige methodisch, willentlich zerstörende Tier. Der Elefant kann in blinder Wut eine Plantage zerstampfen, der Wolf mehr Schafe erwürgen, als nötig ist, um seinen Hunger zu stillen; das sind aber nur Anfälle. Das Kind, das Disteln köpft, Fenster zum Spaß einwirft oder Würmer zertritt, ist ein Menschenkind. Ordnung schaffen, Saubermachen, Aufräumen – Tugenden der Hausfrau, die aber auch einem Instinkt der Bosheit entsprechen, der »beseitigt«, was das Unglück hatte, ihm im Wege zu stehen. Das Feuer hat vielleicht dem Menschen dazu dienen sollen, seine Nahrung zu kochen; vornehmlich auch, um Herr über den Wald zu werden, sich Raum, Luft und Sicht zu schaffen. Der Mensch liebt die Macht, und die Macht, zu zerstören, ist am billigsten zu haben. Man sehe nur den Glanz in den Augen des Bulldozerfahrers, und wer kann sagen, er beneide ihn nicht heimlich?

Seit der neolithischen Revolution hat der Mensch seine Siedlungsgebiete umgewandelt, manchmal auch zerstört. Die Küsten des Mittelmeeres waren bewaldet; Kreta war von Zypressen bedeckt. Mit Hilfe seiner Ziegen hat der Mensch diesen Küsten ihr heutiges kahles, ödes Aussehen verliehen. Manche Verwüstungen geschahen in historischer Zeit: noch bis zur arabischen Invasion der Beni Hillal konnte man im Schatten der Bäume von Kairo nach Marrakesch wandern. Spanien wurde erst im Mittelalter entwaldet. Das Ende verschwundener Kulturen in Mesopotamien, im Land der Maya ist mit großer Wahrscheinlichkeit auf Zerstörung der natürlichen Vegetation und unvorsichtigen Ackerbau zurückzuführen.

Heute ist der ganze Planet zum Wohnraum von dreieinhalb, bald sechs Milliarden Menschen geworden, die es zu ernähren gilt. Auf allen Kontinenten wird gerodet, werden Sümpfe trockengelegt, Wüsten bewässert, kurz, »Neuland gewonnen«. All das geschieht unter dem Namen der »Erschließung«. Ungeheuer wirksame Mittel werden eingesetzt, Maschinen, Kunstdünger, chemische Insektenvertilgungsmittel, Präparate zur Ausrottung des Unkrauts – alles Mittel, deren Wirkung in den meisten Fällen nicht gezielt genug ist und schädliche Nebenwirkungen erzeugen kann, von denen wir nichts wissen oder einfach nichts wissen wollen.

Die Fachleute sind in großer Sorge. Ich begnüge mich, auf ihre Werke (The silent Spring« von Rachel Carson, »Avant que

Nature meure« von Jean Dorst und viele andere) hinzuweisen. Aus ihnen geht eindeutig hervor, daß der Mensch im Begriff ist, das ökologische Gleichgewicht des Planeten zu zerstören, ohne zu wissen und auch nur zu ahnen, was die Folgen sein werden. »Die Natur« ist bedroht, und man weiß nicht – d. h., man weiß es schon, will es aber nicht wahrhaben –, welche Katastrophe man heraufbeschwört. Der Vorgang selbst gleicht einer Lawine; niemand vermag zu ahnen, wo und wann sie zum Stillstand kommt und was alles auf ihrem Weg zerstört wird. Es ist nicht einmal sicher, daß der Planet für den Menschen bewohnbar bleibt.

Damit steht aber eines fest: Die gegenwärtige Situation wird für die gegenwärtige Gattung Mensch mit ihrer gegenwärtigen Lebensweise und Organisationsform in naher Zukunft unhaltbar sein. »In naher Zukunft«, das heißt, in höchstens zwei oder drei Generationen. Wenn in dieser kurzen Frist nicht etwas geschieht, das einer totalen Neueinstellung und globalen Organisation der Menschheit gleichkommt, ist die Alternative der Untergang.

Die Menschheit verfügt heute über die verschiedensten Mittel, sich selbst mit oder ohne Absicht zu vernichten. Die ungeheure Zerstörungskraft der Wasserstoffbombe hat einen neuen Begriff entstehen lassen, das *overkilling*. Damit ist gemeint, daß die Weltmächte genügend Bomben und Raketen besitzen, um ihre eventuellen Gegner und letztlich die ganze Menschheit zehn-, zwanzigmal auszurotten.

Dabei sind aber nur die A-Waffen in Betracht gezogen. Von den B- und C-Waffen (den biologischen und chemischen Zerstörungsmitteln) läßt man wenig verlauten; jedoch sollen sie an Wirksamkeit die A-Waffen noch übertreffen. Mit ihnen lassen sich ganze Kontinente unfruchtbar machen und aushungern.

Bisher war nur von Waffen die Rede. Aber auch unbeabsichtigte Nebenerscheinungen der technischen Zivilisation können genügen, um die Existenz der Menschheit zu gefährden. Auf die Konsequenzen der Verwendung von Kunstdünger, Schädlingsbekämpfungsmitteln, Bestrahlung und Medikamenten für die somatische und genetische Gesundheit des Menschen ist die breite öffentliche Meinung erst seit ein paar Jahren aufmerksam geworden. Die Fortschritte der Medizin bergen ihrerseits die Gefahr, daß degenerierte erbkranke Menschen lebens- und fortpflanzungsfähig gehalten werden, womit die natürliche Auslese verhindert wird. Folge dieser allgemeinen Dekadenz könnte theoretisch das Aussterben der Gattung sein.

Das oben erwähnte Eingreifen des Menschen in die natürlichen Verhältnisse seines Lebensmilieus führt zur Zerstreuung der von der Natur angesammelten Rohstoffe, zur Verseuchung der Atmosphäre und des Wassers mit Abfallprodukten. Seit Beginn der industriellen Revolution ist der Kohlenoxydgehalt der Luft um einen erheblichen Prozentsatz gestiegen. Allein diese Tatsache kann eine Abweichung der Durchlässigkeit der Atmosphäre für die Sonneneinstrahlung bewirken, mit der sich Temperatur und Klima, die Größe der polaren Eiskappen, das Niveau des Meeres usw. ändern könnten.

Dutzende von Verfahren würden der Menschheit erlauben, sich selber auszurotten, doch ist keines mit der Fähigkeit des Menschen vergleichbar, seine Umwelt schneller zu verändern, als er sich biologisch den von ihm selbst veränderten Umständen anpassen kann.

Ob die eine oder die andere Ursache der Dekadenz und des Absterbens der Gattung den Ausschlag gibt – eines ist sicher: alle sind jetzt am Werk.

Man startet »Rettungsaktionen« für bedrohte Tierarten: für das Ren in Lappland, für den Flamingo in der Camargue, für den Leguan der Galapagosinseln, für die Addax-Antilope der Sahara . . . Die Zeit ist wohl gekommen, eine »Rettungsaktion Mensch« in Angriff zu nehmen.

Eine solche Aktion hat mit der Geburtenkontrolle zu beginnen. Von allen Gefahren, die über der Menschheit schweben, ist ihre unkontrollierte Fortpflanzung die dringendste und zugleich die gefährlichste.

Das ungeheure Anwachsen der Bevölkerung in den letzten Jahrhunderten ist als Erscheinung den Biologen wohlbekannt; und sie wissen auch, wie eine solche demographische Explosion – bei den Tieren – endet. Auf Phasen ungeheurer Vermehrung folgen Phasen des Rückgangs und des fast vollständigen Verschwindens. Man braucht sich nur das Beispiel der Ratten oder Heuschrecken vor Augen zu halten.

Es gibt keinen Grund anzunehmen, daß die menschliche

Bevölkerung diesem Zyklus nicht unterworfen sei. Ich zitiere Jean Dorst: »Zoologisch betrachtet, hat sich die Menschheit der meisten natürlichen Schranken der Vermehrung zu entledigen verstanden ... Indem aber wir Menschen die Kraft der Bremsen der demographischen Expansion verringert haben, sind wir auch verpflichtet, jene des Motors herabzusetzen. Keine Religion, keine Moral, kein Vorurteil dürfen uns daran hindern. Die Augen zu schließen und alles irgendeiner Vorsehung zu überlassen ist eine entschieden antihumane Handlungsweise, denn eine richtige Beschränkung des menschlichen Fortpflanzungsvermögens ist so wenig gegen die Natur wie die Impfung und die Behandlung der Krankheiten mit Antibiotika ...« Man beachte auch folgende Aussage Jean Dorsts: »Das Beispiel aller raschen tierischen Vermehrung sollte uns als Warnung dienen. Eine glänzende Zukunft scheint den Nagetieren, den Ratten, den Kaninchen, bevorzustehen, wenn ihre Fortpflanzung sich beschleunigt, wenn die Würfe in kurzen Intervallen aufeinanderfolgen und ihre Völker in geometrischer Progression zunehmen. Dennoch erscheinen bald die ersten Symptome der Degeneration. Keine regelrechten Krankheiten, sondern gewisse Anzeichen einer tiefgreifenden physiologischen Störung, die möglicherweise mit dem *stress* verbunden ist, den an sich schon die Übervölkerung bedeutet. Die Bevölkerungszahl geht dann oft sehr schnell und auf dramatische Weise zurück; nur einige wenige Einzeltiere überleben, um mühsam die Art zu erhalten. Die Wucherung erscheint so stets als Vorläufer des Todes. Manche haben diese Anzeichen der Entartung auch an der menschlichen Gattung zu entdecken geglaubt und neigen zu der Ansicht, daß sie auf eine übermäßige Fortpflanzung ohne jede natürliche Auslese zurückzuführen sind. Müssen wir denn den physiologischen Ruin als unvermeidlich hinnehmen, so wie jene Nagetiere, Opfer ihrer allzu heftigen Fortpflanzung, die hingestreckt, mit angeklebtem Fell, die Augen halb geschlossen, im Zustand völliger Lethargie den Tod erwarten? Der Mensch ... ist es sich schuldig, ein anderes Mittel zu finden, seine demographische Explosion abzufangen.«

Das klassische Beispiel, das ich ebenfalls dem Werk von Jean Dorst entnehme, ist das einer in Arizona, in der Nähe des Grand Canyon des Colorado, lebenden seltenen Art von Rehen. 1906 waren sie so selten geworden, daß die Gegend zum Bundesschutzgebiet erklärt wurde. Nicht nur vor den Jägern, sondern auch vor den Raubtieren wurden sie geschützt; und im Winter wurden sie gefüttert. Der Tierbestand wuchs in weniger als zwanzig Jahren von kaum 4000 auf mehr als 100 000 an. Man freute sich. In Wirklichkeit war die so geschaffene Situation für die Tiere äußerst gefährlich: Zu zahlreich geworden, ließen sie dem Gras nicht mehr die Zeit, nachzuwachsen, sie rissen selbst die Wurzeln aus. Nachdem die Weideflächen erst einmal zerstört waren, starben sie an Hunger oder fielen bisher unbekannten Krankheiten zum Opfer, die durch die Unterernährung begünstigt wurden. 1940 waren von ihnen nur noch 10 000 Exemplare übrig, und die Art war in Gefahr, gänzlich auszusterben.

In anderen Fällen wurden die allzu geschützten Tiere, die nicht mehr gewohnt waren, um ihr Leben zu kämpfen, von Epidemien dezimiert oder gar ausgerottet. Die Schlußfolgerung des Spezialisten: »Die beste Art und Weise, Tiere (und vor allem Großwild) zu schützen, besteht nicht darin, sie sich nach Belieben frei entwickeln zu lassen . . . Nach Maßgabe seiner Aufnahmefähigkeit kann ein Gebiet nur eine bestimmte Anzahl von Tieren einer Art ernähren, und zwar im direkten Verhältnis zum primären Nahrungsangebot durch die Vegetation. Sowie man die Grenze der Aufnahmefähigkeit überschreitet, beschwört man unvermeidlich Katastrophen herauf.«

Was für die Rehe in Arizona zutrifft, gilt auch für die Menschen – nur mit dem Vorbehalt, daß im Falle der menschlichen Bevölkerung die Aufnahmefähigkeit eines Gebiets nicht einfach durch das primäre Nahrungsangebot der Vegetation begrenzt ist. Der Mensch hat es verstanden, dem Boden durch verschiedene Organisationsformen und Techniken (Jagd, Viehzucht, Ackerbau, Bewässerung, Wechselwirtschaft, Kunstdüngung usw.) einen jeweils höheren Ertrag abzugewinnen. Indes, auch mit diesem Vorbehalt bleibt der Begriff der begrenzten Aufnahmefähigkeit eines Gebiets gültig. Die Konsequenzen einer Überschreitung dieser Grenzen sind in jedem Falle katastrophal. Kriege sind zum Teil als »aufgeschobener Kindermord«, als »natürlicher« Ausgleichsmechanismus einer unkontrollierten Übervölkerung zu betrachten.

Ohne Kontrolle der Fortpflanzung (also ohne irgendwelche

Formen der Geburtenregelung) sind Katastrophen unvermeidlich, angesichts derer die fünfzig Millionen Toten des Zweiten Weltkriegs kaum ins Gewicht fallen. Die demographische Organisation des Wohnraums der Menschheit, d. h. der Erdoberfläche, ist der Anfang der Weisheit. Wenn nicht einmal dieser Anfang gemacht wird, dann darf das traurige Schicksal eines allzu dummen Geschlechts nicht einmal beklagt werden.

Nur am Rande sei vermerkt, daß es zwei verschiedene Aspekte der Geburtenregelung gibt, einen quantitativen und einen qualitativen.

Ich muß immer wieder betonen, daß der ausschlaggebende Begriff jener der Bevölkerungsdichte ist. Sie ist es, die den technischen Fortschritt vorantreibt, Kriege ausbrechen läßt und aller Wahrscheinlichkeit nach die genetische Mutation der Menschheit verursacht. Sie ist es gleichfalls, die den ethischen Anschauungen der Völker ihren Stempel aufdrückt. Die Moral der Nomaden ist nicht die der seßhaften Ackerbauern; diese wiederum nicht die der Großstädter. Warum die niederländischen Gemüsegärtner eine andere Moral üben als das Faustrecht der Pioniere im Wilden Westen, liegt auf der Hand. Die ethischen Grundsätze (ich spreche nicht von den proklamierten, sondern von den tatsächlich angewandten) drücken jeweils die Prinzipien aus, die eine bestimmte Konzentration von Menschen lebensfähig machen.

Zwei extreme Beispiele seien hier gleichsam spiegelbildlich einander gegenübergestellt.

Wer hätte nicht schon einmal voller Erstaunen und unbefriedigter Neugier vor einem jener Megalithen gestanden, die über den ganzen Westen Europas verstreut sind: die langen Reihen der Steinkolosse von Carnac in der Bretagne, die Menhire und Hünengräber? Doch von den Menschen, die diese Denkmäler hinterlassen haben, wissen wir so gut wie nichts – es sei denn, daß sie sie errichtet haben. Wir wissen weder, wie sie die Steine transportiert, noch, warum sie diese Riesenarbeit getan haben. Was haben sie sich dabei gedacht, und welchen Zweck haben sie verfolgt? Die Ausgrabungen haben wenig geholfen, uns darüber aufzuklären. Einen der ganz wenigen Anhaltspunkte bietet der Standort dieser Megalithen, die Art und Weise, wie sie sich in die Landschaft einfügen. Die Ortsbestimmung der Steindenkmäler ist nämlich so präzise, daß sich mit einiger Sicherheit die Stelle bestimmen läßt, wo es ihren Erbauern in den Sinn kommen mußte, sie zu errichten. Auf diese Weise ist es mir gelungen, in der Bucht von Valinco auf Korsika einen unbekannten, vom Gestrüpp überwucherten Megalithen zu entdecken, indem ich ihn im Dickicht genau dort suchte, wo er der Landschaft nach zu stehen hatte, nämlich weder in der Senkung noch auf der Höhe, sondern auf halber Höhe, an einem Ort, der den leichtesten Zugang gestattet und gleichzeitig die weiteste Aussicht gewährt; an einem Schnittpunkt der Landschaftslinien. In manchen Fällen mochten dieselben Stellen als Glieder einer Feuerkette dienen, nach einer Signalisationstechnik, von der wir wissen, daß sie in Gallien zur Zeit des Vercingetorix benutzt wurde und eine rasche Nachrichtenübermittlung über Hunderte von Kilometern ermöglichte.

Wir können uns in einem gewissen Maße in die geistige Haltung der Erbauer dieser Denkmäler zurückversetzen; dies um so leichter, als dieselbe Geisteshaltung noch vor kurzem in abgelegenen Örtlichkeiten lebendig war, wie zum Beispiel bei den Hirten des kärglich besiedelten Berglandes zwischen Aragonien und Navarra. Man braucht sich nur die Einsamkeit dieser Hirten vorzustellen und das sie erdrückende Gefühl des Mißverhältnisses zwischen dem einzelnen Menschen und der ungeheuren Landschaft, die ihn umgibt, aufsaugt und auslöscht. Hier lehnt sich der Mensch auf. Er will in der Landschaft seine Spur hinterlassen, ihr sein Zeichen aufdrücken, sein Dasein bekräftigen. Am Hange des Berges liegt ein langer Felsblock, zurückgelassen von den Lawinen des Winters. Er richtet ihn auf, stemmt seine Spitze gegen den Himmel. Rational begründet er seine Handlung damit, daß er ein Wegzeichen errichtet hat, um im Nebel den Weg nicht zu verfehlen. Wo er keinen Felsblock findet, häuft er Steine auf – wichtig ist nur, daß das so geschaffene Objekt, aufgerichteter Felsblock oder Steinhaufen, gewaltsam in der Landschaft seinen nicht-natürlichen, widernatürlichen Charakter kundtut; daß es weithin allen die Gegenwart, den Willen und die Kraft des Menschen verkündet, die Existenz des Mannes, der so die Natur vergewaltigt und ihr sein Zeichen aufgezwungen hat. Ich sage mit Absicht: vergewaltigt. Denn ganz gewiß spielt bei dieser Form der Selbstbestätigung auch ein sexuelles Element mit. Der Kult des Phallus, der seit den Höhlenmalereien belegt ist, gehört zu den ältesten und grundlegenden Kultformen.

Begnügen wir uns jedoch mit dem Aspekt der Selbstbehauptung, der rebellischen Geste dessen, der den Stein aufgerichtet hat, um gegen den gleichgültigen Kreislauf des Daseins zu protestieren. Von dort ist die Entwicklung weitergegangen – zum Ruhmeskult der Römer, zur Selbsterhebung über die Dauer der individuellen Existenz hinaus, zur Selbstverewigung im Stein, im Metall, im Denkmal, im Werk schlechthin: *»Exegi monumentum aere perennius«*, sagt Horaz. Sich selbst bestätigen, wahrhaft zu existieren bedeutet, seinen Weg zu zeichnen, seiner Gegenwart Dauer zu verleihen, eine Spur zu hinterlassen. Die damit verbundene Ethik beruht auf dem Grundsatz, daß es *an sich gut* sei, seine Spur zu hinterlassen; was man ein Ideal nennt.

All das hatte durchaus seinen Sinn vor 6000 Jahren, als es auf der Erde vielleicht achtzig Millionen Menschen gab, und zur Zeit des Römischen Reiches, als es etwa hundertdreißig Millionen waren, d. h. als die Bevölkerungsdichte etwa einen Menschen pro Quadratkilometer betrug. Damals war es normal, legitim, ja »moralisch«, daß der Mensch im Zweikampf mit der Natur, welche die Spuren seiner Gegenwart nur allzu schnell verwischte, daß der technisch kaum bewehrte Mensch das Ideal verfolgte, einen Abdruck seiner Existenz zu hinterlassen.

Heutzutage, da die mittlere Bevölkerungsdichte der Kontinente sich verzwanzigfacht hat und in bestimmten Gegenden des Planeten das Vierhundert- oder Achthundertfache erreicht, heute macht auch das »moralische Gesetz« eine Wandlung durch. Wollte nämlich jeder der drei Milliarden Menschen dem Antlitz der Erde seinen Stempel aufdrücken, würde man bei jedem Schritt über die lästigen Spuren der anderen stolpern. Ein unerträglicher Zustand! Die neue Moral besteht denn auch im Gegensatz zur Ethik früherer Zeiten darin, *keine* Spur zu hinterlassen, Bäume und alte Mauern nicht mit seinen Initialen zu zeichnen, keine Butterbrotpapiere liegenzulassen, wenn man in einem Wald gepicknickt hat – den Nachfolgern zu gestatten, ihre Vorgänger zu vergessen und zu ignorieren. »Verlaßt diesen Ort so, wie ihr ihn selber vorzufinden wünscht!« heißt es auf gewissen Schildern in Hotels und an öffentlichen Orten; will sagen: verwischt alle Spuren eurer vorübergehenden Anwesenheit.

»O Menschen von wenig Gewicht im Gedächtnis dieser Orte«, schrieb Saint-John Perse – und dennoch, was der Dichter abschätzig ausspricht, das ist die neue Moral. Alles verbündet sich, alles wirkt zusammen, um diese neue Ethik der Unauffälligkeit durchzusetzen. Man nehme nur das Problem der Bestattung. Die erste Handlung, an der wir den *homo sapiens* erkennen, bestand darin, daß er seine Toten begrub, daß er Leichen mit ockerfarbenem Staub bedeckte – und das vor fünfzig- oder hunderttausend Jahren, als es auf der ganzen Erde vielleicht zwei oder drei Millionen Menschen gab. Noch heute bewahren wir diese »Moral« des Totenkults, welche jener Bevölkerungsdichte entsprach: ein Grab, ein Stein, ein Name ... Die theoretische Totenverehrung gehört zu einer äußerst geringen menschlichen Siedlungsdichte. Die Grabsteine und Grabeinfassungen mit ihrem Kettengeviert, die man noch heute auf den französischen Friedhöfen findet, entspringen der Absicht, die Toten daran zu hindern, unter die Lebenden zurückzukehren und sie in ihrem Dasein zu stören – alles archaische Überbleibsel.

Man stelle sich nur einmal vor, daß jedes der drei Milliarden Menschenwesen, die eine Generation heute zur Welt bringt, sein eigenes Grab und »ewig treues Angedenken« verlangte ... die Oberfläche der Erde wäre bald nicht mehr groß genug. Die »neue Moral« verlangt, daß der Tote so gründlich wie möglich verschwinde; die letzte Äußerung seines Zartgefühls hat darin zu bestehen, ein unauffälliger, zurückhaltender, wenig störender Toter zu sein. Er soll sich vergessen machen, verschwinden, um die anderen leben zu lassen. Die Erfüllung der »frommen Pflicht« obliegt nicht mehr den Überlebenden, sondern den Toten: sich unauffällig zurückzuziehen, wie man ein Fest verläßt, ohne Aufsehen zu erregen. Das Sterben selbst hat diskret stattzufinden, wird aus dem Leben des Alltags gleichsam ausgeklammert. 80% der Engländer sterben, wie es scheint, im Krankenhaus – möglicherweise, weil sie dort besser gepflegt werden, aber vielleicht auch deswegen, weil es störend und unangenehm ist, einen Sterbenden in seiner Wohnung zu haben. Das Problem, mit dem uns der

Tote konfrontiert, beschränkt sich immer mehr auf die Frage, wie man die Leiche möglichst rasch und unauffällig beseitigt. Im Grunde ein Problem der Straßenreinigung. Von einer gewissen Bevölkerungsdichte an darf der Tote nicht den Lebenden einengen. Besteht der Tote auf seinem Recht, erstickt er durch seine bloße Gegenwart bald die Lebenden, wächst und wächst wie der Leichnam bei Ionesco, füllt das ganze Zimmer, dringt selbst aus der Tür und dem Fenster und vertreibt die Überlebenden aus ihrem Haus. Der poetische Alptraum drückt ein neues, allgemeines und tiefgehendes Gefühl aus, das die an der Oberfläche noch immer zur Schau gestellte Totenverehrung von innen her aushöhlt und den Respekt für die Toten, das »ewige Andenken« zersetzt.

Erhaltung und Aufbewahrung in jeder Hinsicht waren von größter ethischer und sozialer Bedeutung zu einer Zeit, da die menschliche Siedlungsdichte gering, da aufgrund der paläotechnischen Formen der Industrie jeder Gegenstand selten und kostbar, Raum dagegen in Fülle vorhanden war. Heute haben die Werte sich umgekehrt: das Fabrikat hat nur noch einen geringen, der Raum dagegen, den es einnimmt, einen ganz erheblichen Wert. Im Hinblick auf den Preis eines Quadratmeters Baugrund in der Großstadt läßt sich die Umkehrung des Wertverhältnisses des Gegenstandes zum Raum berechnen. Man gelangt dabei zu der Feststellung, daß der Raum, den ein Gegenstand in einer modernen Wohnung einnimmt, nicht selten teurer ist als der Anschaffungspreis des Gegenstandes. Sobald sich der Gebrauchswert desselben verringert, erhebt sich das Problem, wie man sich seiner entledigt. Man berechnet, daß die Beseitigung der Sonntagsausgabe der *New York Times* mehr kostet als ihre Herstellung. Es wurden vor ein paar Jahren in Amerika Flaschenbrecher mit dem Werbespruch verkauft: »Reduzieren Sie Ihre leeren Flaschen auf 30% ihres Raummaßes.« Das ist eine jetzt schon überholte Möglichkeit, die Plastikflaschen lassen sich nicht einmal mehr vernichten, bis nicht ein sich selbst zerstörendes Material erfunden wird.

Man pflegt zu sagen, die ökonomische Ethik, die der industriellen Zivilisation zugrunde liegt, sei eine Ethik des Verbrauchs. Konsum ist Trumpf! Es gehört zum Prestige, das alte

Auto, den alten Eisschrank, das alte Material abzuschaffen und neues zu kaufen, sei es auch auf Kredit. Und wenn auch die verschiedenen Formen der Werbung dabei eine Rolle spielen, so kenne ich doch niemanden, der aus theoretischen Gründen der wirtschaftlichen Ethik, einfach um das industrielle Wachstum zu fördern, altes Hausmaterial abgeschafft hätte. Die Motivierung ist meines Erachtens vielmehr in dem Raummangel der modernen Wohnungen zu suchen, wo der Platz teurer und kostbarer ist als die Gegenstände.

In den Jahrtausenden bäuerlicher Wirtschaft, die jetzt zu Ende gehen, kostete es nichts, altes Zeug, das irgendwie einmal gebraucht werden konnte, in der Rumpelkammer aufzubewahren. Damit ist es aus. Unser Zeitalter wird auch der Zukunft weniger Schutt hinterlassen als die protohistorischen Kulturen, deren Abfallberge und Scherbenhaufen das Dorado der Archäologen sind. Doch wird es in Zukunft noch Archäologen geben? Nichts ist weniger sicher.

Das 19. Jahrhundert – und in seinem Gefolge das 20. – hat eine Hochschätzung der Kenntnis der Vergangenheit erlebt, die vermutlich eine vorübergehende Überschätzung war. Es ist durchaus möglich, ja wahrscheinlich, daß sich die Menschheit von morgen für ihre Vergangenheit weniger interessieren wird als wir.

Auch im geistigen Bereich wird entrümpelt. Sollen unsere Enkelkinder weiter ihr Gedächtnis mit so vielen ehrwürdigen Namen beschweren? Hölderlin, im Tübinger Stift, pflegte abends seine Kommilitonen Hegel und Schelling zu einem Schoppen Wein einzuladen mit dem Versprechen: »Wir wollen heute viel von großen Männern sprechen.« Große Männer der Vergangenheit? Kommen wir auf unser demographisches Rechenexempel zurück. Wenn man annimmt, daß die heute lebende Menschheit ein Zehntel aller Menschen umfaßt, die seit der klassischen Antike gelebt haben, wenn man weiter voraussetzt, daß die Menschheit als ganze keine Dekadenz durchgemacht hat und folglich die proportionale Anzahl an Genies unverändert geblieben ist – und warum schließlich nicht? –, sollte logischerweise unter den heute lebenden Menschen ein Zehntel aller Genies zu finden sein, die seit zwanzig Jahrhunderten ihre Namen in die Geschichte eingehen ließen ... Mit jeder neuen Generation würde ein neues Zehntel zu Ruhm gelangen; und die armen Schüler müßten das alles behalten? . . . Nein, mit dem Kult der altehrwürdigen Gestalten geht es auch zu Ende. Die Menschen brauchen wohl Idole; diese werden aber jetzt synthetisch und industriell hergestellt, durch Sport und Film illustriert und konsumbereit auf den Markt geworfen, wo sie den Saisonbedarf zu decken haben. Länger braucht man sich auch nicht an sie zu erinnern: es sind eben Saisonblüten.

Das heutige Leben bringt eine solche Fülle an Information mit sich, daß die Fähigkeit zu vergessen ein Grundvermögen zum Schutz des seelischen Gleichgewichts, das Vergessen eine Regel der geistigen Hygiene wird.

Man kann sich sehr gut vorstellen – und vielleicht sind wir schon so weit –, daß der Kult der Vergangenheit, den wir gekannt und geübt haben, ebenso verschwindet wie der Totenkult und aus denselben Gründen. Eine Menschheit ohne Gedächtnis oder mit einem sehr begrenzten Erinnerungsvermögen; unbeschwerte, immer jugendlich und frisch empfindende Menschen . . .

Auf den Ansatz zu dieser Entwicklung wies Joseph Roth schon vor vierzig Jahren hin. Im *Radetzkymarsch* (1932) schrieb er über den Tod zweier Offiziere in einer entlegenen österreichischen Garnison kurz vor dem Ausbruch des Ersten Weltkrieges:

»Damals, vor dem großen Kriege, war es noch nicht gleichgültig, ob ein Mann lebte oder starb. Wenn einer aus der Schar der Irdischen ausgelöscht wurde, trat nicht sofort ein anderer an seine Stelle, um den Toten vergessen zu machen, sondern eine Lücke blieb, wo er fehlte, und die nahen wie die fernen Zeugen des Unterganges verstummten, sooft sie diese Lücke sahen. Wenn das Feuer ein Haus aus der Häuserzeile der Straße hinweggerafft hatte, blieb die Brandstätte noch lange leer. Denn die Maurer arbeiteten langsam und bedächtig, und die nächsten Nachbarn wie die zufällig Vorbeikommenden erinnerten sich, wenn sie den leeren Platz erblickten, an die Gestalt und an die Mauern des verschwundenen Hauses. So war es damals! Alles, was wuchs, brauchte viel Zeit zum Wachsen; und alles, was unterging, was einmal vorhanden gewesen war, hatte seine Spuren hinterlassen, und man lebte dazumal von den Erinnerungen, wie man heutzutage lebt von der Fähigkeit, schnell und nachdrücklich zu vergessen.«

Werden die Menschen von morgen intelligenter sein als die von heute? – Oder sind sie in Gefahr, weniger intelligent zu sein? Die Diskussion ist lebhaft, und die beiderseits vorgebrachten Argumente zahlreich. Ich verweise nur auf Medawar und Dobzhansky. Für ein Nachlassen der durchschnittlichen Intelligenz scheint zu sprechen, daß die Fortpflanzungsrate der gebildeten und geistig entwickelten Personen niedriger ist als die der ungebildeten oder gar geistig zurückgebliebenen Schichten. Die Nachkommenschaft der Intellektuellen ist dünn gesät. Daraus läßt sich *a priori* der Schluß ziehen, daß das mittlere intellektuelle Niveau der Gattung Mensch nur sinken kann. Eine solche Argumentation setzt freilich die – nicht erwiesene – Annahme voraus, daß die Intelligenz eine direkt erbliche Veranlagung sei.

Die Intelligenztests, die dazu bestimmt sind, den Intelligenzquotienten zu ermitteln, sind noch zu neu, als daß zwischen den Generationen vergleichende Messungen schlüssig sein könnten.

In der Tat ist die »Intelligenz« keine einfache Fähigkeit, wie zum Beispiel die Scharfsichtigkeit. Unter »Intelligenz« versteht man die Verbindung einer Vielzahl von Anlagen verschiedenster, ja manchmal entgegengesetzter Natur: die Fähigkeit, schnell zu rechnen, aber auch die Befähigung zu dauerhafter Konzentration, das schnelle Begreifen, aber auch die Sicherheit des Urteils, ein gutes Gedächtnis, aber auch eine lebhafte Phantasie und eine originelle Ausdrucksbegabung. Was aus den Tests hervorgeht, ist letztlich nur die Art und Weise, wie diese verschiedenen Fähigkeiten bei einem Individuum zusammenspielen, wenn es mit einer bestimmten konkreten Situation konfrontiert wird, wobei sich von selbst versteht, daß der Test keineswegs zwischen dem unterscheiden kann, was natürliche Anlage und was erworbene Fähigkeit ist.

Es wäre außerdem zu berücksichtigen, daß jetzt viele junge Leute wissen, was ein Test ist, wodurch ihnen bereits ein erheblicher Vorteil gegenüber Testpersonen der Vergangenheit zufällt, die niemals von dieser Art von Prüfungen gehört hatten. Das moderne Leben ist an sich schon einer Serie von Tests vergleichbar und nimmt immer mehr diese Form an. Die Kinder von heute sind also weitaus besser darauf vorbereitet, Fragen in dieser Art zu beantworten, als die Kinder von einst, die ihrerseits möglicherweise einer größeren und dauerhafteren Konzentration fähig waren. Die Schnelligkeit der Antwort auf eine Testfrage läßt nichts von dem Maß der Konzentrationsfähigkeit erkennen, welche wohl allein geistig fruchtbar ist.

Nun ist aber die geistige Konzentration in der heutigen Welt kaum mehr möglich, es sei denn, man besitze eine außerordentliche Disziplin oder ziehe sich völlig in die Einsamkeit zurück. Die Konzentrationsfähigkeit eines Descartes, eines Kant, eines Auguste Comte oder eines Hegel erkauft man sich im Zeitalter der Presse und des Fernsehens durch den Bruch mit der Welt. Im Rahmen der heute normalen Lebensweise sind gewisse Formen der geistigen Tätigkeit einfach nicht mehr möglich.

Damit ist natürlich noch nicht gesagt, daß mit fortschreitender Entwicklung auch die Veranlagung zur Intelligenz zurückgeht. Doch scheint es Indizien zu geben, daß es seit der Rasse der Cro-Magnon, die vor zwanzig- bis fünfzigtausend Jahren lebte, mit der »Intelligenz« der Menschen als Individuen bergab geht. Jene hochgewachsenen, athletischen Gestalten mit mächtiger Stirn und weiten Augenhöhlen, deren Schädelvolumen das unsre um ein Zehntel übertraf, waren es auch, welche die Kultur erfanden: Malerei, Bildhauerei, Bestattungsriten, Medizin, Handel, gesellschaftliches Leben – und die Sprache. Sie waren es, welche das Erfinden erfunden haben. Alles, was in der Folge geschah, war nur noch Sache der Ausführung und Weiterentwicklung.

Absinken der physiologischen Befähigung zur Intelligenz? Schon möglich, sogar wahrscheinlich. Doch liegt das Problem woanders. Die erwähnte physiologische Befähigung ist die des Individuums: worauf es jetzt ankommt, ist nicht, ob mehr oder weniger Individuen mehr oder weniger intelligent sind, sondern ob die von ihnen zusammengestellten »Apparate« (und schließlich die Menschheit als ein Ganzes betrachtet) mehr oder weniger intelligent funktionieren.

Tests messen die Intelligenz der *Individuen*. Aber diese Form der Intelligenz hat an Bedeutung verloren – zumindest im Hinblick auf das allgemeine Resultat. Gewiß, das Individuum, bei dem die Tests eine größere Intelligenz feststellen als bei anderen, kann für sich eine relativ bessere soziale Stellung beanspruchen. Doch das betrifft nur seine eigene Karriere und berührt kaum das eigentlich Ausschlaggebende: die Gesamtleistung des Systems, des Apparates, in dem es nur ein winziges Rädchen ist.

Ich werde später erklären, was ich unter einem Apparat verstehe, nämlich einen Komplex, der Menschen, Maschinen und Methoden umfaßt. Auf die Intelligenz der Apparate kommt es aber heute allein noch an. Als Nobel seinen Preis stiftete, und noch einige Jahrzehnte danach, konnten einzelne Forscher Entdeckungen machen. Diese oder jene Entdeckung oder Erfindung konnte mit einem bestimmten Namen verknüpft werden. So ist die Relativitätstheorie noch mit dem Namen Einstein verbunden. Doch schon die Atomforschung war nicht mehr das Werk eines einzelnen Mannes, und das große Publikum kennt kaum die Namen derer, die ihr den ersten Anstoß gaben. Was die Raumforschung angeht, ist es selbst den Spezialisten unmöglich, den Namen eines einzigen Forschers zu nennen, der ihr zu einem entscheidenden Fortschritt verholfen hätte, so sehr ist sie in den Vereinigten Staaten wie in der Sowjetunion das Werk anonymer und kollektiver Anstrengung. Es wird auch immer schwieriger, ja geradezu unmöglich, den Nobelpreis einem einzigen Forscher zu verleihen; alle Forschungen, alle Entdeckungen sind das Ergebnis der Arbeit von Forschungsgruppen (Teamwork), von Studiengruppen und Laboratorien – von »Apparaten«.

Die Forschungsmethoden sehen auch völlig anders aus als vor sechzig Jahren. Heutzutage erkundet man methodisch und mit ungeheuren Mitteln einen bestimmten Bereich, indem man ihn in Sektoren einteilt, die planmäßig von verschiedenen Teams durchgekämmt werden. Wer in dem ihm zugewiesenen Teil etwas Neues findet, hat keineswegs mehr Verdienst als sein Nachbar, der in seinem Teil nichts fand, weil nichts zu finden war; ist doch auch die negative Erkenntnis (nämlich, daß an einer bestimmten Stelle nichts zu finden ist) ebenso wertvoll wie die positive.

Im Rahmen dieser Arbeitsmethode kommt dem individuellen »Genie« keine Bedeutung mehr zu. Im Gegenteil, Genie – wenn ein Forscher von dergleichen befallen sein sollte – ist eher ein störendes, negatives Element. In einer Forschungsgruppe (einem Team) werden Mitarbeiter vorgezogen, die eine gute mittlere Intelligenz besitzen, dafür aber methodisch vorgehen, zuverlässig sind und sich untereinander bei der Arbeit gut verstehen. »Genies« haben einen (schlechten) Charakter, sie sind unbequem, primitiv und asozial; sie beeinträchtigen die Leistung des »Apparates«, in den man so unvorsichtig war sie einzuspannen.

Der Fortschritt der Wissenschaft und der Technik ist in zunehmendem Maße das Ergebnis der Anstrengungen einer anonymen Gemeinschaft. Das Verdienst müßte im Grunde einer immer größeren Zahl irgendwie Beteiligter zugeschrieben werden: nicht nur den eigentlichen Forschern, sondern auch denen (Beamten, Politikern, Geschäftsleuten usw.), welche die Wichtigkeit einer bestimmten Forschungsaufgabe eingesehen, die Forschungsapparate zusammengesetzt und ihnen die Mittel zur Arbeit gegeben haben. Forschungsromantik ist nicht mehr am Platze.

Doch damit eröffnet sich auch eine neue hoffnungsvolle Perspektive. Die Probleme, mit denen die Menschheit von morgen konfrontiert sein wird, so z. B. die optimale Verteilung der Rohstoffe, der Energie, der Verkehrs- und Transportmittel, sind so kompliziert, daß sie das Fassungsvermögen des genialsten Menschen bei weitem übersteigen. Von einem neuen Moses ist keine Erleuchtung zu erwarten. Doch gerade die kollektive Intelligenz, wie wir sie zu skizzieren versuchten, sollte in der Lage sein, diese Art von Problemen erfolgreich zu bearbeiten.

Ein Teil der »geistigen« Arbeit wird ohnehin von den Rechenanlagen übernommen. Die Kontroverse, die vor einigen Jahren aktuell war, »ob die Maschinen denken können«, ist jetzt überholt, und die Antwort sehr einfach. Wie auch das Fahrzeug nicht von selbst fährt – das hätte keinen Sinn! –, sondern immer nur einen von Menschen aufgegebenen Auftrag ausführt, so ist auch die »Denkmaschine« nichts anderes als ein »Denkzeug«, das einen von Menschen gegebenen Auftrag erfüllt. Doch sind der auftraggebende Mensch und die auftragausführende Maschine so sehr miteinander verwachsen, daß die Funktion des Fahrens bzw. des Denkens als ein umfassender Prozeß betrachtet werden soll. Wie man die Gewohnheit angenommen hat, sich nur mit einem Fahrzeug zu bewegen, so gewöhnt man es sich auch an, nur mit einem

»Denkzeug« zu denken. Ich kenne einen jungen Ingenieur der Weltraumforschung, der ohne Auto nicht einmal die Zeitung holen kann, den aber auch, wenn er gerade über keine Rechenanlage verfügt, das Gefühl der Hilflosigkeit übermannt. Das Auto vor der Tür, die Rechenanlage neben dem Tisch sind in gleicher Weise mitwirkende Organe seiner körperlichen und geistigen Tätigkeit.

Hier mag – nebenbei gesagt – ein Ansatz zur Lösung des Problems sichtbar werden, ob die Menschen der Zukunft intelligenter sein werden oder nicht. Betrachtet man die Rechenmaschine als einen Intelligenzverstärker, so wie jeder Motor ein Energieverstärker ist, kann man die Entwicklung des Maschinenwesens als einen Präzedenzfall auffassen, der Schlüsse auf die Zukunft der Denkmaschinen erlaubt.

Der Sinn der Entwicklung des Maschinenwesens besteht darin, immer kompliziertere Operationen von immer weniger qualifizierten Arbeitern verrichten zu lassen. Allenfalls in den alten Berufen, namentlich den handwerklichen, die allmählich aussterben, findet man noch geschickte, langsam und umständlich herangebildete Spezialisten. Heute läßt sich ein nicht allzu schwerfälliger Anlernling in wenigen Wochen ausbilden; dann ist er in der Lage, am Fließband oder in einem automatisierten Betrieb zu arbeiten.

Man darf erwarten, daß die Entwicklung der »Denkmaschinen« dieselbe Richtung einschlagen wird, daß die Vervollkommnung der Rechenanlagen ebenfalls dahin führt, immer kompliziertere intellektuelle Operationen von intellektuell immer weniger entwickelten Menschen durchführen zu lassen. Das ist freilich etwas schematisch und kraß ausgedrückt, aber die Tendenz wird so deutlicher. Ich habe mich gehütet, zu sagen, daß immer klügere Maschinen von immer dümmeren Menschen bedient werden. Was ich behaupte, hat nichts mit der Entfaltung – oder möglicherweise mit dem Rückgang – der durchschnittlichen Intelligenz zu tun. Ich möchte nur hervorheben, daß man in »Apparaten« mit hohem Intelligenzniveau Menschenmaterial mit ganz gewöhnlicher Intelligenz benutzen und doch Resultate von sehr hoher Qualität erreichen wird. Worauf es ankommt, ist schließlich nicht, daß einzelne Menschen mehr oder weniger klug oder gescheit sind, sondern daß die Menschheit als Ganzes (Maschinen inbegriffen) intelligent funktioniert.

Das Problem der Freizeit – der organisierten Muße oder, wie man jetzt sagt, Freizeitgestaltung – wird gleichfalls eine totale Umstellung unserer Ansichten erfordern.

Die Weltanschauung des Abendlandes (angefangen beim Alten Testament) ist auf das Ethos der Arbeit gegründet. Eden und Arkadien sind unwiederbringlich verloren; in der mosaischen Tradition wegen der Erbsünde, in der klassisch-griechischen, weil das technische Zeitalter des Eisens das patriarchalische Goldene Zeitalter abgelöst hat. Arbeit ist Sühne. Sie gilt als erlösend. Im Anschluß an die antike wie an die jüdisch-christliche Auffassung ist die große Religion der Moderne, der Marxismus, eine Ethik der Arbeit; allenfalls projiziert er das Goldene Zeitalter in die Zukunft. Ein Goldenes Zeitalter, aus dem die Arbeit nicht fortzudenken ist.

Doch auch der Marxismus wird sich mit dem Problem der Freizeit – der durch die Technik gewonnenen Freizeit – konfrontiert finden: ein Problem, das Karl Marx nicht vorgesehen hat, aber auch Lenin und Stalin nicht, ebensowenig Mao (anscheinend hat die Religion der Arbeit in China zwar andere, aber nicht weniger alte und feste Grundlagen).

Die Soziologie der Arbeit ist ziemlich fortgeschritten, die der Freizeit steckt noch in den Kinderschuhen; als ob die Freizeit (oder Muße) ein nebensächliches Problem darstellte, mit dem man allenfalls durch private Initiative, Phantasie und Improvisation fertig werden kann. Dem ist aber nicht so, und das Problem der Gestaltung der Muße, das man heute wohl mit einem Lächeln erwähnt, könnte zu den schwierigsten Problemen von morgen – sagen wir von übermorgen – gehören.

Blicken wir ganz kurz auf die Entstehung des Begriffs der Arbeit zurück. Wie manches andere ist dieser Begriff mit der sogenannten neolithischen Revolution engstens verbunden. Vorher hatte ein und derselbe Mensch die Werkzeuge hergestellt und sie benutzt. Der Jäger schuf sich selbst seinen Bogen und seine Pfeile, der Fischer seine Harpune, der südamerikanische Indianer sein Blasrohr und seine vergifteten Geschosse, der Australier seinen Bumerang. Die Hand, die die Waffe schleuderte, hatte an ihr geschnitzt; die spätere Bewegung ergänzt die frühere, führt sie gleichsam weiter; schon beim Schnitzen spürte der Jäger in seinen Muskeln den Ansatz zum Schwung. Das Zubereiten der Waffe war keine Arbeit.

Mit der neolithischen Revolution und der aufkommenden Arbeitsteilung hat sich alles geändert. Fortan gibt es Spezialisten der Waffenherstellung und Spezialisten der Waffenbenutzung. Doch was der Waffenschmied leistet, ist Arbeit – »entfremdete« Arbeit, weil er mit seinem Schmieden ein Ziel verfolgt, das mit dem Zweck des hergestellten Objekts nicht identisch ist.

Unsere Sprache ist unzulänglich; zwei verschiedene Wörter sollten eigentlich einerseits die (nicht im marxistischen Sinn des Wortes) »entfremdete« Arbeit bezeichnen und andererseits den Eifer, den einer entwickelt, wenn er etwas für sich selbst, zur eigenen Befriedigung oder zum Vergnügen, verrichtet; weil es ihm Spaß macht, das eigene Gemüse, das eigene Obst anzubauen, den eigenen Küchenschrank zu reparieren, die eigenen Wände anzustreichen. Nennen wir beide Verhaltensweisen vorläufig einerseits »Arbeit«, andererseits »Eifer«. Ich kenne manche Leute, die nicht gern »arbeiten« und die äußerst »eifrig« sind, Leute, die als »faul« gelten und denen das Schaffen doch alles bedeutet. Bei Kindern, bei kindlichen und primitiven Naturen ist dieser Zug besonders ausgeprägt.

Nietzsche hat das Phänomen, nämlich den Unterschied zwischen einer entfremdeten, nur »verrichteten« Arbeit und einer »eifrigen« Tätigkeit wie der des Primitiven (oder des Kindes oder des Künstlers) genau dargestellt:

»Sich Arbeit suchen um des Lohnes willen – darin sind sich in den Ländern der Zivilisation jetzt fast alle Menschen gleich; ihnen allen ist Arbeit ein Mittel, und nicht selber das Ziel; weshalb sie in der Wahl der Arbeit wenig fein sind, vorausgesetzt, daß sie einen reichlichen Gewinn abwirft. Nun gibt es seltenere Menschen, welche lieber zugrunde gehen wollen, als ohne Lust an der Arbeit arbeiten: jene Wählerischen, schwer zu Befriedigenden, denen mit einem reichlichen Gewinn nicht gedient wird, wenn die Arbeit nicht selber der Gewinn aller Gewinne ist. Zu dieser seltenen Gattung von Menschen gehören die Künstler und Kontemplativen aller Art, aber auch schon jene Müßiggänger, die ihr Leben auf der Jagd, auf Reisen oder in Liebeshändeln und Abenteuern zubringen. Alle diese wollen Arbeit und Not, sofern sie mit Lust verbunden ist, und die schwerste, härteste Arbeit, wenn es sein muß. Sonst aber sind sie von einer entschlossenen Trägheit, sei es selbst, daß Verarmung, Unehre, Gefahr der Gesundheit und des Lebens an diese Trägheit geknüpft sein sollte. Sie fürchten die Langeweile nicht so sehr als die Arbeit ohne Lust; ja sie haben viel Langeweile nötig, wenn ihnen ihre Arbeit gelingen soll.« Und Nietzsche schließt, daß »arbeiten ohne Lust gemein ist«. *(Fröhliche Wissenschaft, I, 42)*

Nun steht aber die Muße (Freizeit) wohl im Gegensatz zur Arbeit, keineswegs aber zu eifriger Tätigkeit. Doch gerade die Gefahr eines unzulänglichen, ungenauen Sprachgebrauchs besteht darin, daß Muße (Freizeit) als Gegensatz zur (entfremdeten) Arbeit und als Nichtstun gedeutet wird; daß die Freizeit zu einer leeren Zeit wird, mit der die Menschen nichts anzufangen wissen, einer Zeit, in der sie mit sich selber nichts anzufangen wissen ...

Es muß einmal deutlich gesagt werden, daß wir keine einzige wirkliche »Kultur der Muße« kennen. Jede Kultur ist bis jetzt der konkrete Niederschlag des Zusammenspiels von Arbeit und Eifer gewesen. Zwar waren manche Kulturen – wie etwa die des klassischen Altertums – scheinbar mit dem *otium*, der Muße, eng verknüpft; doch in Wirklichkeit beruhten sie auf einer gewissen Aufteilung der Pflichten innerhalb der Gesellschaft; ich lasse die Frage dahingestellt, ob die Maschinen von heute vielleicht die Sklaven von einst ersetzen und ihre Arbeit verrichten könnten, und zwar in solchem Umfange, daß ein soziales Gleichgewicht im Sinne Roms oder Athens erreicht würde.

Andererseits scheint das Schaffen (als Disziplin der Arbeit oder des reinen Eifers) zur seelischen Hygiene, wenigstens des westlichen Menschen, zu gehören. Psychische Störungen und Neurasthenie sind das Privileg der Nichtstuer. Die Untätigkeit verursacht weitaus mehr Selbstmorde als der Zwang, sich sein Brot durch harte Arbeit verdienen zu müssen. Der *homo faber* stellt letztlich die solide psychische Grundlage des *homo sapiens* dar. Wenn der *homo faber* im Menschen nicht ausgelastet ist, wenn er sich überflüssig fühlt, was dann?

Der Zehn-, Elf-, Zwölfstundentag hatte gewiß Nachteile, und man kann sich nur freuen, daß er abgeschafft wurde. Doch hat man feststellen müssen, daß die Reduzierung der Arbeitszeit die Einstellung zur Arbeit beeinflußt. Was ich damit meine, kann ich nicht besser als mit einer Anekdote deutlich machen. Der begüterte Sohn einer befreundeten Familie fragte Walther

Rathenau, was für eine Halbzeitbeschäftigung er ihm empfehlen würde, die ihm Muße genug ließe, sich zu kultivieren und sich den Freuden des Geistes hinzugeben. Rathenau antwortete: »Sie müssen wissen, daß die Arbeit erst mit der neunten Stunde am Tag ersprießlich und befriedigend wird.« Die Erklärung dieser Tatsache hat Sigmund Freud mit der Unterscheidung von *Ich* und *Es* ermöglicht. Arbeitet man nur eine kurze Zeit, etwa 7 bis 8 Stunden am Tag, ist das Es an der Arbeit kaum interessiert; es ist nie ganz bei der Sache; es steht dem Ich nicht zur Seite; es flattert unbeteiligt hin und her. So entsteht eine Art leichter Schizophrenie, eine Zerrissenheit der Person. Wenn man aber mehr als acht Stunden bei der Arbeit ist, bleibt dem Es nichts anderes übrig, als sich auch dafür zu interessieren und die Arbeit schließlich als seine eigene Sache zu betrachten. Auf diese Weise wird die Einheit und das innere Gleichgewicht der Person wiederhergestellt.

Wenn man die Arbeitszeit zu sehr reduziert, wird die Arbeit ohne wirklich tiefe Beteiligung verrichtet. Man identifiziert sich immer weniger mit ihr. Sie wird »erledigt«, und die ihr gewidmeten Stunden werden als »entfremdete Zeit« empfunden. Arbeitet man dagegen, wie der Handwerker des Mittelalters, zwölf Stunden am Tag, fällt das Leben mit der Arbeit zusammen; die Arbeit selbst wird zum erlebten Leben.

Bei den meisten Menschen des christlichen Abendlandes lag seit jeher der Schwerpunkt ihrer Existenz innerhalb ihres Arbeitskreises. Dadurch, daß dieser Schwerpunkt durch Verkürzung der Arbeitszeit verlagert wird, ergibt sich die Notwendigkeit, ein neues Gleichgewicht der Existenz zu finden. Auf welche Weise das geschehen soll, ist noch längst nicht klar.

Wenn auch die Arbeit immer weniger als Sühne für unsere Sünden, also als Erlösung, empfunden wird, so bleibt doch, daß sie als Hygiene der Seele höchst wertvoll war und daß sie in dieser Funktion noch nicht zu ersetzen ist. Kann der Eifer, mit dem eine Freizeitbeschäftigung (meinetwegen ein Hobby) betrieben wird, diese ausgleichende, stabilisierende Rolle spielen? Dann müßte dieser Eifer aber organisiert und einer Disziplin unterworfen werden; und so weit sind wir noch nicht. Jede derartige Organisation und Disziplin wird als rein private Angelegenheit dem einzelnen überlassen.

Gerade die am weitesten industrialisierte Zivilisation besitzt den höchsten Prozentsatz an Geisteskranken: 17 Millionen in den Vereinigten Staaten im Jahre 1959, dem *National Health Education Committee* zufolge (zitiert von Dobzhansky, S. 382). Freilich hat man in Rechnung zu stellen, daß hier eine große Anzahl von Fällen als geisteskrank und einer Behandlung bedürftig betrachtet werden, die anderswo der Aufmerksamkeit der Statistiker entgehen würden. Eine Folgeerscheinung dieser Zunahme der Geisteskrankheit (denn als nichts anderes betrachte ich die Kriminalität) ist die Tatsache, daß laut einer Erklärung von Edgar Hoover, Chef des FBI, vom Juli 1966, die Kriminalitätsrate in den USA sechsmal schneller wächst als die Bevölkerung, wobei übrigens drei Viertel der Verbrechen unbestraft bleiben. Es ist nur allzu offensichtlich, daß die ungenügend oder schlecht verwendete Freizeit zu einer Frustrierung des *homo faber* in uns und zu einer Störung des seelischen Gleichgewichts führt.

Seit es Menschen gibt und bis zum Anfang dieses Jahrhunderts galt die Faustregel, daß zwischen der Bemühung und ihrer Auswirkung ein direktes, unmittelbar empfundenes Verhältnis bestehe. Diese einfache Gleichung ist im kommunistischen System als moralischer Grundsatz beibehalten, z. B. in der Formulierung: »Wer nicht arbeitet, braucht auch nicht zu essen.«

Das Maschinenwesen, die Ausbeutung der Energiequellen hat dieses Verhältnis von Grund auf geändert. Es gibt keinerlei gemeinsames, wahrnehmbares Maß mehr zwischen dem Kraftaufwand des Fußes, der den Gashebel drückt, und der Entfesselung von 120 PS bei 140 Stundenkilometern. Ein winziger körperlicher Aufwand bewirkt Folgen jenseits aller Proportion. Die »Hebeldruckzivilisation« zerstört jedes erkennbare Verhältnis zwischen der geleisteten Anstrengung und der erreichten Wirkung. Die grundlegende Gleichung der traditionellen Weltanschauung »Ergebnis = Aufwand« kann nicht mehr vorausgesetzt werden, weder vom Individuum, um sein ethisches Universum zu strukturieren, noch von den industriellen Gesellschaften, die, indem sie die natürlichen Brennstoffe ausbeuten, sich hinsichtlich der oben erwähnten Gleichung auf dem trügerischen Boden falscher Bilanzen bewegen.

Wo aber diese grundlegende Gleichung ihre Gültigkeit verloren hat, bricht das gesamte, auf ihr errichtete ethische Universum zusammen. Auf welcher Grundlage ein neues aufgebaut werden soll und kann, ist lange nicht klar.

Die Begierden (Hoffnungen, Wünsche und ehrgeiziges Streben) eines jeden hatten ihre natürliche und unmittelbar erkennbare Grenze in seiner Fähigkeit, sich selbst durch die Anstrengung, die er aufwenden konnte oder wollte, Befriedigung zu verschaffen. Von dem Augenblick an, wo diese Äquivalenz zerstört wird, werden den Ansprüchen keine natürlichen, normalen, auch von dem Dümmsten anerkennbaren Schranken mehr gesetzt. Dies ist besonders gefährlich in industriellen Kulturen, wo die Werbung einen bedeutenden Teil der Aktivität beansprucht.

Der Sinn der Werbung besteht geradezu darin, den Käufer blind zu machen für das Verhältnis und den Zusammenhang zwischen seiner Erwerbsbegierde und den zur Anschaffung des Kaufobjekts benötigten Mitteln, in Arbeitsstunden berechnet.

Es handelt sich keineswegs darum, die Dynamik des so geschaffenen Wirtschaftssystems zu leugnen. Man muß sich jedoch klarmachen, daß diese Dynamik auf der Zerstörung eines alten, rationellen Gleichgewichts beruht, ohne daß sich sagen ließe, wie und wo ein anderes Gleichgewicht wiederhergestellt werden könnte. Ein Finanzmann sagte eines Tages zu mir: »Es gibt nichts Angenehmeres, als über seine Verhältnisse zu leben.« Genau das ist bei der Industriegesellschaft der Fall. Sie macht daraus geradezu ein allgemeines Prinzip ihrer Dynamik. Sie faßt sich als ein »gleitendes Gleichgewicht« auf, im Gegensatz zum ruhenden Gleichgewicht der früheren Kulturen. Das mag zutreffen, aber handelt es sich dabei um eine endgültige oder auch nur dauerhafte Kulturform?

Wo ist der Zusammenhang zwischen den beiden Leitgedanken, die uns in diesem Buch beschäftigen werden: die biologische Mutation der Menschheit und der futurologische Ansatz? Meine Meinung geht dahin, daß gerade die Vision der Zukunft im biologischen Entwicklungsprozeß der Menschheit eine entscheidende Rolle spielt.

Einer der Väter der Atombombe, der Physiker Leo Szilard, widmet den Rest seines Lebens der biologischen Forschung. Der Biologe Theodosius Dobzhansky schreibt: »By changing what he knows about the world, man changes the world that he knows; and by changing the world in which he lives, man changes himself.« (»Indem der Mensch sein Wissen um die Umwelt ändert, verändert er seine Umwelt; und indem er seine Umwelt verändert, ändert er sich selbst.«)

Die Vision der Zukunft gehört wohl irgendwie zu diesem Wissen, das die Umwelt – und dadurch den Menschen selbst – am entscheidendsten determiniert.

Der holländische Soziologe Fred. Polak hat 1961 ein bedeutendes Werk mit dem Titel *The Image of the Future* veröffentlicht. Die Geschichte der Zivilisationen, Religionen, Philosophien und sozialen Doktrinen wird von einem neuen Standpunkt aus untersucht, nämlich im Hinblick auf die Vorstellung, die sich eine jede von der Dimension der Zukunft gemacht hat. Fred. Polaks Darstellung ist in ihrer Gesamtheit überzeugend: der Motor der Geschichte der Menschheit bis zum chinesischen Marxismus ist jeweils eine bestimmte Art, jenes Nicht-Existierende, jene Trans-Präsenz aufzufassen, die wir Zukunft nennen.

Es ist nicht ausgeschlossen, daß der hauptsächliche Unterschied zwischen der kapitalistisch-liberalen und der sogenannten marxistischen Welt ein Unterschied in der Auffassung der Zukunft ist; daß schließlich die Dynamik der einen wie der anderen sich an der Dynamik des Zukunftsbildes messen läßt, welches eine jede sich ständig vor Augen hält. Der Vergleich ist allerdings nicht gerade ermutigend für die westliche Welt, deren technische Erfolge unzweifelhaft sind, deren Zukunftsbild jedoch summarisch und ohne große Anziehungskraft erscheint, wenn man es in der Formel eines jungen, sympathischen Amerikaners zusammenfaßt: »Machen wir die Welt zu einem Ort, wo es sich ein bißchen besser leben läßt« *(a somewhat better place to live in)*. Schon Teilhard de Chardin meinte, daß zwischen einer Menschheit, die bloß zum *Wohl-Sein,* und einer Menschheit, die zum *Mehr-Sein* strebt, die Auseinandersetzung nicht mit gleichen Waffen erfolgt, weil das Energiepotential, welches diese beiden Zukunftsvisionen freisetzen, nicht vergleichbar ist.

Sicherlich ist das Bild, das sich ein jeder von sich selbst macht, das gestaltende Moment, das seine Persönlichkeit am entscheidendsten prägt und bestimmt. So ist auch die Wandlung der Vorstellung, die er von sich selbst hat, die durchgreifendste Verwandlung, die er durchmachen kann.

Dies gilt sowohl für Menschengruppen, ja für ganze Kulturen, als für den einzelnen Menschen.

Das dynamischste Element dieses Selbstbildnisses aber ist die Vorstellung, welche man sich von der eigenen Zukunft macht.

Was bedeutet letztlich das mächtige, doch unklare Wort »Freiheit« – ein Begriff mit deutlichen Umrissen und nur schwer bestimmbarem Inhalt –, wenn nicht gerade jeweils eine gewisse Vorstellung der Artikulation von Zukunft und Gegenwart?

Das Bild, das sich die Menschen heute von ihrer Zukunft machen, ist zugleich der Faktor, welcher über diese Zukunft entscheidet.

Der Zwanzigjährige, der heute sein Zukunftsbild entwirft, soll schließlich daran erinnert werden (wenn er überhaupt schon daran gedacht hat), daß das Jahr 2000 in der zeitlichen Mitte seiner heutigen Lebenserwartung steht: im Jahr 2000 wird er als reifer Mensch eine Lebensspanne von 30 Jahren vor sich haben – dreißig Jahre, also genau so viel wie von heute bis zum Jahr 2000.

Technik der Prognose

Voraussicht

Seit langem sind die Menschen damit beschäftigt, in die Zukunft zu spähen: sie möchten gern wissen, was kommt.

Seit langem, aber nicht von jeher. Die Beschäftigung mit der Zukunft setzt voraus, daß man daran denkt, daß es eine Zukunft gibt. Manche Kulturen verfügen kaum über den Begriff dieser zeitlichen Dimension, und ihre Sprache vermag diese Kategorie nicht auszudrücken. Es wäre sogar möglich, die verschiedenen Kulturstufen nach ihrer Fähigkeit zu ordnen, Zeiträume zu erfassen. Ganz konkret: selbst bei uns wird es als soziale Beförderung betrachtet, wenn jemand vom Stundenlohn zum Tageslohn, vom Wochenlohn zum Monatsgehalt avanciert. Bei der Lohneinteilung haben wir es jedoch nicht weiter als bis zur monatlichen Voraussicht gebracht. Die Staaten haben bis jetzt nicht mehr als einen Jahreshaushalt. Wirtschaftliche Planung geht kaum über fünf Jahre hinaus. Doch eigentlich sollte jede Planung in menschlichen Dingen nicht in Jahren, sondern in Generationen rechnen, also mit einer Recheneinheit von dreißig Jahren. Nur die Forstwirtschaft weiß mit solchen Zeiteinheiten zu arbeiten. Als ich einen Forstmeister fragte, wie ich einen schlechten Boden aufforsten solle, antwortete er: »Sie wollen Eichen haben, dann pflanzen Sie erst Kiefern, die den Boden verbessern – in achtzig Jahren können Sie dann Eichen setzen.«

Gerade auf dem Gebiet der Voraussicht ist die städtische Zivilisationsform noch lange nicht so weit entwickelt wie die landwirtschaftliche. Der Bauer hat nur eine Ernte im Jahr oder nur eine Haupternte alle drei Jahre. Er muß also seine Kostenrechnung in Jahreseinheiten aufstellen oder gar in Generationseinheiten. Wenn den Bauern meiner Heimat eine Tochter geboren wurde, pflanzten sie tausend junge Pappeln, um ihr eine Mitgift zu sichern. Die Bourgeoisie des 19. Jahrhunderts, die diesem Agrarvolk entstammte, sparte für die alten Tage; sie häufte Güter und Einkommen, Kapital und Zinsen. Dies ist von der heutigen industriellen und sozialen Gesellschaft abgeschafft worden. Wochenlohn und Monatsgehalt einerseits,

Ratenzahlung und Altersversorgung andererseits entheben den Privatmann der Sorge um die Zukunft. Wenn dies schon als sozialer Fortschritt betrachtet werden kann, dann bedeutet es jedoch eine Rückentwicklung des Verantwortungsbewußtseins und eine Verkümmerung der Zeitperspektive des einzelnen.

Man hat von der Unbekümmertheit der primitiven Völker gesprochen, besonders der Tropenvölker, die von der Hand in den Mund leben. Sie sind unbeschwert. So viel ist sicher, daß im Norden die klimatische Einteilung in Jahreszeiten und die Notwendigkeit, einen rauhen Winter zu überstehen, im Niltal das jährliche Hochwasser entscheidende Faktoren der jeweiligen kulturellen Entwicklung gewesen sind.

Das Denken an die Zukunft gehört keineswegs zur Natur des Menschen, sondern zu seiner Kultur. Dieser Gedanke nimmt dem Menschen einen Teil seiner Lebensfreude. Das Denken an die Zukunft ist bedrückend, da mit ihm eine neue Form von Angst einzieht. Wenn Woyzecks Hauptmann an die Zukunft denkt, wird ihm schlecht.

Ein Freund der Buschmänner, Viktor Ellenberger, beschreibt jene primitivsten Menschen, die letzten lebenden Zeugen der paläolithischen Jäger, als fröhlich, guter Laune, lachend, singend und tanzend bei dem geringsten Anlaß. Wir dagegen tragen an der Zukunft:

> *. . . und Vieles*
> *Wie auf den Schultern eine*
> *Last von Scheitern ist*
> *Zu behalten . . .*
> *Und immer*
> *Ins Ungebundene gehet eine Sehnsucht. Vieles aber ist*
> *Zu behalten. Und not die Treue.*
> *Vorwärts aber und rückwärts wollen wir*
> *Nicht sehn. Uns wiegen lassen, wie*
> *Auf schwankem Kahne der See.*

Hölderlin, Mnemosyne

Um fröhlich zu sein, müssen wir ein Stück aus der Zeit ausklammern, eine Zeitspanne außerhalb der Zeitflucht (Flucht hier im Sinne von Perspektive) schaffen, eine Zeit nach

Art und Sinn der Primitiven, ein Heute ohne Morgen: die Zeit des Festes.

Wer die Zukunft als zeitliche Dimension erkannt hat, kann nicht mehr unbeschwert leben. Entweder wendet er den Blick und verscheucht den erschreckenden Gedanken durch Arbeit und Vergnügen (also Entfremdung), oder er faßt mit scharfem, forschendem Blick – wie der delphische Wagenlenker – die Zukunft ins Auge.

An der Wiege einer jeden Kultur steht eine Schar von Wahrsagern, Hellsehern, Sibyllen und Auguren – Propheten aller Art (einer der neuesten ist Karl Marx), die sich die Aufgabe stellen, in die Zukunft zu blicken. Die Prophezeiung ist die älteste Form der Voraussage, aber nicht die einzige. Auf dem ganzen Weg der abendländischen Kultur werden ständig neue Formen der Voraussage ausgebildet, was die älteren Formen keineswegs verdrängt. Man flüstert, daß heutzutage manche Staatsmänner (und nicht die primitivsten) sich von Wahrsagerinnen beraten lassen.

Prophezeiung

Die ursprünglichste und einfachste Form der Zukunftsvoraussage ist die Prophezeiung: ein Mann – oder eine Frau – mit besonderer Begabung (die vielleicht nicht nur vorgetäuscht ist) erzählt die Zukunft, als habe sie sich bereits ereignet und er sei dabei gewesen. Ursprünglich besaßen die sogenannten *Zeit*wörter, also die Verben, der indogermanischen Sprachen überhaupt keine Zeitform, um Vergangenes und Zukünftiges zu bezeichnen. Die philologische Forschung hat sichtbar gemacht, auf welcher Stufe ihrer Entwicklung die Sprachen erst fähig wurden, die Kategorie der Vergangenheit auszudrücken. Viel später, auf der fortgeschritteneren Stufe ihrer Entwicklung, schaffen sie Verb-Formen für die Zukunft. Es ist kein Zufall, daß der Zeitpunkt dieser sprachlichen und begrifflichen Schöpfung jeweils mit dem Anfang der »historischen« Epoche einer jeden Kultur zusammenfällt. Es besteht eine Grundbeziehung zwischen der grammatischen Entwicklung der Sprachen und dem Übergang der Kulturen zur historischen Form. Es gibt kein historisches Bewußtsein ohne sprachliche Grundlage zum Ausdruck der zeitlichen Perspektive.

Bei den Semiten sind die Propheten Israels die ersten, welche die neue Dimension des Künftigen wahrnehmen; doch um sie auszudrücken, fehlen ihnen noch die passenden sprachlichen Kategorien. Ihre sprichwörtliche Reizbarkeit ist darauf zurückzuführen, daß sie ihre Visionen nicht mitteilen können und auf Unverständnis stoßen. Sie schelten die Leute blind, weil alle zukunftsblind sind, genauso wie manche farbenblind sind. Mohammed, der Gründer des Islams, heißt kurzweg »der Prophet«.

Doch weisen die Prophezeiungen eine Eigentümlichkeit auf, die sie beeinträchtigt oder gar nutzlos macht: entweder treffen sie zu – und nichts vermag zu hindern, daß sie sich, sei es auch auf ganz unvermutete Weise, erfüllen; oder sie erlauben dem Betroffenen, seinem angedrohten Schicksal zu entgehen – womit sie nicht mehr zutreffen und den Charakter einer Prophezeiung des Wahren verlieren. Pharao, Ödipus, Achill – allen wird eigentlich mit der Prophezeiung wenig geholfen. Es gibt einen unaufhebbaren, strukturellen Widerspruch zwischen der Wahrheit einer Prophezeiung und ihrem Nutzen. Ist sie wahr, so nützt sie nichts; ist sie nützlich, so hört sie auf, wahr zu sein. Eine Warnung ist keine Prophezeiung – eher das Gegenteil.

Wenn uns vor Antritt einer Reise eine Hellseherin vor einem Flugzeugunglück warnt, können wir immer noch auf die Reise verzichten. Aber gerade dann können wir nie erfahren, ob wir uns nicht durch Altweibergeschwätz unnütz haben abschrecken lassen. Der Begriff des Schicksals hängt im Grunde mit dem Begriff der Prophetie eng zusammen. Das Unabwendbare ist Schicksal; doch begrifflich gesprochen ist unabwendbar nur das, was eigentlich hätte abgewendet werden können und sollen, also was vorausgesehen war oder was prophezeit wurde. Das Schicksalsthema ist mit der Unbrauchbarkeit der Prophetie engstens verbunden.

Prognose

Die zweite Form der Voraussicht ist beinahe ebenso alt wie die Prophezeiung: es ist die astronomische Vorhersage, wie sie schon vor einigen tausend Jahren von den Chaldäern und Chinesen entwickelt wurde. Beobachtung der periodischen Wiederkehr von Gestirnskonstellationen und Mondfinsternissen; Verbindung dieser Beobachtung mit arithmetischen Berechnungen; Zusammenstellung eines Kalenders; Vorhersage von Himmelserscheinungen, welche später die Beobachtung bestätigt – die astronomische Prognose ist der erste, wahrhaft gewaltige Schritt in Richtung auf eine Erkenntnis wissenschaftlichen Charakters, auf eine methodische Berechnung der kommenden Dinge.

In archaischer Zeit ist es die Astronomie, mit der die Vorstellung aufkommt, daß die Naturvorgänge von Gesetzen beherrscht und folglich vorhersehbar sind. Noch heute ist das einzig verläßliche Kriterium einer wissenschaftlichen Erkenntnis – wenigstens auf dem Gebiet der Makrophysik – ihre Tauglichkeit zur Vorherbestimmung des Eintretens von Phänomenen: ihre einzig gültige Kontrolle besteht in der Feststellung des Eintritts einer Erscheinung, die sie angekündigt hat.

Der Astronom Leverrier bemerkte einst beim Studium der Umlaufbahn des Planeten Uranus gewisse Unregelmäßigkeiten. Nach eingehender Beobachtung führte er sie auf den Einfluß eines bis dahin unbekannten Planeten zurück und berechnete dessen Position. Am 23. September 1846 fand der Berliner Astronom Galle, als er mit seinem Fernrohr den angekündigten Planeten suchte, ihn fast genau am angegebenen Ort. Dieser Planet erhielt den Namen Neptun. Zur selben Zeit war ein englischer Astronom namens Adams zu dem gleichen Ergebnis gelangt wie Leverrier, hatte aber mit der Veröffentlichung seiner Arbeit gezögert. Die Tatsache, daß unabhängig voneinander zwei Astronomen zur selben Zeit dieselbe zutreffende Vorhersage machen konnten, bewies indessen den Wert der astronomischen Berechnungsmethoden.

In der Atomphysik lassen sich neue Elementarpartikel, die theoretisch vorausberechnet wurden, durch entsprechende Experimente feststellen. Erfolg oder Mißerfolg einer wissenschaftlichen Vorhersage wird in allen Fällen als ein entscheidendes Kriterium für die Gültigkeit einer Theorie betrachtet. So lieferte zum Beispiel die experimentelle Feststellung der Ablenkung des Sternenlichts den praktischen Beweis für die Richtigkeit der Relativitätstheorie.

Damit treten aber zwei wesenhafte Unterschiede zwischen der Prophezeiung und der wissenschaftlichen Vorhersage zutage. Wenn der Prophet sich täuscht, wird am Wert des prophetischen Verfahrens überhaupt gezweifelt. Wir haben gesehen, daß die Prophezeiung, wenn sie nützen soll, aufhören muß, Prophezeiung zu sein. Dagegen ist die wissenschaftliche Vorhersage wesentlich brauchbar. Im Bereich der Wissenschaft weckt eine irrtümliche Vorhersage keinerlei Zweifel an dem Wert der Wissenschaft an sich, sondern nur am Wert der einmal angewandten Methode und damit am augenblicklichen Stand der Erkenntnis. Die Feststellung eines Irrtums in der Vorhersage ist vielmehr der Antrieb für ein genaueres Erforschen; der festgestellte Irrtum ist fruchtbar. Wenn ein Planet sein Stelldichein mit der Berechnung verpaßt, meint man, eine bisher unberücksichtigte Ursache sei dafür verantwortlich: man wird sie suchen, bis man sie findet.

Schwieriger wird es, wenn man die Vorhersage auf den Bereich des Lebendigen ausdehnen will. Was nicht heißen soll, daß eine Vorhersage hier unfruchtbar oder gar unnötig sei.

Im Jahre 1812 veröffentlichte der Paläontologe Cuvier eine Abhandlung mit dem Titel: »Recherches sur les ossements fossiles des quadrupèdes«. In ihr stellt er den Grundsatz auf, es sei möglich, den Bau eines tierischen Skeletts theoretisch zu rekonstruieren, wenn man nur die notwendigen gegenseitigen Entsprechungen der Formen beachtet, welche die Funktion eines jeden Gliedes des betreffenden Tieres bestimmen. So deutet etwa ein Zahn, der von einem fleischfressenden Wirbeltier stammt, auf Kinnbacken, welche die Beute zerreißen können, auf Tatzen, die geeignet sind, die Beute zu verfolgen und zu packen, auf Sinnesorgane, die sie von ferne bereits wahrzunehmen vermögen. Die Form des Zahnes legt die Form aller übrigen Knochen des Skeletts fest, »ganz wie die Gleichung einer Kurve alle Eigenschaften derselben festlegt«. Von welchem Stück des Skeletts man auch ausgeht, »wer die ökonomischen Gesetze des Organismus einmal begriffen hat, könnte das ganze Tier rekonstruieren«.

Das war freilich vorerst reine Theorie. Wie hätte man ihr glauben können, wo den Beweis für ihre Richtigkeit hernehmen sollen? Es gab eine Möglichkeit, den Zweifel zu zerstreuen: die Vorhersage.

Man brachte Cuvier fossile Zähne einer unbekannten Tierart, die man in Paris im Gipsgestein des Montmartre gefunden hatte. Auf diese Zähne wandte Cuvier sein Methode an; er rekonstruierte theoretisch die Skelette zweier Säugetiere aus dem Eozän, des *Palaeotheriums* und *Anoplotheriums*.

Wenige Jahre später erwies sich die Richtigkeit seiner Rekonstruktionen – und damit der zugrunde liegenden Theorie –, als man in einem Pariser Vorort ein beinahe vollständiges Skelett des Palaeotheriums und zudem am Montmartre und in Antony zwei Skelette des Anoplotheriums ausgrub. Beide Funde hatten große Ähnlichkeit mit den theoretischen Rekonstruktionen Cuviers.

Cuviers Leistung bestand in einer gleichsam rückwärtsgerichteten Voraussage. Läßt sich aber die Voraussage auch auf die Zukunft des Lebendigen ausdehnen? Das Leben selbst erscheint – wohl nur deshalb, weil unsere Kenntnisse gegenwärtig noch unzureichend sind – wie ein Bruch in der physikalischen Ordnung der Dinge. Mit ihm dringt in unsere Berechnungen ein neues Moment ein, ein drittes, kaum noch erforschtes, neben Materie und Energie bestehendes Prinzip, das der Organisation. Dieses dritte Prinzip scheint in einem anderen Verhältnis zur zeitlichen Dimension zu stehen als die ersten beiden.

Wo die Lebensvorgänge eingreifen, wird auch die Vorhersage komplizierter und ungewisser, und das um so mehr, wenn die betrachteten Lebensvorgänge »organisierter« sind, also einem höheren Grad der Komplexität angehören. Auf der Stufe einzelliger Lebewesen kann es eine biologische Mathematik geben, deren Erforschung allerdings kaum begonnen hat. Das Verhalten einer bestimmten Bakterienkultur in einer bestimmten Menge von Nährflüssigkeit bei einer bestimmten Temperatur läßt sich vorhersehen und durch eine Kurve beschreiben. Das Verhalten eines Bienenstocks ist bis zu einem gewissen Grad voraussagbar. Beim Menschen gibt man die Vorhersage auf, weil zu viele variable Faktoren mitwirken. Vielleicht gibt man sie etwas zu schnell auf, denn zwischen Bakterien, Bienenstock und Mensch bestehen nur graduelle Unterschiede, keine wesensmäßigen. Es scheint durchaus so, als sei auch beim Menschen die Möglichkeit von Vorhersagen auf statistischer Ebene wieder gegeben (die Möglichkeit – damit meine ich nicht die tatsächliche Durchführbarkeit unter den jetzigen Umständen und mit den jetzigen Forschungsmitteln). Der Mensch sieht sich nicht gern als biologisches Phänomen und statistisches Objekt in die Zahl der vorhersehbaren Dinge eingereiht; er sträubt sich gegen diese Vorstellung, die er als Angriff auf seine »Freiheit« betrachtet. Er mißt seiner Person noch immer die Bedeutung eines einzigartigen Ereignisses zu, das der Vorhersehbarkeit nicht unterworfen ist. Doch wie der Kosmonaut, der den Zustand der Schwerelosigkeit aushalten muß, bedarf auch der Forscher, der in diesen neuen Raum der Betrachtungen vorzudringen wagt, besonderer Vorsichtsmaßnahmen und eines Spezialtrainings. Die Erkundung dieses Bereichs ist, wie der Raumflug, ebenfalls ein recht unbequemes Abenteuer. Gerade hier beginnt, nicht weniger als mit Gagarins Flug, das eigentliche Abenteuer unserer Zeit.

Wette

Es gibt einen Bereich von Erscheinungen, in dem die wissenschaftlichen Methoden der Vorhersage keine Geltung haben und sich nicht anwenden lassen, nämlich den Bereich des *Ereignisses.* Das Ereignis, jeweils einmalig und unwiederholbar, entsteht aus dem Zusammenspiel einer unübersehbaren Zahl von Ursachen, die eigentlich die Gesamtheit des Seienden einbeziehen. Jedes »Eine« entspringt dem »Ganzen«. Die Geschichtswissenschaft, wenn sie auch vielleicht nur eine Wissenschaft genannt wird, um das Prestige des Namens in Anspruch zu nehmen, bietet keinerlei Hilfe, die kommenden Ereignisse vorauszusagen. Es heißt zwar, daß sich die Geschichte wiederhole; mit gleichem Recht läßt sich auch das Gegenteil behaupten. Wer im Bereich des Ereignisses eine Entscheidung zu treffen hat, kann nur wetten. Wetten, das heißt die verschiedenen Möglichkeiten analysieren und auf die wahrscheinlichste setzen. Wer bewußt so vorgeht, wird seine Wette niemals als Prophezeiung ausgeben; dennoch ist seine Wette auch eine Form der Vorhersage.

Aus unserem täglichen Leben läßt sich die Wette nicht wegdenken. Man kann sogar sagen, daß unser Dasein und Handeln eine Aufeinanderfolge von Wetten ist, welche, in die

Form einer intuitiven Abschätzung gekleidet, die jeweiligen Erfolgsaussichten gegeneinander abwägen und das Verhältnis von Einsatz und Gewinn berechnen. Wenn wir in unser Auto steigen, um ins Grüne zu fahren, wetten wir, daß wir ohne Unfall nach Hause kommen. Wir wissen zwar, daß der Unfall nicht ausgeschlossen ist und zur Spielregel gehört; doch wir nehmen das Risiko auf uns. Der Vergleich von Einsatz, Chance und Gewinn läßt die Wette lohnend erscheinen.

In einem anderen Bereich als dem des Ereignisses hat ein Mathematiker die Methode der Wette angewandt. Pascal, der im Jahre 1643 in Rouen die erste Rechenmaschine konstruierte, wandte die Wette auf den Bereich des christlichen Glaubens an: wenn ihr noch ungläubig seid, müßt ihr wetten, daß es Gott gibt; nicht etwa auf Grund der Wahrscheinlichkeit seiner Existenz, sondern kraft einer Überlegung, wie sie jeder Spieler anstellt. Ihr müßt vergleichen: auf der einen Seite das Verhältnis der Gewinn- und Verlustaussichten, auf der andern das Größenverhältnis von Einsatz und möglichem Gewinn. Wer die Existenz Gottes annimmt und nach seinen Gesetzen lebt, setzt das Endliche (d. h. einige Annehmlichkeiten des Daseins während der kurzen Dauer des irdischen Lebens) aufs Spiel, um einige Aussicht zu haben, dagegen das Unendliche (d. h. das ewige Leben) als Gewinn davonzutragen. Selbst wenn euch die prozentuale Wahrscheinlichkeit der Existenz Gottes klein erscheint, müßt ihr die Wette eingehen; denn der Einsatz ist begrenzt, der mögliche Gewinn aber unendlich. Begrenzter Einsatz gegen unendlichen Gewinn – wie gering auch die Aussicht sein mag zu gewinnen, eine solche Wette schlägt kein Spieler aus.

Die modernen Methoden der Vorhersage verwenden mehr und mehr die Wahrscheinlichkeitsrechnung. Der Industrielle, der eine geschäftliche Entscheidung fällt, wettet stillschweigend auf die Konjunktur. Wenn es sich um wirtschaftliche Vorhersage in großem Maßstab handelt, für Industriekonzerne etwa oder für die Wirtschaftsplanung der Staaten, greift man zu immer verwickelteren Methoden, um die Wette auf eingehende Berechnung der Wahrscheinlichkeiten zu gründen. Immerhin impliziert jede Entscheidung eine Wette.

Sogar der Bau von Staudämmen und Meeresdeichen wird heute nicht ohne vorherige Wahrscheinlichkeitsrechnung begonnen. Für die holländischen Deiche und Polder z. B. muß man berechnen, wie groß die Wahrscheinlichkeit ist, daß verschiedene Naturereignisse zusammentreffen, deren gemeinsames Auftreten vielleicht einmal in hundert oder tausend Jahren den Meeresspiegel in für die Deiche bedrohlicher Weise steigen läßt: Hochflut, niedriger Luftdruck, Winde, die das Meer gegen die Küste treiben, heftige Stürme, die hohe Wellen auftürmen. Bei Staudämmen im Gebirge muß man mit dem Zusammentreffen außergewöhnlich starker Schneefälle mit darauffolgendem Föhn, der eine rasche Schneeschmelze verursacht, und ungewöhnlichen Regenfällen rechnen, die auf das Staubecken niedergehen. Solch ein Zusammentreffen war vor fünfzehn oder zwanzig Jahrhunderten die Ursache, daß das Meer einen Zipfel bretonischen Heidelandes überflutete, Humus und Wälder fortschwemmte, den Mont Saint-Michel vom Festland abtrennte und zur Insel machte.

Versicherung

Wetten heißt ein Risiko eingehen. Es können aber Interessen auf dem Spiel stehen (namentlich solche finanzieller Art), die zum Gegenstand einer Wette zu machen unverantwortlich wäre.

Darum trachtet die moderne Gesellschaft, die Wette, welche immer unentbehrlicher wird, mit einem Ausgleich des Risikos zu verbinden. Diese Einrichtung nennt man Versicherung. Das Prinzip der Versicherung eröffnet dem Einwirken auf die Zukunft neue Möglichkeiten, indem es zwei mathematische Prinzipien gegeneinander ausspielt und das Gesetz der Wahrscheinlichkeit durch das Gesetz der großen Zahlen kompensiert. Angesichts der Ungewißheit, die im Bereich des einzelnen Ereignisses herrscht, wird das Risiko von der individuellen auf die statistische Ebene verlagert und somit eine hinreichende Grundlage für die Voraussicht geschaffen. Wenn die Wahrscheinlichkeit, daß ich mit dem Auto verunglücke, eins zu zehntausend steht, kann ich mich versichern lassen, zwar nicht gegen den Unfall selbst, aber gegen einige seiner Folgen; ich kann verhindern, daß der Unfall die Hinterbliebenen auf Lebenszeit in materielles Unglück stürzt, indem ich im voraus meinen Anteil an den Kosten des irgendwann, irgendwo eintretenden, irgendwen treffenden Unfalls einzahle. Auf diese Weise sind die Kosten schon im voraus gedeckt, wer auch immer von den zehntausend Fahrern das Opfer sein mag.

Das Abenteuer des modernen Lebens wird dadurch, wenigstens hinsichtlich mancher Folgen, von vornherein in gewissen Schranken gehalten.

Das System der Versicherung, das vornehmlich in London geschaffen und ausgearbeitet wurde, um das Handelsabenteuer der Seefahrer möglich zu machen, dehnt sich in dem Maße aus, wie die Kollektivierung der menschlichen Gesellschaft zunimmt, und zwar auf eine immer größere Zahl von Kategorien des Risikos. Man kann sich sogar gegen schlechtes Wetter versichern lassen, welches das Publikum vom Besuch eines Tennisturniers abhalten oder den kostspieligen Urlaub der Familie verderben könnte.

Franz Kafka, der selbst Angestellter einer Prager Versicherungsgesellschaft war, hat erkannt, daß das System der Versicherung mit zu jenen Methoden der Zukunftsvoraussicht gehört, deren Vorfahr die Zauberei ist: das System der Versicherung, meint er, gleiche der Religion primitiver Völkerstämme, die glauben, das Unglück durch alle erdenklichen Schliche von sich abwenden zu können.

Im Versicherungssystem fällt jede Prophezeiung und Wette auf individueller Ebene weg. Es fehlt selbst der Versuch, das Ereignis vorauszusehen, wenn man von den Statistikern der Versicherungsgesellschaften absieht, welche die Prämie berechnen, die aufgrund des eingegangenen Risikos zu zahlen ist. An ihre Stelle tritt der Ausgleich des individuellen Risikos und dessen Übertragung auf ein Kollektiv, wo es dem Gesetz der statistischen Zahl untersteht.

Das System der Versicherung hat sich vom privaten zum öffentlichen System entwickelt. Als sogenannte Sozialfürsorge bildet es die Grundlage und Grundfeste des modernen Wohlfahrtsstaates.

Planung

Eine praktische, pragmatische Auffassung der Zukunft berücksichtigt diese insbesondere unter dem Gesichtspunkt künftiger Handlungen. Die Zukunft ist kein Objekt der Erkenntnis, sondern des Handelns. Ich kann zwar nicht wissen, was die Zukunft bringt, aber ich kann darüber bestimmen, was ich in der Zukunft zu unternehmen gedenke. Ich kann Pläne machen.

Die Schwierigkeit jeder Planung liegt darin, daß man nicht genau weiß, wie die Umstände sein werden, unter denen sich die Handlung abwickeln wird, und inwiefern sie zu beeinflussen sind. Schematisch besteht jede Planung aus zwei Elementen: einerseits der Bestimmung der Absichten, die dem Planenden zusteht, und andererseits einer Anzahl von Hypothesen oder besser Wetten, die sich auf die äußeren Umstände beziehen, welche vom Planenden unabhängig sind; in der Sprache der Planer das »Soll« und das »Ist«. Die Verzahnung der beiden Elemente, nämlich der Absicht, die vom planenden Subjekt abhängt, und der Umstände, die unabhängig von ihm verlaufen, bestimmt von Fall zu Fall die Erfolgsaussichten der Planung. Dieses Ineinandergreifen läßt sich grundsätzlich in Form einer Proportion ausdrücken. Wenn das von mir Abhängige infinitesimal klein ist im Verhältnis zu den Umständen, dann ist der Erfolg ein Glücksfall und die Planung im Grunde eine Wette. Wenn umgekehrt das proportionale Verhältnis der zufälligen Umstände reduziert wird, so werden die Unsicherheitsfaktoren geringer.

In dem Maße, in dem diese Proportion verbessert, d. h. der Anteil des Unbestimmbaren, Zufälligen reduziert wird, erhöhen sich die Aussichten eines Erfolges der Planung. Wenn es möglich wäre, in einem abgeschlossenen System zu arbeiten, d. h., jeden von außen intervenierenden Zufall auszuschalten, dann wäre der Erfolg der Planung hundertprozentig gesichert. Ideal des geschlossenen Planungsfeldes ist das Schachbrett, das kein Zufallsmoment zuläßt.

Ein Individuum kann schon für sich selbst planen. Es kann beschließen, zu heiraten oder Geschäfte zu machen. Doch ist die Proportion des Bestimmbaren (die Absicht) zum Unbestimmbaren (die Umstände) in diesem Fall so infinitesimal, daß der Erfolg der Planung im höchsten Grade vom Zufall abhängt. Wird er dem richtigen Mädchen im richtigen Augenblick begegnen? Wird sie gerade frei sein? Wird seine kaufmännische Tätigkeit in eine Periode der Hochkonjunktur fallen? In diesem unproportionierten Verhältnis zwischen dem Ich und der Umwelt bleibt der Erfolg ein Glücksfall.

Um die Erfolgsaussichten zu verbessern, muß die Proportion verbessert werden. Eine Gruppe von Individuen steht schon in einem besseren Verhältnis zur Umwelt als das Individuum. Der einzelne weiß nicht einmal, ob er morgen noch lebt; eine Familie dagegen hat viel größere Chancen des Überlebens; eine zahlreiche Familie noch mehr. So kann eine Familie schon besser planen als ein einzelner.

Im Geschäftsleben ist das *one-man-business*, das Geschäft, das auf Talent und Gesundheit eines einzelnen Geschäftsführers beruht, sehr gefährdet. Ein bedeutendes, verantwortungsbewußtes Unternehmen, das für die Zukunft plant, sollte wenigstens für Ersatzpersonal sorgen, das im Falle des Ausscheidens des Geschäftsführers einspringen kann.

Dennoch bleibt ein normaler Privatbetrieb von den Konjunkturschwankungen abhängig, die für jede Planung einen Unsicherheitsfaktor darstellen. Gibt es überhaupt Mittel und Wege, einen Privatbetrieb gegen Konjunkturschwankungen abzuschirmen? Aus dem Vorhergehenden wird klar, daß die Empfindlichkeit des einzelnen Betriebs dadurch reduziert werden kann, daß er einen größeren Marktanteil erwirbt. Ist er klein, hat er nur einen verschwindenden Anteil, so besitzt er keinen Einfluß auf die Konjunktur. Er kann nur versuchen, sich an die gegebene Konjunktur anzupassen, so gut es geht. Je größer sein Marktanteil, um so größer seine Fähigkeit, den Markt zu beeinflussen, um so zahlreicher auch die Aussichten, Unsicherheitselemente auszuschalten und erfolgreich zu planen.

Hier liegt einer der Vorteile der industriellen Konzentration, einer der Antriebe zur Monopolbildung. Ein Kartell, das über 25 Prozent der gesamten Stahlproduktion in einer gegebenen Handelszone kontrolliert, ist den Schwankungen des Stahlpreises weniger preisgegeben als ein kleines Unternehmen, sei es auch nur deshalb, weil das Kartell auf die Preisbildung einen größeren Einfluß hat. Handelt es sich um Staaten, so beruht die Planung auf drei wesentlichen Voraussetzungen:

1. daß sie in einem möglichst abgeschlossenen Raum stattfindet, der vor äußeren Störungen weitgehend geschützt ist;

2. daß innerhalb des geschlossenen Raumes die Planungsbe-

hörde möglichst viele Wirkungsfaktoren unter ihre Aufsicht gebracht hat;

3. daß, falls die beiden ersten Voraussetzungen nicht erfüllt werden, das Planungsgebiet in einem möglichst günstigen Größenverhältnis zur Außenwelt steht, um das proportionale Verhältnis der äußeren Unsicherheitsfaktoren herabzusetzen.

Daraus ergibt sich ein neues Bild der Entwicklung und des Gegensatzes der beiden weltbeherrschenden Machtblöcke. Hier wie dort machen die Planer ihre Forderungen immer stärker geltend, denn letzten Endes steht und fällt das ganze System mit dem relativen Erfolg der Planung. Nicht aus reiner Tücke oder Geldgier geschieht die kapitalistische Konzentration im Westen, sondern immer mehr aus dem Bedürfnis, bessere Planungsmöglichkeiten zu erzielen. Im Ostblock liegt dieselbe Motivierung zugrunde. Lediglich um bessere Aussichten auf Planungserfolge zu haben, sind die Herrscher der Ostblockstaaten, ob sie wollen oder nicht, gezwungen:

a) in möglichst abgeriegelten Räumen zu operieren,

b) innerhalb dieser Räume möglichst viele Faktoren zu beherrschen,

c) insofern dies nicht durchgängig möglich ist, die außenstehende Welt zu neutralisieren oder möglichst in ihr Planungsgebiet einzugliedern.

Wir reden immer noch hüben wie drüben von Kapitalismus und Marxismus, was nichts anderes als Scholastik oder, wenn man will, eine Form von Theologie ist; denn selbst wenn sie noch im alten Ornat paradieren, so sind die wirklich bewegenden Mächte jetzt ganz andere. In Ost und West haben die Planer aus rein planungstechnischen Gründen eine Tendenz zum Imperialismus und Totalitarismus. Als Ideal schwebt ihnen allen vor, ihre Talente im einzig geeigneten, weil abgeschlossenen Raum auszuüben – nämlich auf dem ganzen Planeten. Wer ihre ungeheure Verantwortung in Betracht zieht, wird für ihre Forderungen Verständnis haben. Abschätzige Äußerungen über Imperialismus, Totalitarismus, Planungsfimmel und Technokratie können das Problem ebensowenig erledigen wie Lobgesänge auf Freiheit, Demokratie, Sozialismus.

Es gibt nur einen Ausweg aus der gegenwärtigen Situation: die Planer der beiden Seiten müssen sich begegnen, ihre Probleme konfrontieren und gemeinsam zu ihrer Lösung schreiten. Es ist übrigens höchst wahrscheinlich, daß diese Begegnungen schon stattgefunden und daß die Planer der beiden Seiten schon erkannt haben, daß sie hier wie dort vor ähnlichen Problemen stehen, daß sie mehr oder weniger dieselbe Sprache sprechen. Da steckt der Keim, der Ansatz zur planetarischen Einheit: letztlich kann nur »global« geplant werden. Die »Globalität« ist Erfordernis der Planung und wird durch die Planung gefördert werden.

Man kann nur hoffen, daß die Politiker mit ihren abgestandenen Vorstellungen und ihrem abgenutzten Wortgebrauch den Planern nicht ins Werk pfuschen werden. Die allerbeste Voraussetzung wäre, daß man die Notwendigkeiten, denen die andere Partei (der sogenannte »Gegner«) selbst unterworfen ist, einsieht; daß man in Betracht zieht, daß der andere unter gewissen Umständen nicht anders handeln kann; daß man seine zwangsläufige Strategie nicht nur erkennt, sondern auch anerkennt. Dies würde vorerst zu einer Art stillschweigenden planungstechnischen Einverständnisses führen, aus dem allmählich eine gemeinsame Sprache und gemeinsame Spielregeln entstehen könnten – als Ansatz zu einer globalen Organisation.

Beim Sport oder beim Spiel kann es nur schiefgehen, wenn die Partner sich nicht nach derselben Spielregel richten. Bei den zirzensischen Spielen der alten Römer endete der Gladiatorenkampf meist mit dem Tode des einen oder beider Gegner, weil jeder nach eigener Art und mit eigenen Waffen focht: der eine leichtgeschürzt und beweglich, mit kurzem Speer und Netz, der andere gepanzert, schwer bewaffnet und kaum beweglich. Grundsatz des modernen Sportes, der das blutige Gemetzel vermeidet, ist es, daß beide Teile gleich ausgerüstet und nach gleichen Regeln kämpfen.

In der jetzigen Phase der Auseinandersetzung zwischen Ost und West liegt die Gefahr darin, daß jeder der Partner nach eigenen Spielregeln vorgeht und die Spielregeln des andern verkennt. Die Gefahr einer Katastrophe liegt eigentlich in der Mißachtung der Spielregeln des andern. Die einen spielen Bridge oder Poker, die andern spielen Schach. In Rußland ist das Schachspiel Nationalsport. Die russische Art, Schach zu spielen, hat mit dem brillanten Spiel eines Philidor nichts mehr zu tun. Im ›Café de la Régence‹ des Louis XVI glänzte Philidor als Genie der Improvisation. Das Genie der Russen besteht gerade darin, nicht zu improvisieren; ihre Technik ist die, daß sie über das Verhalten des Gegners möglichst wenige oder gar keine Hypothesen aufstellen und daß sie selbst keinen »Coup« im voraus planen, sondern bei jedem Schachzug nur den nächsten Schritt in Betracht ziehen, dessen strategische Aussichten sie allerdings möglichst weitgehend analysieren. Sie schalten den psychologischen Schluß auf das Verhalten des Gegners und seine Absichten möglichst aus – und damit auch den Zufall. Sie vertrauen sich dem Genie der Methode, nicht dem des einzelnen an. Einfälle gibt es nicht – nur Analyse. Bei jedem Zug möglichst wenig Hypothesen, möglichst starke strategische Stellung. Diese Strategie ist zu Beginn der Partie langweilig und monoton und irritiert die Dilettanten, nach dem fünfzehnten Zug zeigt sie jedoch durchschlagende Ergebnisse. Auf Zeit und Eleganz kommt es solchen Spielern nicht an, sondern nur auf den Enderfolg.

Man vergißt zu oft, daß Lenin nicht nur ein Schüler von Karl Marx, sondern auch von Clausewitz war. Er sagte, der Marxismus sei keine Theorie, sondern eine Methode des Handelns – in unserem Wortgebrauch eine Strategie. Die politische Strategie der Sowjets hat mit der russischen Methode des Schachspiels sehr viel Ähnlichkeit. Sie stellt möglichst wenige Hypothesen über die Absichten des Gegners auf. Bei jedem Schritt versucht sie, die (im strategischen Sinne) stärkste Position für den nächsten Zug zu gewinnen – nicht mehr. Die Methode ist vielleicht langwierig und vielleicht gerade daher für westliche Begriffe manchmal verblüffend, aber auf Zeit und Eleganz kommt es nicht an.

Wenn man hinter diesem oder jenem politischen Schachzug der sowjetischen Regierung oder ihrer Satellitenstaaten eine machiavellistische Absicht vermutet und die Hintergründe des Manövers zu durchschauen versucht, begeht man einen Irrtum. Man vergißt, daß Lenin als Prinzip aufstellte, das Projektemachen sei ein Fehler des kleinbürgerlichen Charakters. Es soll jedesmal der im Augenblick strategisch stärkste Zug gespielt werden. Wenn richtig gespielt wird, wird auch früher oder später der Erfolg nicht ausbleiben. Daraus ergibt sich zwischen Ost und West ein schwerwiegender Unterschied in der Planungsmethode. Um es zugespitzt und scheinbar paradox auszudrücken, schließt in der östlichen Perspektive die Planung die Pläne aus. Projekte mit ihren Erfolgs- oder Mißerfolgsmöglichkeiten führen in die Kalkulation ein schwer berechenbares und gefährdendes Element ein. Den Planern sind Projekte ein unbequemes und verhaßtes Element. Pläne machen, das heißt die Rechnung ohne den Wirt machen. Und auf weiteste Sicht (darauf kommt es an) ist die Gültigkeit der Methodik entscheidender als ihre momentanen Ergebnisse. Es wäre unklug, ihre Gültigkeit an dem augenblicklichen, positiven oder negativen, Erfolg zu messen.

Ein grundlegender Unterschied zwischen Ost und West besteht darin, daß man auf beiden Seiten mit anderen Formen der Zeitdimension und andersgearteten Zeitbegriffen arbeitet. Als Sir Winston Churchill einmal in Moskau seinem Alliierten Stalin vorhielt, seine politische »Säuberungsaktion« sei eine Vergeudung an Talenten und Menschenkraft gewesen, antwortete dieser: »Ein paar Generationen, was bedeutet das schon?«

Rückwirkung

Prophezeiung, Prognose, Wette, Versicherung, Planung: fünf Methoden der Einwirkung auf die Zukunft. Bei der Prognose einer Mondfinsternis, einer Wette auf ein Rennpferd, einer Versicherung gegen Autounfälle wird das vorhergesehene Ereignis nicht geändert. Bei der Planung aber stößt man auf das gleiche Problem wie bei der Prophezeiung: wer die Zukunft voraussieht und nach dieser Einsicht handelt, verändert dadurch die Zukunft oder, genauer gesagt, die Art und Weise, in der das Zukünftige zur Gegenwart wird.

In beiden Fällen wird die Vorhersage zu einer mitwirkenden Ursache des Ereignisses. Wir haben gesehen, daß diese Rückwirkung (oder Rückkopplung) im Falle der Prophetie ausgeschaltet werden müßte; sonst würde die Prophetie ihren Wahrheitscharakter verlieren und keine Prophetie mehr sein. Die Planung aber muß diese Rückkopplung in ihre Kalkulation einbeziehen und die gestaltende Kraft ihrer eigenen Aktion als ein bestimmendes Element des Werdens integrieren.

Um diese theoretische Betrachtung durch ein konkretes Beispiel zu erläutern, sei an die altbekannte Rätselaufgabe erinnert: Am Ufer des Nils läßt eine Wäscherin aus Unachtsamkeit ihren Sohn ins Wasser fallen. Ein Krokodil bemächtigt sich seiner. Die Frau fleht das Krokodil unter Tränen an, ihr das Kind wiederzugeben. Dieses antwortet (zu jener Zeit sprachen die Tiere noch): »Ich will dir eine Chance geben. Kannst du die Frage, die ich dir stelle, richtig beantworten? Werde ich dein Kind verschlingen oder nicht? Antwortest du richtig, so bekommst du dein Kind wieder; irrst du dich aber, werde ich es auffressen.« Was soll die Frau nun sagen, durch welche Antwort könnte sie ihr Kind retten?

Wenn sie antwortet: »Du wirst es nicht fressen«, stehen ihre Aussichten zu gewinnen eins zu zwei. Entweder hat sie die Absicht des Krokodils, das wirklich das Kind nicht verschlingen wollte, richtig erraten, und das Krokodil gibt ihr vereinbarungsgemäß den Sohn zurück; oder sie hat sich geirrt; das Krokodil wollte das Kind fressen und darf es jetzt sogar mit vollem Recht tun, da die Frau sich in ihrer Voraussage getäuscht hat. In keinem der beiden Fälle hat sie den Gang der Ereignisse zu beeinflussen vermocht.

Antwortet die Frau aber: »Du wirst mein Kind fressen«, so wird für das Krokodil das Problem unlösbar. Hatte es nämlich nicht vor, es zu tun, so hat die Frau sich geirrt; eigentlich sollte es das Kind fressen. Frißt es aber das Kind, bewahrheitet es damit die Vorhersage der Frau und hält sich nicht mehr an die Spielregeln. Es kann innerhalb dieser Regeln weder das Kind fressen noch es nicht fressen. Hatte es vor, es zu tun, so hat die Frau richtig geraten . . . und so fort. Die Frau hat das Geschehene insofern beeinflußt, als sie dem Krokodil die Logik in den Rachen geworfen hat.

Dieses Beispiel, das älteste und einfachste, das sich denken läßt, beweist, daß man sich – in irgendeiner Form – schon seit langem mit der Rückwirkung der Handlung auf die Vorhersage befaßt hat.

Die Folgen des Prinzips der Rückkopplung sind in der modernen Welt ungeheuer und für die Zukunft der Menschheit entscheidend. Die Rückkopplung führt nämlich eine Kumulativwirkung herbei: je wirksamer die Aktion, desto unumgänglicher ist es, sie auf immer breiterer Front und mit immer wirksameren Mitteln fortzusetzen. Wer A sagt, muß nicht nur B, sondern bald das ganze Alphabet hersagen. Wenn man einmal angefangen hat zu planen, kann man nicht mehr aufhören, dies in immer größerem Maße zu tun. Man kann die Verantwortung, die man einmal übernommen hat, nicht mehr abschütteln. Ein krasses Beispiel: eine Kolonialmacht, die in einem tropischen Land aus humanitären Gründen die Malaria bekämpft und dadurch den Bevölkerungszuwachs fördert, hat eine wahre Lawine ausgelöst, für die sie die Verantwortung selbst nach der Entkolonialisierung weiterträgt. Wer angefangen hat, auf die Zukunft einzuwirken, kann sich nicht mehr zurückziehen. Das Prinzip der Rückkopplung zwingt geradezu, mit immer größerem Einsatz zu spielen; denn gar bald geht es ums Ganze.

Das Leben auf der Erde – die Biosphäre – ist ein Gleichgewicht, genauer ein Gleichgewicht von Gleichgewichten, das sich dauernd verändert und verschiebt. Dieses biologische Gleichgewicht ist sehr labil. Die Menschen haben angefangen, mit ihren technischen Mitteln daran zu rütteln; die Folgen sind beim heutigen Zustand der Voraussagemethoden nicht zu kalkulieren. Jeder, der einen Einblick hat, erschrickt.

Solange der Mensch nur über geringe technische Mittel verfügte, waren die Folgen seiner Einwirkung auf die biologischen Gleichgewichte begrenzt und nur von lokaler Bedeutung. Gleichwohl besteht die Frage zu Recht, ob der Untergang mancher Frühkulturen in Vorderasien, in Nordindien, in Mittelamerika und anderswo nicht schon auf Sterilisierung des Bodens durch die Menschen zurückzuführen ist. Nach dem Ersten Weltkrieg bestand einige Jahre die Gefahr, daß ein Teil der Vereinigten Staaten in eine Wüste verwandelt würde; nur die energischsten Maßnahmen haben der Verbreitung des *dustbowl* vorgebeugt. Obwohl wenig davon an die Öffentlichkeit dringt, kann man überzeugt sein, daß Sowjetrußland vor dieselben Probleme gestellt ist. Jede maschinelle Urbarmachung im großen Stil, wie begeisternd diese Aufgabe auch sein mag, bringt die Wahrscheinlichkeit katastrophaler Konsequenzen mit sich. Sowjetrussische Wissenschaftler haben schon Alarm geschlagen und vor der Naivität des technologischen Enthusiasmus gewarnt, so z. B. vor dem Plan einer künstlichen Erwärmung des Arktischen Ozeans, die wohl als erste Folge eine Milderung des Klimas in Sibirien mit sich brächte. Sie machen darauf aufmerksam, daß eine derartige künstliche Änderung des Klimas durch einen bekannten meteorologischen Mechanismus sehr wohl eine neue Eiszeit provozieren könnte. Anders ausgedrückt: die technischen Mittel, über welche die Menschheit verfügt, haben sich schneller entwickelt als die Techniken der Prognose, die an sich die Anwendung dieser Mittel regulieren sollten. Es müßte schon ein großer Teil des Aufwandes an Energie und Kapital von dem Gebiet des technisch-materiellen Fortschritts auf dasjenige der prognostischen Technik übertragen werden, um wenigstens eine Chance zu bieten, die gefährlichen Folgen der technischen Entwicklung abzufangen.

Da aber, wie aus dem Prinzip der Rückkopplung hervorgeht, die Auswirkungen der Technik in einem exponentiellen Verhältnis zur Entwicklung der Technik selbst stehen, müßte eigentlich ein viel größerer Teil der Mittel auf Prognose und Planung angewandt werden als auf den rein technischen Fortschritt, um nicht nur mit ihm, sondern auch mit seinen Konsequenzen Schritt zu halten. Dies steht leider bis jetzt kaum in Aussicht– eben weil, wie schon die Propheten sagten, die Menschen meist zukunftsblind sind und nicht einmal wissen, daß sie es sind.

Konkret gesprochen: selbst wenn eine Abrüstungskonferenz zwischen Ost und West zu dem ersten Erfolg führen sollte, daß die beiden Lager nicht weiter aufrüsten; selbst wenn die Drohung eines Atomkrieges beseitigt wäre; selbst wenn die ungeheure wirtschaftliche Last der Rüstungen wegfiele – selbst dann wäre die Menschheit der ständig zunehmenden Gefährdung durch den technischen Fortschritt nicht entronnen. Da ich aber von Haus aus ein Optimist bin, glaube ich gerade in dieser zweiten Art der Gefährdung ein positives Element sehen zu dürfen. Die Einsicht in diese noch nicht hinreichend bekannten Gefahren könnte beiden Lagern gleichermaßen und zu gleicher Zeit zuteil werden, genauso wie sie auf dem Gebiet der Atom- und Raumforschung auch mehr oder weniger gleichen Schritts gehen. In dem Falle hätte eine Abrüstungskonferenz nicht nur einen negativen, sondern auch einen positiven Sinn, was einen Erfolg der Verhandlungen für beide Teile viel attraktiver werden ließe. Die durch Abrüstung verfügbar gemachten Mittel und Energien würden sofort in einer von den beiden Lagern gemeinsam geführten Verteidigung gegen die drohenden biologischen Gefahren ihre Anwendung finden.

Die Strategie dieser Verteidigung hat einen Namen: sie heißt Voraussicht oder, wie man heute sagt, *Prospektive;* oder auch *Futurologie.*

Neue Daten

Neue Dimensionen

Unser hergebrachtes Rüstzeug an Begriffen, Mythen und Fragen ist der heutigen Situation nicht mehr gewachsen.

Selbst eine einfache Überprüfung und Anpassung genügt nicht mehr. Es ist vielmehr dringend notwendig, unserem Denken ganz neue Dimensionen zu geben.

Dabei stellt sich das gleiche Problem wie beim Übergang von der handwerklichen Herstellung zur Serienproduktion: die Verbesserung der Werkzeuge des Schuhmachers ermöglicht noch nicht den Übergang zur Automation in der Schuhindustrie. Dazu sind neue Konzeptionen, neue Denkdimensionen nötig.

Ein Aspekt der Beschleunigung des Geschichtsablaufes tritt darin zutage, daß die radikale Revision unserer Denkverfahren immer häufiger nötig wird und in zunehmendem Maße in unser tägliches Leben eingreift.

Das allgemein gebräuchliche Rüstzeug an Grundbegriffen hatte sich von der Antike bis ins späte Mittelalter kaum verändert. Der geistige Besitz des einzelnen konnte ein Jahrtausend oder länger seinen Wert behalten.

Seit der Renaissance hat sich die Periodizität der Revisionen beschleunigt; von da ab ist die Größeneinheit das Jahrhundert. So zählt die moderne Geschichte gern in Jahrhunderten: das Quattrocento, das Jahrhundert der Aufklärung usw.

Noch zur Zeit unserer Großväter konnte eine gute Schulbildung für das Leben genügen. Das war damals, als die jungen Mädchen zur Hochzeit eine Aussteuer bekamen, zwölf Dutzend Hemden, Taschentücher und Laken, die bis zu ihrem Tode und noch länger hielten.

Heutzutage müßten wir schon fast alle zehn Jahre unsere geistige Ausrüstung erneuern. Es gibt praktisch nichts mehr – und die Mathematik macht da keine Ausnahme –, was man ein für allemal lernen könnte. Ein Atomforscher, der seine Forschung für fünf Jahre unterbricht, ist nicht mehr imstande, das Versäumte nachzuholen.

Wer sich diesen Erneuerungsanstrengungen entzieht, ist wie ein Arzt, dem Hormone und Antibiotika unbekannt sind.

Gewiß, es läßt sich auch so leben; daß man es bisher getan hat, ist Beweis genug. Es gibt auch lebende Fossilien, Jägerstämme im Urwald. Wie lange noch? Und wer will dazu gerechnet werden?

Die Begriffe, welche wir gestern erst aufgenommen haben, heute schon wieder in Frage zu stellen und morgen das gleiche mit dem zu wiederholen, was wir heute neu erlernen: das erfordert freilich eine gewisse Bemühung um Geschmeidigkeit des Geistes. Eine Viertelstunde Morgengymnastik kostet auch einige Anstrengung.

Merkwürdigerweise unterziehen sich Frauen und Männer langwierigen Behandlungen, Diäten und Kuren, um schön, schlank und gelenkig zu bleiben; um jung auszusehen – eigentlich, um jung zu bleiben. Wer aber tut dies auf dem Gebiet des Geistes? Wer gibt sich die Mühe?

Die notwendige Revision des geistigen Rüstzeugs, der geltenden Werte und Begriffe, verlangt eine kritische Haltung gegenüber dem Wortschatz und der Ausdrucksweise, die wir ererbt haben und deren wir uns meistens ganz selbstverständlich, ohne darüber nachzudenken, bedienen.

Die Wörter, die wir so übernommen haben, sind wie die Muscheln, welche die Kinder am Meeresstrand sammeln: leere Schalen, aus denen das Leben verschwunden ist, das sie einst formte. Gewiß, die Form offenbart Strukturen und Gesetze des Universums, man muß sie noch immer bewundern – und doch ist sie hohl und versteinert, geeignet für Sammlung und Tausch: hübsch und glänzend, dauerhaft und leicht. Bei den Negern Afrikas waren lange Zeit die sogenannten Kaurimuscheln als Handelswährung in Gebrauch. Auf dem Markt der Ideen bedienen wir uns ähnlicher Münze: versteinerter Wörter, der leeren Gehäuse einer vormals lebendigen, körperlichen Substanz, die sie erschuf. Ein Gesetz des Geldumlaufs lautet: Das schlechte Geld verdrängt das gute. Auf dem Gebiet der Wörter gilt dasselbe Gesetz.

Insofern die kritische Musterung und Neubewertung des Wortgebrauchs zu einer Revision der moralischen Werte führt, ist sie durchaus Privatsache: jeder einzelne muß sie für sich selbst vornehmen und schuldet nur dem eigenen Gewissen Rechenschaft. Wenn wir uns einen Fernsehapparat oder eine Musiktruhe anschaffen, bleibt es jedem überlassen, zu entscheiden, was er dafür an alten Möbeln fortstellt. Wenn er an dem einen oder anderen aus praktischen oder aus Gefühlsgründen hängt – gut. Aber er soll wissen, daß es so ist. Durch die Wahl, die er trifft, bestimmt ein jeder (aktiv oder passiv) die Position, die er in der allgemeinen Entwicklung der Menschheit einnimmt; eine Entwicklung, die gerade jetzt solches Ausmaß annimmt und eine solche Beschleunigung erfährt, daß es kaum eine individuelle Daseinsform gibt, die nicht auf irgendeine Weise davon betroffen wäre.

Aktiv oder passiv: wer diese Revision auf eigene Faust nicht vornimmt, entzieht sich keineswegs seiner Verantwortung. Er überläßt es einfach den Umständen, genauer gesagt: anderen Menschen, die ihm vielleicht gar nicht wohlwollen, für ihn zu entscheiden.

Neue Tatsachen

Im Verlauf der letzten fünfzehn Jahre, d. h. im Zeitraum einer halben Generation, sind fortgesetzt neue Tatsachen in den Bereich des menschlichen Bewußtseins getreten; Tatsachen von solcher Wichtigkeit, daß eine jede für sich hingereicht hätte, eine entschiedene Revolution, einen Wendepunkt der Geschichte zu bezeichnen. Mit dem Beginn der Geschichte betrachtete sich der historische Mensch als Maß aller Dinge; und plötzlich ist der Maßstab selbst, an dem wir alles zu messen gewohnt waren, in Frage gestellt. Alle unsere Bezugssysteme, alle festen Zusammenhänge unseres Denkens, unseres Handelns, unseres Daseins überhaupt sind davon betroffen und müssen revidiert werden. Und das nicht etwa ein für allemal; die Entwicklung der Dinge geht jetzt so schnell vor sich, daß die Revision zu einem Dauerzustand, zu einer geistigen Haltung werden muß.

Wir wollen diese neuen Tatsachen unter vier Gesichtspunkten betrachten:

1. Planetisierung;
2. Einwirkung auf die Gattung;
3. Vielheit der möglichen Welten;
4. Aufbruch.

Planetisierung

Die atemberaubende Vermehrung der menschlichen Gattung, ihre förmlich wuchernde Ausbreitung auf der Oberfläche unseres Planeten ist als Phänomen häufig genug beschrieben worden.

Die Zunahme der Menschen um das Hundertfache im Zeitraum von nur zweihundert Generationen hat gegenwärtig zur Folge, daß die Gattung, welche anfangs weit verstreut die Erde bewohnte, überall mit sich selbst »in Berührung« tritt und so das Bewußtsein ihrer erdumfassenden Einheit, ihrer planetarischen Solidarität gewinnt. Wo auch immer etwas geschieht, die ganze Welt hallt davon wider.

Jedoch nicht allein die zahlenmäßige Dichte der Erdbevölkerung nimmt zu, sondern auch die Zahl der Beziehungen unter den Menschen, und zwar in noch viel größerem Maß. Teilhard de Chardin schreibt: »Auf der geometrisch begrenzten Oberfläche der Erde, die angesichts des wachsenden menschlichen Aktionsradius immer enger wird, vermehren sich die Menschenteilchen nicht nur, sondern entwickeln in Reaktion auf ihre gegenseitige Reibung ganz zwangsläufig ein immer dichter verfilztes Netz ökonomischer und sozialer Verbindungen. Mehr noch: da ein jedes dieser Teilchen bis in sein Innerstes den zahllosen geistigen Einflüssen ausgesetzt ist, die in jedem Augenblick von dem Denken, dem Wollen und der Erregung aller anderen ausgehen, ist es innerlich unaufhörlich einer aufgezwungenen Resonanzschwingung ausgesetzt.«

Die Menschheit nimmt immer mehr die Gestalt eines weltweiten Netzes von Kommunikationen, Kontakten und Informationen an, dessen Entwicklung auf immer engeren Zusammenhalt, völlige Solidarität und Schnelligkeit des Reaktionsaustausches hinzielt.

Damit stehen wir am Anfang einer »globalen Ära«, der »Planetisierung der Gattung«, um mit Teilhard de Chardin zu sprechen.

Diese Planetisierung kann nicht ohne Folgen für die Entwicklung der Gattung bleiben. »Ein Gas, das wachsendem mechanischem Druck ausgesetzt wird, wechselt gewöhnlich seinen Aggregatzustand.« Welche Veränderung entspricht im Bereich der menschlichen Gattung dem Übergang eines unter starkem Druck stehenden Gases in den flüssigen Zustand? Die »planetarische Kompression« der Gattung, ihre zunehmende biologische Selbstdurchdringung, müßte normalerweise zu einer »Neugliederung« der menschlichen Masse auf einer höheren Stufe der Verflechtung und Organisation führen. »Die Erde wird morgen erwachen, auf unvorhersehbare Weise *panorganisiert*.«

In Teilhards Augen gehört der Übergang der menschlichen Gattung auf eine höhere Stufe der Organisation zu dem allgemeinen, unwiderruflichen, ständig beschleunigten Aufstieg des Lebens auf unserem Planeten von den Ursprüngen bis in unsere Tage und darüber hinaus:

»Was könnten wohl die spezifisch neuen Auswirkungen des *Übergangs zur Totalität* sein? . . . Das Ereignis, welches sich im Schoß der planetisierten Menschheit vorbereitet, wird im wesentlichen, wenn ich mich nicht täusche, ein Emporschnellen der Entwicklung aus sich selbst sein.«

Weit davon entfernt, sich zu verlangsamen, ist der Evolutionsprozeß dabei, in eine außerordentlich beschleunigte und kritische Phase seines Ablaufs zu treten:

»Wir haben uns vielleicht vorgestellt, daß die menschliche Gattung bereits ausgereift und an der Grenze ihrer Entwicklungsfähigkeit angelangt sei; und auf einmal zeigt sie sich uns *noch im embryonalen Zustand*.«

Für Teilhard de Chardin hat die begonnene »Planetisierung« der menschlichen Gattung schon die Erscheinung eines neuen Menschentypus hervorgerufen: »Ein neues, noch nicht katalogisiertes, aber äußerst wichtiges Element: der *homo progressivus,* wie man ihn nennen könnte, ein Menschentyp, dem die Zukunft der Erde wichtiger ist als die Gegenwart. Die Menschen dieses neuen Typus tauchen, zumindest vereinzelt, in jeder der Gruppen auf, aus denen sich die menschliche Gattung zusammensetzt. Eine Art von Affinität und eigentümlicher Anziehung bewirkt, daß die Menschen dieses Typus sich erkennen und zueinanderfinden.«

»Für die Anziehungskraft, von der ich spreche, scheint keine rassische, soziale oder religiöse Schranke undurchdringlich zu sein. Diese Erfahrung habe ich unzählige Male gemacht, und jeder kann sie wiederholen. Welches auch immer das Glaubensbekenntnis, das soziale Niveau oder das Heimatland desjenigen sein möge, den ich anspreche, wenn nur in ihm wie in mir dasselbe Feuer der Erwartung glüht, stellt sich sofort und ein für allemal zwischen uns eine enge und uneingeschränkte Verbindung her. Was tut es, daß sich unsere Hoffnungen durch Erziehung oder Unterweisung verschieden ausdrücken; wir fühlen uns von gleicher Art und merken fortan, daß selbst unsere Gegnerschaft uns aneinanderbindet, als gäbe es eine bestimmte Lebensdimension, wo jede Anstrengung, in welcher Richtung auch immer, eine Annäherung bewirkt.«

Einwirkung auf die Gattung

Die Menschheit ist dabei – was noch vor einer halben Generation undenkbar war –, die gefährliche Macht zu erwerben, in zweifacher Hinsicht das Schicksal der Gattung zu beeinflussen: entweder sie zu vernichten oder sie zu verändern.

Wenn auch die Einzelheiten der praktischen Durchführbarkeit vielleicht noch nicht geklärt sind, so handelt es sich hier trotzdem um Möglichkeiten, denen man unbedingt Rechnung tragen und deren Auswirkungen man ins Auge fassen muß.

Vernichtung der Gattung: Die Vernichtungsmittel, über die der Mensch bisher verfügte, bedrohten im allgemeinen nur einen kleinen Teil der menschlichen Gattung. Wie erbarmungslos das Morden, wie umfassend die Austilgung auch gewesen sein mag, immer blieb wenigstens genug »für die Aussaat« übrig, wie unsere Gärtner sagen. Die Entwicklung der einzelnen Kulturen konnte davon betroffen, die Uhr zurückgestellt werden; doch das Geschick der Gattung war nie in Gefahr.

Heute hingegen betragen die bestehenden Vorräte an Kernwaffen ein Vielfaches dessen, was zur totalen Vernichtung der Menschheit erforderlich ist. Dabei ist die Wasserstoffbombe nur eine und vielleicht nicht einmal die gefährlichste der vier oder fünf Waffen, mit denen sich die Menschheit selbst ausrotten könnte.

Radioaktive Ausschüttungen; chemische, biologische, bakteriologische Verfahren; Verfahren, welche die Fruchtbarkeit des Bodens angreifen; Verfahren zur Veränderung der Klimaverhältnisse mit all ihren katastrophalen Folgen: ein ganzes

Arsenal von Schrecken, das nicht nur die Vernichtung aller menschlichen Wesen ermöglicht, sondern darüber hinaus den Planeten für die menschliche Gattung überhaupt unbewohnbar machen könnte.

Die Menschheit befindet sich in der Lage eines Insektenschwarmes, der mit einem Vorrat von Schädlingsbekämpfungsmitteln spielt.

Veränderung der Gattung: Die jüngsten Entwicklungen der Genetik eröffnen dem Menschen die Aussicht, ja, sie geben ihm beinahe schon die Möglichkeit, auf seinen Bestand an Erbanlagen (sein Erbgut) einzuwirken.

Es handelt sich nicht mehr wie bisher um einfache Kreuzung und Auslese, wie man sie bei Pferden und Hunden, Rindern und Schweinen anwendet, sondern um den direkten Eingriff in den Erbbestand mit dem Ziel, ihn zu verändern. Da eine gezielte Veränderung nunmehr theoretisch möglich ist, wird sie auch eines Tages verwirklicht werden.

Die abendländische Kultur hat, was diesen Bereich angeht, althergebrachte Skrupel. Im 17. Jahrhundert, als Harvey die Anatomie des Blutkreislaufs entdeckte, richteten sich diese Bedenken gegen das Sezieren von Leichen. Sie richten sich noch heute gegen die Vivisektion. Der Gedanke, in die menschlichen Erbanlagen einzugreifen, wirkt für uns empörend. Das sind indessen Skrupel, durch die wohl einzelne eine Zeitlang aufgehalten werden, aber nicht alle für immer. Alles, was möglich ist, wird eines Tages auch versucht werden, wobei die einzige Frage lautet: Wann, wie und durch wen wird es geschehen?

Wir müssen heute mit dem Einfluß von drei möglichen Ursachen rechnen, die eine Mutation der menschlichen Erbanlagen bewirken könnten. Es wären denkbar:

1. spontane Mutationen, die auf einer natürlichen Entwicklung beruhen,

2. zufällige Mutationen, die z. B. auf der Zunahme der uns umgebenden Radioaktivität oder irgendeiner anderen Veränderung der Umwelt beruhen,

3. gezielte Mutationen,

4. Mutationen, die auf dem kombinierten Einfluß dieser drei Ursachen beruhen.

Vielheit der Welten

Solange die jungen Vögel noch nicht ihre Flügel zu gebrauchen wissen, haben sie kaum eine Vorstellung von etwas anderem als ihrem Nest. Auch wir haben uns bisher im großen und ganzen kaum eine andere Existenz, kaum eine andere Welt vorgestellt als die unsere. Im Zeitalter der Weltraumforschung reden wir noch von »Weltgeschichte« und meinen damit die Geschichte einer gewissen Gattung (der zoologischen Gruppe »Mensch«, sagt Teilhard de Chardin) auf einem bestimmten Planeten während eines verschwindenden Bruchteils der Weltzeit. Die »Einsamkeit des Menschen« im Universum ist ein vertrautes Thema der »Welt«literatur. Wie viele Echos antworten nicht Pascals Ruf: »Das ewige Schweigen der unendlichen Räume ist entsetzlich.«

Und nun auf einmal scheint es möglich, ja höchst wahrscheinlich, daß es anderswo im Weltall andere Formen des Daseins gibt. Selbst wenn wir uns keine anderen Existenzbedingungen vorstellen als die, welche auf unserem Planeten vereinigt sind, selbst wenn wir voraussetzen, daß ein ganz außerordentliches Zusammenwirken von Umständen nötig gewesen sei, damit auf unserem Planeten das Leben erscheine und sich ausgerechnet zu den Menschen, die wir sind, entwickle – alle diese Bedingungen können sich auch anderswo im Weltraum wiederfinden, wo Millionen oder gar Milliarden Planeten gewiß kaum von dem unseren verschieden sind.

Unter diesem Gesichtspunkt ist es ziemlich unwichtig, ob die fliegenden Untertassen wirklich existieren oder nicht. Viel wesentlicher ist die Tatsache, daß der Gedanke an sie entstehen und Fuß fassen konnte, daß die Vorstellung einer Vielheit von bewohnten Welten sich durchsetzt.

Die Astronomen stellen darüber Wahrscheinlichkeitsberechnungen an. Fred Hoyle hält es für wahrscheinlich, daß Lebensbedingungen, die denen auf unserem Planeten vergleichbar sind, allein in unserer Milchstraße hunderttausend bis eine Million Male wieder vorkommen. Dabei handelt es sich nur um unsere Galaxis, eine kleine Provinz mit einem Durchmesser von sechzigtausend Lichtjahren. Für das gesamte Universum, das wir beobachten können, nehmen Astronomen eine Größenordnung von hundert Millionen Galaxien an (eine

Null mehr oder weniger ändert ohnehin nichts an der Sache). Das würde ungefähr hundert Millionen mal eine Million Planeten ergeben, die in unserem Sinne bewohnbar wären. Es gibt also wirklich keinerlei Grund, zu glauben, daß wir allein auf der Welt sind.

Der sowjetische Astronom Felix Segals hat eine ähnliche Hypothese vorgebracht (Radio Moskau, September 1959).

Auch der Vatikan, dessen traditionelle Vorsicht bekannt ist, zieht die Möglichkeit in Betracht, daß es irgendwo im Weltall andere Lebewesen geben könne – und fügt hinzu, daß allerdings dieser Umstand in keiner Weise die Wahrheit der Offenbarung beeinträchtige; ebensowenig wie das Abenteuer der Weltraumforschung uns hindern soll, an den »Himmel« zu glauben.

Der Gedanke ist unabweisbar, daß die »Welt«, in der wir leben, die wir begreifen – weit davon entfernt, die einzig wirkliche zu sein –, allenfalls eine von vielen, vielen möglichen Welten ist.

Vielheit bewohnter Welten, Vielheit möglicher Welten – das erinnert an die beliebte Szenerie der *Science-fiction:* Nachbarplaneten, andere Welten im Sternenraum. Indes, der nachdenkende Geist entdeckt im Innern unserer eigenen irdischen »Welt« die Vielheit der Welten. Unsere biblisch-aristotelische Kultur hat zwar den Animismus der sogenannten primitiven Zivilisationen verdrängt, doch eben damit auch dessen dunkle, jedoch fruchtbare Vorstellung von der gleichzeitigen Gegenwart und dauernden gegenseitigen Durchdringung verschiedener Welten verloren. Vor allem durch die Entwicklung und Ausbreitung der modernen wissenschaftlichen Denkweise im westlichen Kulturkreis während des 19. und 20. Jahrhunderts sind wir schließlich dahin gekommen, stillschweigend anzunehmen, daß die menschliche Intelligenz die einzig mögliche Form von Intelligenz sei. Doch nun müssen wir auf einmal feststellen, daß die menschliche Intelligenz nur ein Sonderfall von etwas viel Umfassenderem, einer Art von »allgemeiner Intelligenz« ist, die jene mit umschließt, zugleich aber weit über sie hinausreicht. Philosophen, wie Bergson zum Beispiel, haben sich gefragt, ob dasjenige, was wir bei den Insekten Instinkt nennen, nicht einfach der heute degenerierte und mechanisierte Überrest einer früher lebendigen Form der Intelligenz sei: eine fossile Intelligenz. Es ist nicht ausgeschlossen, daß etwa die Insekten des Karbon etwas besaßen, das dem gleichkommt, was wir Intelligenz nennen. Es gibt eine »Intelligenz« des Lebendigen, die der unseren sicher viel näher steht, als wir gemeinhin annehmen. Wer je ein Gestrüpp gerodet hat, wird bei aufmerksamer Beobachtung davon beeindruckt sein, mit wieviel strategischem Geschick dornige Pflanzen ihren Schutz anlegen; und nicht etwa jede Art für sich allein, sondern ganz offensichtlich in einem aufeinander abgestimmten, kombinierten Zusammenwirken. Brennesseln, Weißdorn und Brombeersträucher besetzen und befestigen das Terrain mit erstaunlichem Geschick, wobei sich der zweckmäßige Einsatz ihrer Mittel kaum vom überlegten Vorgehen der Ingenieure und Militärs unterscheidet. Und wenn der rodende Angreifer nur einen Augenblick daran zweifeln sollte, würde er schnell eines anderen belehrt werden, sobald ihn nämlich Stechmücken und Wespen angreifen, jene Jagdgeschwader, die bei Alarm von ihrem Horst im Herzen des Gestrüpps aufsteigen, um sich auf den Feind zu stürzen. Dann hat er – wenn er nicht ohnehin davon überzeugt war – die Möglichkeit zu erkennen, daß die menschliche Form der Intelligenz nicht die einzige auf der Welt ist, daß die anderen Formen nicht allzu verschieden sind und daß folglich die seine nur der Sonderfall eines viel umfassenderen geistigen Vermögens ist.

Wer Winterabende am Kamin vor der Glut verbrachte, wird es gut verstehen, daß man von einer »Intelligenz« der Flamme sprechen kann.

Aufbruch

Bleiben wir vorerst bei dem Bild von den jungen Vögeln in ihrem Nest, die sich anschicken, ihren ersten Flug zu unternehmen: die Menschheit bereitet den Aufbruch aus der »Umwelt« vor, in der sie geboren wurde, und das auf mehrfache Weise.

Aufbruch vom Planeten: Noch sind zahlreiche Hindernisse zu überwinden, bevor aus dem *homo faber* der *homo cosmonauticus* werden kann. Im großen und ganzen handelt es sich aber um rein technische Schwierigkeiten, deren Überwindung die Raumforscher letztlich nicht für ausgeschlossen halten: die

Strahlungsgürtel, welche durchbrochen werden müssen; die im Verhältnis zur menschlichen Lebensdauer unermeßliche Weite des Raums; die geringen Aussichten, in bald erreichbarer Entfernung anderswo im Raum eine der unsrigen hinlänglich ähnliche Umwelt zu finden.

Aber letzten Endes sind diese Probleme kaum schwieriger als in früheren Zeiten der Erdgeschichte der Aufbruch des Lebens aus den Ozeanen, die es geboren hatten, und die Eroberung des festen Landes.

Die drei »Lösungen«, welche damals die Verpflanzung des Lebens aus den Ozeanen gestattet haben, geben uns heute noch die drei Verfahrensweisen an, die einen Aufbruch des erdgeborenen Lebens von seinem Planeten ermöglichen sollten:

1. Mitnahme der gewohnten Lebensbedingungen in einem geschlossenen Behältnis, etwa dem Raumtauchanzug der utopischen Romane. Eben dieses Verfahrens bediente sich schon das aus dem Ozean aufgetauchte Leben, das ja in einem geschlossenen System seine ursprüngliche Umwelt mitbrachte und reproduzierte: der Blutkreislauf stellt in einem fortwährenden Regenerationsprozeß den Salzgehalt und die Temperatur der Ur-Ozeane her.

2. Veränderung der Umwelt, die man besiedeln will. Auf unserem eigenen Planeten hat sich während des Karbons eine Umwandlung der Atmosphäre vollzogen. Die Vegetation jener Zeit hat den Kohlenstoff weitgehend gebunden und dafür Sauerstoff freigesetzt. Es ließe sich erwägen, auf einem anderen Planeten einen vergleichbaren Prozeß künstlich einzuleiten, der eine für unsere Nachkommen bewohnbare Atmosphäre schaffen könnte.

3. Anpassung der Gattung an die neue Umwelt durch gelenkte Mutation.

All das ist auf einmal denkbar geworden.

Aufbruch aus dem Kreis des zerebralen Denkens und der Sprache: Wir haben bis zum heutigen Tag nur mit Hilfe unseres Gehirns denken können. Laute und Zeichen, Wörter und Zahlen waren die einzigen Träger unserer Gedanken, die einzigen Stützen unseres Denkgebäudes. Auf einmal ist nun die Maschine bereit, das zerebrale, organische Denken des *homo sapiens* auf dieselbe Weise abzulösen, wie das Werkzeug und die Maschine die Organe des *homo faber* verlängern und ersetzen.

Aufbruch aus der Zeit: Die Zeit (d. h. die zeitliche Dimension, nach dem Vorbild des Raumes konzipiert), diese vom abendländischen Geist geschaffene Denkform, hatte für die moderne Welt den Charakter des Absoluten angenommen. Wir waren in der Zeit verwurzelt, wie es die Bäume im Raum sind, ohne uns in ihr bewegen zu können.

Jetzt auf einmal verliert die Zeit diese Eigenschaft einer absoluten Dimension. »Die universale Zeit ist von der speziellen Relativitätstheorie vertrieben worden; es gibt sie nicht mehr. Alle Elementarteilchen der Natur haben sich in ihre Hinterlassenschaft geteilt; jedes erbte eine eigene Zeit, deren Ablauf gedehnt oder gerafft werden kann, je nachdem die Geschwindigkeit des einzelnen Teilchens zu- oder abnimmt. Zum erstenmal in ihrer Geschichte wird die Menschheit eine wirkliche *Chronotechnik* aufbauen können und die Zeit der Dinge, die auch die Zeit der Menschen ist, erfolgreich verändern. Die Entdeckung des Feuers und die Erfindung der Schrift sind vielleicht nicht bedeutender gewesen«, sagt Le Lionais in seiner Abhandlung *Die Zeit.*

In Sowjetrußland gibt es die »Zeit-Forschung« als Fach; damit ist eine Erforschung des physikalischen Begriffs der Zeitdimension gemeint. Wir wissen wenig davon, außer daß der Wissenschaftler Kozyrew eigentlich naheliegende, doch vom klassischen Standpunkt aus gesehen befremdende Hypothesen aufgestellt hat; so zum Beispiel den Vergleich der Zeit mit einem Kraftfeld.

Obendrein hören wir die Wissenschaftler behaupten, daß die Geschichte des Universums einen Anfang gehabt habe, den man sogar annäherungsweise vor fünf bis sieben Milliarden Jahren ansetzt. Ob es mit der Zahl stimmt oder nicht, ist kaum von Bedeutung. Viel wichtiger ist, daß es einen Anfang, einen »Ursprung der Zeiten«, gegeben hat und daß man ihn sich wissenschaftlich vorzustellen versucht.

Im Bereich der elementaren Strukturen der Materie gelangt man zu der Annahme eines »Zeitquantums«, einer Mindestmenge von Zeit, unterhalb deren es keine Zeit mehr geben soll – wonach die Zeit also nicht unendlich teilbar wäre. Da sind wir gezwungen, unsere Vorstellung des Kausalzusammenhanges zu revidieren.

Manche gehen bereits so weit, von einer »Krümmung der

Zeit« (der Begriff kommt interessanterweise schon bei Nietzsche, ja bei Empedokles vor) zu sprechen, ohne daß sich damit bis jetzt ein konkreter intuitiv faßbarer Vorstellungsinhalt verbinden ließe.

Überhaupt betrifft diese Art von Beobachtungen noch nicht unmittelbar das praktische Leben, wo die traditionellen Anschauungen der Makrophysik einen genügenden Annäherungswert liefern; ist es doch im täglichen Leben durchaus sinnvoll und praktisch, von der Krümmung der Erdoberfläche und ihrer Rotation abzusehen und die Materie als etwas »Festes« anzusetzen.

Die mikro- und makrophysikalischen Erscheinungen entziehen sich ohnehin unseren Sinnen, unserer intuitiven Auffassung der Wirklichkeit und unserer unmittelbaren Vorstellungskraft.

Trotzdem macht der Einblick, den wir gewinnen, eine Revision, wenn nicht unserer Vorstellungen, so wenigstens der hergebrachten Auffassung von ihrer absoluten Geltung unumgänglich.

Notwendigkeit der Revision

Revision der Vorstellungen

Wählen wir als Beispiel und Symbol dieser einschneidenden Revision unserer Vorstellungen die neue Gestalt, welche das älteste und vertrauteste Gegensatzpaar, »Tag und Nacht«, heute annimmt.

Von den Anfängen bis auf unsere »Tage« hat die Menschheit in der Auffassung gelebt, daß die Gegensätzlichkeit von Tag und Nacht grundsätzliche, absolute Geltung habe und in irgendeiner Weise allen anderen Gegensätzen zugrunde liege. Zwei Dinge, von denen wir empfinden, daß sie sich widerstreiten und gegenseitig ausschließen, sind für uns »wie Tag und Nacht«. Die »Tage« sind die Einheit und Grundlage unserer Zeitrechnung; wir zählen in Tagen: »seine Tage sind gezählt . . .«; uns selbst entschlüpfte eben noch ein »bis auf unsere Tage«.

Doch nun bemerken wir auf einmal (schon seit den Flügen in die Stratosphäre, an die Grenze der Erdatmosphäre und erst recht seit den ersten Raumflügen), daß sich die Bedeutung dieses Gegensatzes, der uns so wesentlich erschien, auf eine kleine Hülle um den Erdball von nur 20 Kilometer Ausdehnung beschränkt. Außerhalb der Atmosphäre hat die Gegenüberstellung von Tag und Nacht keinen Sinn mehr. Nur der Ausdruck »Schattenkegel« hat eine Bedeutung.

Dort oben im Weltraum gibt es weder Tag noch Nacht. Wo die lichtbrechende Wirkung der Atmosphäre aufhört, ist der »Himmel« immer dunkel. Jenes diffuse Licht, das wir Erdbewohner »Tag« nennen, gibt es dort nicht mehr. Indessen ist man, wenn man sich nicht im Schattenkegel der Erde aufhält, den Strahlen der Sonne ausgesetzt, die um so glühender sind, als sie nicht durch eine gasförmige Atmosphäre gefiltert und abgeschirmt werden. Unter diesen Verhältnissen kann man am selben Ort und im selben Augenblick annehmen, es sei ringsum Nacht (da der Himmel dunkel ist) und es sei hellichter Tag (da man mehr als je das Licht und die Hitze der Sonnenstrahlen zu spüren bekommt).

Auf diese Weise, nämlich durch einfaches Verschieben des

Bezugssystems um 20 Kilometer, verschwinden viele traditionelle Gegensatzpaare – richtiger: Sie erscheinen nicht mehr in der Gestalt grundsätzlicher und absoluter Verhältnisse, sondern gebunden an ein vorgegebenes und örtlich festgelegtes Bezugssystem. Wechselt man das Bezugssystem, verschwindet auch das Gegensatzpaar.

Damit wird uns bewußt, daß wir zu den traditionellen Formen geistiger Disziplin eine weitere hinzufügen müssen. Wie eine Börsennotierung keinen Sinn hat, solange man nicht weiß, in welcher Währung sie angegeben ist, ebenso ist eine Behauptung nur insofern brauchbar und gültig, als ihr – gleichsam als Vorzeichen die Angabe des Koordinatensystems vorausgeht, innerhalb dessen sie aufgestellt wird und auf das sie sich bezieht. Mit einem Wort: Die Bestimmung des jeweiligen *Bezugssystems* kann nicht mehr stillschweigend hingenommen werden in der Form eines Absoluten, sondern muß jeder Aussage mehr oder weniger ausdrücklich vorausgeschickt werden.

Diese Form der geistigen Disziplin hat übrigens ein zusätzliches Ergebnis, eine Art von Nebenprodukt: Man bemerkt rasch, daß die meisten der traditionellen Diskussionen, wenn sie dieser Analyse unterworfen werden, eitel und unnütz erscheinen, es sei denn, man betrachte sie als Denksport. (Vergleichbar sind sie übrigens mit dem Sport gerade als leidenschaftliche, zweckfreie und unbegrenzt wiederholbare Übung.) Jeder der Diskussionspartner ist im allgemeinen in seinem eigenen Bezugssystem eingeschlossen, das von dem des anderen verschieden ist. So versichert ein jeder mit bestem Gewissen, daß er recht und der andere unrecht habe; und jeder hat auch in seiner Sicht wirklich recht, in der Perspektive des anderen aber unrecht. Eben dieser Umstand gestattet die Fortsetzung der Diskussion *ad infinitum*.

Beispielsweise sind Hans und Peter sich nicht einig, auf welchem Weg sie ihren Spaziergang fortsetzen sollen; Peter will auf kürzestem Wege zum Gipfel des Berges gelangen, Hans jedoch zieht eine Kammwanderung vor. Die Diskussion entbrennt. Keiner ist davon abzubringen, daß er recht hat; und jeder hat auch tatsächlich recht, insofern er die Vorteile der eigenen Lösung mit den Nachteilen der Lösung des anderen vergleicht. Das einzig richtige Verfahren besteht aber darin, die Vorteile der einen Lösung mit den Vorteilen der anderen, sodann die Nachteile der einen mit den Nachteilen der anderen und schließlich die beiden Ergebnisse untereinander zu vergleichen. Darin besteht – vorausgesetzt, daß Hans und Peter redlich sind – das einzige vernünftige Mittel, die richtige Entscheidung herauszufinden. Aber gerade so verfährt man gewöhnlich nicht; während des beinahe schematischen Ablaufs der Diskussion schließt sich jeder der Partner in sein eigenes Bezugssystem ein, ohne von dem des anderen Notiz zu nehmen. Erst wenn man ein gemeinsames Bezugssystem gefunden hat, erhält auch der Vergleich der beiderseitigen Vorzüge (z. B. des Kapitalismus und des Kommunismus) einen Sinn und kann zu einem vernünftigen und ersprießlichen Ergebnis führen.

Der Mangel an Redlichkeit ist zwar viel weniger verbreitet, als man glaubt. Andererseits ist aber ein jeder weitaus fester in sein eigenes Bezugssystem eingeschlossen, als er selbst annimmt; und er ist nicht bereit, sich den Standpunkt seines Partners, der ebenfalls durch sein eigenes Bezugssystem bestimmt ist, vorzustellen.

Der Begriff des Bezugssystems läßt jenes Prinzip verstehen, das – so überraschend es wirkt – vielleicht der reinste, größte und originellste Ausdruck der europäischen Kultur und Weisheit ist: *Daß ich recht habe, will noch lange nicht sagen, daß die unrecht hätten, welche anders denken als ich.* Toleranz ist nicht nur eine Tugend, sie ist auch eine hohe Form der Klugheit. Das geistige Entgegenkommen, die Bemühung, das Bezugssystem derer zu verstehen, die nicht so denken wie wir, ist eine – und zwar die fruchtbarste – Form der Überlegenheit.

Verstehen bedeutet nicht unbedingt übernehmen; vielmehr handelt es sich darum, »unser« Bezugssystem und das des »anderen« in ein Bezugssystem höheren Grades zu integrieren, das beide umfaßt, und so kommt man einen Schritt weiter.

Vom Begriff des Bezugssystems abgeleitet ist der Begriff des geschlossenen Systems, d. h. dessen, was innerhalb eines gegebenen Bezugssystems liegt, im Gegensatz zu dem außerhalb Stehenden. Der Begriff des geschlossenen Systems wird neuerdings in der mathematischen Mengenlehre angewandt. Die arithmetische Zahl Eins, die bisher als einfachste Zahl, als Grundzahl, angenommen wurde, erscheint nun als eine abgeleitete, zur Ergänzung der Zahlenreihe nachträglich konzipierte Vorstellung (denn mit Zwei fängt das eigentliche Rechnen erst an). In der Außenwelt, der Welt unserer Sinneswahrnehmungen, ist jede wahrgenommene Einheit, solange es sich um anorganische Materie handelt, ein reiner Kunstgriff des Geistes. Wir sehen »einen Berg«; aber es gibt in Wirklichkeit kein solches Ding, das ein Berg wäre. Es gibt Felsen, die auf der Erdoberfläche in mehr oder weniger dicken Lagen, die wiederum mehr oder weniger zutage treten, mehr oder weniger verteilt sind. Die Isolierung, Anerkennung und Benennung des Berges als Objekt im Ganzen der augenblicklichen Wahrnehmung ist ein Werk des Intellekts.

Mit dem Augenblick jedoch, wo die Lebewesen auftreten, ist die Einheit etwas anderes als nur eine rein geistige Operation. Das Lebewesen ist, wie man sagt, »organisiert«, d. h., es bildet *einen* geschlossenen Zusammenhang, ein »Ganzes«, wie Goethe, der Naturforscher, so gern zu sagen pflegte. An dem lebendigen Ganzen lassen sich ein Innen *(»in«)* und ein Außen *(»out«)* unterscheiden. Die Organisation des Austausches zwischen diesem Innen und diesem Außen ist die vornehmlichste Tätigkeit des Lebewesens. Indem es diesen Austausch nach einem bestimmten pulsierenden Rhythmus organisiert, wobei die Bewegungen von Materie, Energie und Information von außen nach innen und von innen nach außen abwechseln (Atmung, Verdauung, Pulsschlag, Wahrnehmung, aktive Tätigkeit usw.), schafft sich das Lebewesen ein eigenes, zentriertes, abgeschlossenes, einheitliches raum-zeitliches Bezugssystem. Vornehmlich mit den anderen biologischen »Einheiten«, die ein anschlußfähiges Bezugssystem besitzen, d. h. den anderen Individuen seiner Art, bildet es analoge Bezugssysteme höherer Ordnung. Je weiter sich indessen sein eigenes »biologisches Raum-Zeit-System« entwickelt und vervollkommnet, desto schwerer wird es ihm, sich mit andersartigen Bezugssystemen in Kontakt zu bringen; um so »abgeschlossener« wird es. In den sprachlichen und begrifflichen Strukturen seines Sprachgutes ist jeder Mensch eingesperrt wie die Muschel in ihrer Schale. Mit Hilfe des organischen, zerebralen Denkens allein kann er kaum ausbrechen. Vielleicht wird ihm das maschinelle Denken den Ausweg aus dem eigenen, fossilen Bezugssystem zeigen und für den Anfang wenigstens die Erkenntnis und das Verständnis von dessen Relativität verschaffen. Das organische Denken kann zum Beispiel praktisch nur mit einer einzigen Zeitdimension arbeiten. Diese Begrenzung kennt die Maschine nicht. Sie könnte mit beliebig vielen Zeitstrukturen operieren.

Ein anderer, gewiß nicht ganz neuer Begriff, dessen außerordentliche Bedeutung aber erst neuerdings zutage getreten ist, hängt ebenfalls mit dem des Bezugssystems zusammen: die *Größenordnung als Kategorie.* Dabei interessiert uns namentlich der Gegensatz zwischen statistischer Betrachtungsebene und der Ebene der individuellen Größenordnung.

Führen wir uns der Deutlichkeit halber einige Beispiele vor Augen. Nehmen wir an, eine Kompanie habe den Befehl erhalten, eine feindliche Stellung zu erobern: ein Maschinengewehr in einem Bunker. Der Kompaniechef schätzt, daß, wenn er hundert seiner Männer gleichzeitig angreifen läßt, die Stellung unter Verlust von zehn Mann eingenommen werden kann. Er läßt angreifen: die feindliche Stellung wird besetzt. Man zählt die Verluste: drei Tote. Der Kompaniechef reibt sich die Hände; die Operation ist über Erwarten gut geglückt. Auf der statistischen Betrachtungsebene ist sie zufriedenstellend und rentabel verlaufen. Auf der Ebene der individuellen Einzelbetrachtung, für Hans, Karl und Ernst, die gefallen sind, für ihre Familien, ist die Operation katastrophal.

Zweites Beispiel: Denken wir uns einen Impfstoff, der – so etwas kommt vor – in einem von zehntausend Fällen eine schwere oder sogar tödliche Reaktion verursacht, etwa eine verhängnisvolle Allergie. Aber derselbe Impfstoff schützt eine ganze Bevölkerung vor einer Krankheit, die unter je tausend Einwohnern einen Todesfall eintreten ließ. Statistisch gesehen, gibt es keinen Grund zu zögern, da man zehn Personen rettet für eine, die man gefährdet. Statistisch gesehen, ist der Impfstoff brauchbar; allerdings verurteilt er einige der geimpften Personen zum Tode, deren Lebensaussichten ohne die Impfung 999:1000 gestanden hätten. Für den Vater der kleinen Erika, die vielleicht jener zehntausendste Impfling sein könnte, entsteht eine Gewissensfrage – auf der individuellen Betrachtungsebene.

Ein weiteres Beispiel: In einer Gefängniszelle, die nur durch ein Luftloch in zwei Meter Höhe belüftet wird, befinden sich zehn Gefangene. Nur ein einziger von ihnen kann jeweils bequem atmen, indem er auf die Schultern seiner Kameraden steigt. Folglich ist das, was für einen von ihnen wahr ist und selbst für jeden von ihnen einmal zutrifft, wenn man sie einzeln betrachtet, nicht mehr wahr, wenn man alle auf einmal betrachtet. Eine Kollektivität ist etwas anderes und unterliegt anderen Gesetzen als eine bloße Summe von Individuen.

Ein Steuerzahler, der das Finanzamt betrügt, verschafft sich einen reinen Gewinn. Das Geschäft lohnt sich – auf der individuellen Betrachtungsebene. Wenn alle Steuerzahler das Finanzamt betrügen würden, wäre der Staat ruiniert, und mit ihm alle Steuerzahler.

Derselbe Tatbestand kann eine diametral entgegengesetzte Bedeutung erhalten, je nachdem er auf der statistischen oder auf der individuellen Ebene erfaßt wird.

Nun wird aber gerade die statistische Betrachtungsweise, deren Wichtigkeit mit dem zahlenmäßigen Anwachsen der Menschheit, ihrer Verdichtung und Kollektivierung ständig zunimmt, vom Individuum nicht ohne weiteres wahrgenommen. Ganz abgesehen von den natürlichen Schwierigkeiten, die es uns bereitet, in solchen Kategorien zu denken, gibt es triftige Gründe – z. B. nationale Interessen –, um derentwillen die Unklarheit sorgfältig und methodisch aufrechterhalten wird. In unserer Zivilisation, die doch auf den Mythos der Person gegründet ist, wird – paradoxerweise – dem Individuum Opferbereitschaft als Pflicht auferlegt. Um das Paradox zu verdecken, wird der Krieg als Ausnahme hingestellt: als ein abnormer Zustand, in dem einfach hingenommen wird, daß die sonst gepredigten Werte aufgehoben werden.

Die statistische Betrachtungsweise ist nicht allein im menschlich-sozialen Bereich gültig und anwendbar. Sie gilt auch in der Biologie: Wie viele ausgewachsene Bäume entfallen auf eine Million Fichtensamen? Wie viele unter einer Million Eiern, einer Milliarde Spermatozoiden durchlaufen den ganzen Kreis der Entwicklung bis zum ausgewachsenen Individuum? Es gibt eine Makrobiologie und eine Mikrobiologie (im Sinne einer Biologie der Individuen), die jeweils eigenen Gesetzmäßigkeiten gehorchen.

Dies gilt ebenfalls in der physikalischen Welt. Wenn man von der Makrophysik zur Mikrophysik übergeht und in der Rangordnung der physikalischen Erscheinungen bis auf die Stufe der Aufbaustrukturen des Atoms herabsteigt, kommt der Augenblick, wo offensichtlich allein die statistische Betrachtungsweise noch Gültigkeit hat. Wir bewegen uns dann in einem anderen Universum, wo die traditionellen Anschauungen des Raumes und der Zeit, der Materie und der Energie, ja der Kausalität, nicht mehr – oder anders – gültig zu sein scheinen.

Organisation

Ein weiterer Begriff ist neuerdings sehr wichtig geworden: die *Struktur*. Mit ihm ist eng verbunden der Begriff der *Organisation*. Gerade zu dem Zeitpunkt, wo die Physiker ihren Traum zu verwirklichen scheinen, die zwei Grundprinzipien Materie und Energie in einer Formel zu verbinden, wird neben ihnen ein drittes Prinzip sichtbar: die Organisation. Ein gegebenes System läßt sich nicht nur durch die Materie und die Energie, die es enthält, definieren, sondern auch – und sogar vor allem – durch den Grad und die Art seiner Organisation und Strukturierung: »Organisation ist ein Prinzip, das nicht auf eine der beiden Kategorien Kraft oder Stoff zurückgeführt werden kann, sondern selbst eine unabhängige Größe ist, weder Energie noch Substanz, sondern etwas Drittes, durch das Maß – und die Art – der Ordnung (oder negativen Entropie) eines Systems ausgedrückt«, wie es Wolfgang Wieser nach Norbert Wiener formuliert.

Es erweist sich aber bald, daß es gleich zwei Arten von Strukturen gibt, die sich auf verschiedene Weise in der Zeit entwickeln: die organischen und die mechanischen Strukturen. Organismen und Mechanismen scheinen zwei ganz andersartig gestalteten Zeitdimensionen anzugehören; als ob sie sich auf zwei grundverschiedenen »Zeitebenen«, in zwei verschiedenen »Zeitfeldern« bewegten. Um es anschaulich darzustellen: ein Organismus (z. B. ein Baum) ist in jedem Augenblick seiner Existenz ein Ganzes; auf jeder Stufe ist er ein irgendwie Vollendetes – ein Wesen. Ein Mechanismus dagegen (z. B. ein Motor) ist, solange noch die letzte Schraube fehlt, nur Schrott.

Nebenbei bemerkt: jedes Werk der Kunst erfüllt seine Finalität (eine »Gestalt« ist »schön«, um die Terminologie der

Ästhetik zu gebrauchen), insofern es eine gewisse, ausgewogene, haltbare, lebensfähige, organische und organisierte Kombination von Organischem und Mechanischem darbietet; als ob es dazu da wäre, gerade die Trennung der beiden Dimensionen oder Domänen zu überbrücken, sie miteinander – und den Menschen mit sich selbst – zu versöhnen.

Im Gefolge des sehr allgemeinen Begriffes der Organisation haben sich zwei zusammenhängende, abgeleitete Begriffe entwickelt, die immer wichtiger werden: *Information* und *Kontrolle;* sie bilden die Grundlage einer neuen Wissenschaft, der Kybernetik.

In gewisser Hinsicht ist jedes System, ob im Bereich der Mechanik, der Biologie oder der Soziologie – ob Apparat, Organismus oder Gruppe –, durch die Struktur des Informations- und Steuerungssystems, das seine Bauelemente untereinander verbindet, charakterisiert.

Von hier aus fällt nebenhin auch ein neues Licht auf das Problem des Bewußtseins, das nun nicht mehr wie einst als ein Licht in der Nacht, als flackernde Kerze erscheint, sondern mehr und mehr die Gestalt eines eigenartigen Beziehungsvorgangs annimmt. Dabei gelangt man zu der Auffassung, daß das Bewußtsein nur in einem komplexen System, und zwar nach Maßgabe seiner Komplexität als deren Begleiterscheinung, als »Antwort« auf eine »Herausforderung« auftritt; in dem Maße nämlich, wie – anthropologisch gesprochen – die Komplexität des Systems neue Anforderungen an die gegenseitige Kontrolle seiner Bauelemente stellt und neue Lösungsmethoden verlangt. Das Bewußtsein wäre somit eine originelle Methode, Probleme der strukturellen Komplexität zu lösen.

Man gelangt aber dahin, das Phänomen des Bewußtseins nicht mehr als mit dem Phänomen Mensch zwingend verbunden zu betrachten. Dies führt zu zweierlei Überlegungen: einmal, daß die Menschen, als Art betrachtet, vielleicht nur temporär, auf einer gewissen Stufe ihrer Entwicklung, eine Bewußtheit in unserem Sinne des Wortes haben; man kann sich vorstellen, daß dieser Ausnahmezustand der aggressiven Luzidität mit der Mutationskrise zusammenhängt, also mit der historischen Periode der Menschheit und dem Übergang zu einer anderen Organisationsform; wenn diese einmal erreicht und die Mutation ein »fait accompli« ist, könnte diese Bewußtheit, wenn nicht verschwinden, so doch ganz andere, für uns kaum vorstellbare Formen annehmen. Andererseits gibt es keinen Grund, das Bewußtsein als Monopol der Gattung Mensch zu beanspruchen. Warum sollte es nicht schon etwas Derartiges gegeben haben, als die großen paläontologischen Mutationen geschahen; als, zum Beispiel, sich die Vögel aus den Sauriern entwickelten und den Luftraum eroberten? Ist nicht das Bewußtsein vielleicht ein Drang, etwas anderes zu werden, als was man ist – ein Moment der Mutation?

Prüft man einmal die heutige Psychologie unter diesem Gesichtspunkt, will sie einem fast ebensoweit von der Realität entfernt vorkommen, wie es die griechische Mythologie mit ihren Göttern, Göttinnen und Heroen war. Dieser Vergleich hat übrigens nichts Entehrendes, weder für die Mythologie des Altertums noch für die unsrige; denn die Mythologie ist eine jeweils gültige Form des Weltverständnisses – die unsrige nicht weniger als die antike. Freilich muß man einmal wissen, daß es sich um Mythologie handelt, und dann ihren mythologischen Charakter nicht mehr aus den Augen verlieren: die Vorstellungen, die sie uns anbietet, die Begriffe und Wörter, die sie uns zur Verfügung stellt, sollte man doch nicht mehr absolut nehmen.

Wenige Jahre vor seinem Tode soll Freud in einem Brief an Einstein die »trockene Phantastik« als Merkmal jeder Wissenschaft bezeichnet haben. »Vielleicht haben Sie den Eindruck«, heißt es da, »unsere Theorien seien eine Art von Mythologie, nicht einmal eine erfreuliche in diesem Fall. Aber läuft nicht jede Naturwissenschaft auf eine solche Art von Mythologie hinaus? Geht es Ihnen heute in der Physik anders?« (Zitiert in: Ludwig Marcuse, *Sigmund Freud,* Hamburg 1956.)

Neue Mythen

Zu einem neuen Instrumentarium von Denkwerkzeugen gehört neben neuen Begriffen notwendig ein ganzer Satz neuer Mythen – als Schlüssel zu einer (ebenfalls veränderten) Wirklichkeit.

Man wird nun fragen: Warum neue Mythen? Haben wir nicht schon genug damit zu tun, uns von den alten zu befreien?

Die Antwort ist denkbar einfach: Wir können die Mythologie als Denksystem nicht entbehren; wir denken in Bildern, und sobald wir sprechen, erzählen wir Geschichten. Die bekannten älteren Mythologien sind dafür nur ein Beispiel, ein besonders deutlich abgegrenzter Fall, welcher der ganzen Erscheinung den Namen gab.

Unsere Sprache ist Mythologie. Freilich ist sie sich dessen nicht bewußt, denn keine lebendige Mythologie vermag sich selbst als solche zu erkennen, ohne sich aufzuheben. Heute gebräuchliche, sogenannte abstrakte Begriffe wie Gerechtigkeit, Freiheit, Person, sind Namen – Götternamen einer Mythologie, die sich letztlich kaum von jener unterscheidet, die mit den Namen Zeus, Pallas Athene, Apollo verbunden ist.

Der Mensch ist kaum fähig, abstrakt zu denken. Man glaubt gemeinhin, daß es die Philosophen, als »Berufsdenker«, tun; sie selbst gefallen sich möglicherweise darin, diese Vorstellung aufrechtzuerhalten. Doch einer unter ihnen, und nicht der geringste, Descartes, hat einmal gesagt, daß er nur wenige Stunden im Jahr abstrakt denke: »Ich kann aufrichtig versichern, daß die Hauptregel, die ich bei meinen Studien stets befolgt habe und die mir, wie ich glaube, am meisten gedient hat, um einiges Wissen zu erwerben, darin bestanden hat, daß ich nur immer ganz wenige Stunden des Tages an Gedanken gewendet habe, welche die Einbildungskraft beschäftigen, und desgleichen nur ganz wenige Stunden im Jahr an solche, die den Verstand allein beschäftigen, und daß ich all meine übrige Zeit der Entspannung der Sinne und dem Ausruhen des Geistes gewidmet habe; dabei rechne ich zu den Übungen der Einbildungskraft sogar alle ernsthaften Unterhaltungen und all das, was irgend Aufmerksamkeit erfordert« (Brief an Elisabeth, 28. Juni 1643, angeführt von Sacy, *Descartes par lui-même,* S. 112).

Die lebendigen Mythen, mit deren Hilfe wir denken, erkennen wir nicht als solche, weil das Wort »Mythos« nur für abgestorbene Mythen verwendet wird. Es beschwört für uns Gestalten, an die man geglaubt hat und heute nicht mehr glaubt: die heiligen Geschichten von Isis und Osiris, von Apollo oder Wotan. Ursprünglich aber bedeutete das Wort *Mythos* »wahre Rede« und bezeichnete eine Erzählung vom Wirken der seienden Mächte, die zugleich Weltanschauung und Lebensauffassung enthielt. Später jedoch, als der Glaube an die alten Legenden zu schwinden begann und ihre Wahrheit zu einem poetischen Spiel mit Symbolen verblaßte, nahm auch der Name »Mythos« eine neue, entgegengesetzte Bedeutung an und bezeichnete fortan den »toten Glauben«.

Unsere Mythen hingegen sind ein lebendiger, stillschweigend akzeptierter, in der Sprache bereits enthaltener Glaube. Selbst der größte Skeptiker hat seinen Katalog unreflektierter Glaubenssätze. Wenn man sie beim wohlverdienten Namen nennen wollte, würden sich die meisten empören und sagen: »Wieso Mythen? Was Sie Mythen nennen, das ist doch wahr!« – nicht anders als ein Ägypter zur Zeit der Pharaonen, dem man die Isislegende als symbolische Dichtung hingestellt hätte.

Hier seien nur zwei der Mythen genannt, die von unserem Weltverständnis nicht zu trennen sind: der Mythos der »Persona« (diesem Begriff werden wir ein besonderes Kapitel widmen) und der Mythos der »Wissenschaft«.

Der Mythos der Persona ist für die moderne westliche Kultur ebenso grundlegend und charakteristisch wie für die römische der Mythos der Familie. Wir beginnen erst zu ahnen, daß der Begriff der Persona ein Mythos und damit Kennzeichen einer bestimmten Stufe der menschlichen Entwicklung, einer besonderen Zivilisationsform ist.

Sobald der grundlegende Mythos einer Kultur seine lebendige Kraft verliert und zu erstarren beginnt, muß auch die Kultur sterben oder sich wandeln, indem sie neue Mythen schafft. Die Lebenskraft einer Kultur mißt sich an der Lebenskraft ihrer Mythen. Daher ist es normal und biologisch gesund, daß eine Gruppe ihre wesentlichen Mythen verteidigt, daß die westlichen Kulturstaaten mit unnachgiebiger Heftigkeit für den Mythos der Persona eintreten und sich weigern, ihn überhaupt als Mythos anzusehen. Das bedeutet aber nicht, daß jeder den herrschenden Mythos als Wahrheitswert akzeptieren muß.

Allerdings sind zwei Feststellungen unumgänglich. Einmal ist schon die Tatsache, daß ein Mythos verteidigt werden muß, kein gutes Zeichen für ihn, weil sie verrät, daß die Wurzeln des Glaubens sich zu lockern beginnen. Sowenig man den Einfluß der Autosuggestion unterschätzen darf, die Probleme des Glaubens lassen sich nicht durch die Strenge des Gesetzes und die Kraft des Willens lösen. Andererseits muß jede Anstrengung vergeblich bleiben, tote oder auch nur sterbende Mythen mit neuem Leben zu erfüllen. Die Geschichte bietet kein Beispiel für die Wiederbelebung von Mythen. Die künstliche Erzeugung und sozialtechnische Verbreitung eines Mythos ist bisher allein der kommunistischen Bewegung gelungen, doch seine Schöpfer, von Marx bis Mao, glaubten an ihn wie Mohammed an Allah. Die rein synthetische Herstellung eines Mythos scheint bis auf den heutigen Tag ebensowenig geglückt wie die Erzeugung des Homunkulus: des Lebens aus der Retorte. Indes, die Versuche des Dritten Reiches, neue Mythen zu schaffen, und seine beträchtlichen, wenn auch unbeständigen Erfolge bei der Einrichtung ihres Kultus sollten uns vor dem unverantwortlichen Manipulieren mit diesem Sprengstoff von höchster Brisanz warnen.

Auf jeder Etappe der menschlichen Entwicklung setzen sich in einem spontanen Akt die Mythen durch, welche die Grundlage einer neuen Form der Zivilisation zu bilden berufen sind. Während die lebendigen Mythen sich ungehindert entfalten, mag den alten Mythen jene Verehrung erhalten bleiben, die wir den Toten schuldig sind.

Eine Zivilisation, die sich weiterentwickelt und wandelt, weil die Herausforderung ihrer Epoche sie unter Androhung des Todes dazu zwingt, muß die erstarrten und überholten Mythen aufgeben. An ihre Stelle hat sie neue, zeitgemäße Mythen zu setzen, die der Ausdruck ihres gewandelten Selbstbewußtseins sind und ihr ganzes Dasein und Denken mit frischer Lebenskraft erfüllen. Wenn wir von Dasein sprechen, denken wir nicht nur an das Dasein der Gruppe, an die kollektive Zivilisation, sondern ebenso an das Dasein des einzelnen, an sein tägliches Leben, das unerträglich wird, wenn es auf entwertete Mythen gegründet ist und er sich dessen bewußt wird. Die Revision der Mythen, ihre Verjüngung ist mindestens ebensosehr eine Angelegenheit der individuellen Hygiene wie eine Notwendigkeit für die Gemeinschaft.

Wir haben den Mythos der Persona erwähnt; unserer Zivilisation liegt ein weiterer zugrunde: der Mythos der Wissenschaft. Manche Wissenschaftler brauchen den »Glauben« an die Wissenschaft, als ob er ihnen ein unentbehrlicher Ersatz für den verlorenen Väterglauben wäre. Es genügt ihnen nicht zu

»wissen« – was doch der Wissenschaft genügen müßte –, sondern sie wollen außerdem noch glauben, daß das, was sie wissen, »wahr« ist, und zwar absolute Wahrheit im Sinne einer offenbarten Glaubenswahrheit, eines theologischen Dogmas. Es gibt andere, die sich der Relativität ihres Wissens deutlich bewußt sind und sie geradezu als das wichtigste Unterscheidungsmerkmal von »wissen« und »glauben« ansehen. Sie sind darum keineswegs unglücklicher, verfallen weder in Angst noch Verzweiflung; vielmehr haben sie die wissenschaftliche Erkenntnis mit einer neuen Gestalt der Menschlichkeit zu verbinden gewußt. Auch Kosmonauten müssen lernen, in einer Welt ohne Schwere zu leben. Freilich kommt man dabei nicht ohne einiges Training aus, doch die Schwierigkeiten sind nicht unüberwindlich; und sie zu überwinden ist Forderung des Tages.

Diese neue Welt hat auch ihre Poesie – nicht weniger als die alten Mythen. Drei Beispiele mögen uns genügen, die wir den Wissenschaftlern, denen wir sie verdanken, nacherzählen wollen: der Mythos des Modelljahres, eine neue Form der alten Kosmogonien und des biblischen Schöpfungsberichts; das Dictyostelium, ein Symbol der gegenwärtigen Vermehrung des Menschen auf der Erde mit ihrer wichtigsten Folgeerscheinung; der Mythos von der Weltraumreise außerhalb der Zeit.

Den Mythos vom Modelljahr entlehnen wir von dem Astronomen Heinrich Siedentopf. Da wir uns nur sehr schwer die etwa fünf Milliarden Jahre vorzustellen vermögen, die verflossen sind, seit die Welt besteht, und uns daher das Verhältnis der verschiedenen Entwicklungsphasen zueinander recht unklar bleibt, schlägt er vor, die fünf Milliarden Jahre kurzerhand auf ein einziges Erdenjahr zu projizieren. Wenn man dieses Jahr ganz normal mit dem ersten Januar beginnen und den gegenwärtigen Augenblick mit der Mitternacht des 31. Dezember zusammenfallen läßt, entspricht in ihm eine Sekunde dem Zeitraum von 160 Jahren, eine Stunde bereits 600 000 Jahren und eine Woche ca. 100 Millionen Jahren.

Im Januar zerteilt sich die ursprüngliche Gaskugel in Milliarden einzelner Weltinseln, die sich gegen Ende des Monats größtenteils zu Sternen verdichten. Einer dieser Sterne ist unsere Sonne. Unsere Milchstraße rotiert um sich selbst und braucht etwa 14 Tage des Modelljahres, um eine Umdrehung auszuführen. Ungefähr 20 solcher Umläufe hat die Sonne seit ihrer Entstehung absolviert. Gegen Ende des ersten oder zweiten Monats haben sich die Planeten gebildet, unter ihnen die Erde. Auf ihr entstanden im April die Erdkruste und die Ozeane. Um die Mitte des Jahres erscheint das Leben in Gestalt einfachster Lebewesen, die irgendwo auf dem Planeten aus unbelebter Materie hervorgegangen sind. Doch die ältesten fossilen Spuren von Organismen stammen erst aus dem November. Die Erdatmosphäre, welche bis dahin sicher vornehmlich aus Methan, Ammoniak und Wasserdampf bestand, setzt sich um; in dem frei werdenden Sauerstoff entwickeln sich neue Formen des Lebens. Gegen Ende November erobert die Vegetation das aus dem Wasser ragende Land; wenig später verläßt auch die Tierwelt die Tiefe des Ozeans. Weihnachten, am 25./26. Dezember, sterben die Riesensaurier aus, nachdem sie eine Woche lang über die Erde geherrscht haben. Im Laufe eines einzigen Tages erscheinen die Vögel und Säugetiere. Die ersten vormenschlichen Typen wie der Peking-Mensch tauchen erst am 31. Dezember gegen 23 Uhr auf, der Neandertaler lebte 10 Minuten vor Mitternacht, und die gegenwärtigen Menschenrassen des *homo sapiens* bildeten sich während der letzten Eiszeit, 5 Minuten vor Jahresende. Die Geschichte der Menschheit, die wir gewöhnlich Weltgeschichte nennen, nimmt nur die letzten 30 Sekunden des Weltjahres ein. Während nur 200 Generationen vermehrt sich die Menschheit um das Hundertfache, und allein in der letzten Sekunde (seit der Französischen Revolution) verdreifacht sie sich.

Den zweiten Mythos entlehnen wir dem Biologen Wolfgang Wieser. Das Dictyostelium ist ein Schleimpilz, der auf verfaulendem Holz lebt. Aus seinen Sporen entstehen einzellige Organismen, die sich von Bakterien ernähren und mehrere Male teilen. So bildet sich in kurzer Zeit eine große Anzahl amöbenartiger einzelliger »Individuen«, die völlig unabhängig voneinander leben und nach Belieben umherwandern. Erreicht jedoch die Zahl der freien Zellen eine bestimmte Höhe – wir würden lieber von einer gewissen Dichte sprechen; ein späteres Kapitel wird zeigen warum –, ändert sich das Bild schlagartig. Die Bewegungen der Zellen scheinen sich zu koordinieren und von einem Tropismus ergriffen zu sein, der sie auf einen bestimmten Punkt zuwandern läßt. Sie vereinigen sich zu kleinen

Strömen, die wiederum zu größeren Strömen zusammenflie-
ßen und sich alle in einem schnell anwachsenden Zentrum
treffen. Während sie sich dort ansammeln, verlieren sie die
Fähigkeit, sich selbst zu ernähren und zu teilen. Sie sind nur
noch Bauteile eines neuen Wesens: des Schleimpilzes. Dieser
entwickelt sich nun seinerseits, bis er ausgereift ist; dann bildet
er neue Sporen, schüttet sie aus – und der Kreislauf kann
wieder beginnen.

Der dritte Mythos, die »Parabel« des Kongresses von Bo-
logna im Jahre 1911, beschreibt die Reise im Weltraum. Wir
wollen sie nach Eugen Sänger, dem Spezialisten für Raketen-
technik und Raumfahrt, darstellen. Dieser arbeitet gegenwärtig an der Verwirklichung der Photonenrakete, die eines Tages
– den wir allerdings kaum noch erleben dürften – gestatten
soll, nahezu mit Lichtgeschwindigkeit zu reisen. Nehmen wir
an, es gäbe diese Rakete bereits und sie sei von einer Außensta-
tion unserer Erde mit einer gleichmäßigen Beschleunigung von
10 m/sec gestartet worden. Die Photonenrakete kann diese
Beschleunigung theoretisch mit einem äußerst geringen Treib-
stoffverbrauch erreichen und daher die Antriebsperiode über
mehrere Jahre ausdehnen. Nach fünfeinhalb Jahren der Zeitrechnung, die an Bord der Rakete gilt, würde sie die Lichtgeschwindigkeit zu 99,9999 Prozent erreicht haben. Von diesem
Zeitpunkt an würden die Auswirkungen des Relativitätsgeset-
zes deutlich spürbar werden und folgendes überraschende
Ergebnis herbeiführen: Wenn das Ziel der Reise durch den
Sternenraum tausend Lichtjahre vom Startpunkt des Raum-
schiffs entfernt wäre, würde man normalerweise erwarten, daß
diese Distanz sich in fünfeinhalb Jahren nur unwesentlich
verringert habe und noch immer $1000-5\frac{1}{2} = 994\frac{1}{2}$ Lichtjahre
betrage. In Wirklichkeit würde das Raumschiff, wenn seine
Geschwindigkeit von nun an unverändert bliebe, den Zielstern
bereits nach fünfeinhalb Jahren – d. h. nach nur elf Reisejahren – erreichen. Während die Besatzung des Raumschiffes also
elf Jahre unterwegs war, sind für die auf der Erde zurückge-
bliebene Menschheit etwas mehr als tausend Jahre vergangen.
Angenommen, die Besatzung der Rakete hätte unter unverän-
derten Bedingungen auch die Rückreise antreten können,
würde sie nach nur zweiundzwanzig Reisejahren ihren Hei-
matplaneten um zweitausend Jahre gealtert vorfinden. Die

wichtigste Folgerung aus diesen ungewohnten Verhältnissen ist, daß die interstellaren und intergalaktischen Räume, die dem menschlichen Geist, der sie in Lichtjahren mißt, so ungeheuer groß erscheinen, sich im Rahmen der relativen Zeit der menschlichen Lebensdauer zuordnen lassen.

Neue Fragen

Es gilt nicht nur, Begriffe und Mythen zu revidieren, sondern auch die Fragen zu erneuern, die wir zu stellen gewohnt sind.

Wir haben gesagt, daß eine jede Kultur sich durch den ihr gebräuchlichen Fundus von Mythen definieren läßt. Sie läßt sich aber ebensogut durch den ihr eigenen Fundus von Fragen charakterisieren. Die Fragen, die einer stellt, sind eigentlich noch kennzeichnender als die Antworten, die er darauf gibt. Dies gilt sowohl für die Kulturen wie für die Individuen. Die Weiterentwicklung der Menschheit besteht viel eher in der Entwicklung der Fragestellungen als in ihrer Beantwortung. Es ist sogar zu bezweifeln, ob Fragen je dadurch aufgehoben werden, daß man für sie eine passende Antwort findet; meistens werden sie einfach durch eine andere, anscheinend bessere Fragestellung erledigt.

Welches Geschlecht haben die Engel? Diese Frage, welche Byzanz leidenschaftlich bewegte, ist nie befriedigend beantwortet worden. Sie wurde durch andere verdrängt, und andere Kulturen haben Byzanz abgelöst.

Zwei Probleme hielten einst die gelehrte Welt in Atem: die Quadratur des Kreises und die Konstruktion des *Perpetuum mobile;* der Fortschritt der Mathematik und der Physik hat nicht darin bestanden, diese Fragen zu beantworten, sondern beide Wissenschaften sind zu anderen Fragen übergegangen.

Wenn die Fragestellung einer Kultur überholt und veraltet ist, so ist diese Kultur in Gefahr, von einer anderen verdrängt zu werden, deren Fragen jünger und zeitgemäßer sind. Eine Kultur, die die passenden Fragen nicht zu stellen weiß, sieht ihrem Untergang entgegen.

Man kennt den scherzhaften Werbeslogan einer amerikanischen Maschinenbaufirma: »Alles, was möglich ist, machen wir sofort; das Unmögliche dauert etwas länger.« Heute sind wir schon so weit, daß aus dem Scherz beinahe Wirklichkeit geworden ist. Die Techniker glauben sich in der Lage, jede Forderung, die an sie gestellt wird, irgendwann erfüllen zu können. Es ist nur eine Frage der Zeit und der eingesetzten Mittel.

Aber *wer* wird der Maschinenbaufirma das Unmögliche in Auftrag geben? Wer wird die nötige Phantasie, die erforderliche geistige Freiheit besitzen, Fragen aufzuwerfen, die noch nie gestellt wurden? Bestimmt keiner unter den Technikern. Ihre Aufgabe ist es nicht, Fragen zu stellen. Antworten, nicht Fragen sind ihr Fach.

Man kann sich eine durchaus technisierte Kultur vorstellen, wo keine Fragen, sondern nur noch Aufgaben gestellt würden. Es ist möglich, daß die bewundernswerte Technik der Ameisen und Termiten einer Stufe der Entwicklung entspricht, auf der es keine Fragen mehr, sondern nur noch Antworten gibt. Der geschichtliche Mensch, *homo historicus* – ich würde sagen: der geschichtliche Mann –, hatte bis jetzt die Eigenart, immer neue Fragen aufzuwerfen. Es ist aber gut vorstellbar, daß die Lust am Fragen und die dazu erforderliche Phantasie einmal verlorengehen.

Fragende Menschen gibt es wenige. Pierre Bayle, der große französische Aufklärer, gehörte zu diesen wenigen. Durch eine Saat von Fragen hat er dem 18. Jahrhundert zur Überwindung des theologischen Denkens verholfen und bahnbrechend für die moderne Naturwissenschaft gewirkt. Der Philosoph Bernard Groethuysen beschreibt diesen rastlosen Frager: Bayle plagt Gott mit Fragen; seine Neugierde kennt keine Grenzen; Gott wird mit diesem Frager nie fertig werden. Der Frager sucht unablässig nach neuen und ungeahnten Fragen. Er liebt die Frage an sich und kultiviert sie. Er dreht sie hin und her wie einen kostbaren Gegenstand. Eine gute Frage läßt sich nicht durch irgendeine Antwort aus der Welt schaffen. Die Antwort ist Gottes, des Menschen ist die Frage. Gott hat sich die letzte Antwort vorbehalten; doch er bleibt stumm und hüllt sich in das Mysterium; da muß der Mensch wohl oder übel bei seinem Beruf bleiben – und weiter fragen.

Montaigne war bei der Frage stehengeblieben; er fragte: »Was weiß ich?« Aber Bayle gibt sich mit dem Skeptizismus nicht zufrieden. Montaigne hatte sich nicht herausgenommen,

Gott zu verhören. Bayle hingegen konfrontiert ihn mit lauter Absurditäten, über die er Aufklärung wünscht. Allerdings fragt er Gott nicht, um Antwort zu erhalten. Das Schweigen Gottes genügt ihm völlig. Er verlangt von Gott nicht mehr, als daß er den philosophierenden Menschen, seiner Berufung nachkommend, ruhig fragen lasse. Ihm ist jede Antwort von vornherein verdächtig. Antworten, welche einander widersprechen, sind gut, weil sie wieder auf die Frage zurückführen. Die Antworten der Menschen sind unzuverlässig. Gottes Antwort bleibt Geheimnis. Die ganze Geschichte der Menschheit ist eine einzige, unablässige Frage an das unbegreifliche Wesen.

Wir müssen lernen zu fragen, ohne von den Antworten zu erwarten, daß sie befriedigend seien. Sinn, Zweck und Wert einer guten Antwort ist es, neue, bessere Fragen anzuregen. Eine gute Frage jedoch ist zehn gute Antworten wert.

Neuer Humanismus

Im Verlauf der Geschichte ist der Humanismus in drei verschiedenen Formen aufgetreten, die heute nebeneinander fortbestehen.

Die älteste Form ist der Humanismus *des Menschen, wie er sein soll;* wie er beschaffen sein muß, um das tierische Wesen zu überwinden. Es ist der Humanismus der Zehn Gebote, der Humanismus Salomons und Hesiods. Als Religion und Moral richtet dieser Humanismus vor dem Menschen ein Ideal auf, dem er entsprechen muß, um den Namen Mensch zu verdienen.

Die zweite Form ist der Humanismus *des Menschen, wie er ist.* »So ist der Mensch«, sagen im Gefolge von Euripides und Plutarch die Humanisten der Renaissance, Montaigne, die Moralisten des 18. Jahrhunderts und (mit Freud) die Psychologen des 20. Jahrhunderts.

Die dritte und jüngste Form ist der *Humanismus des werdenden Menschen.*

Die Abstammungslehre hat gezeigt, daß die Tierarten eine aus der anderen durch Mutation hervorgegangen sind. Der Mensch ist der Letztgeborene dieser langen Ahnenreihe, und man hat lange Zeit angenommen, daß mit seinem Auftreten sich die Kraft der Natur, neue Arten zu schaffen, erschöpft habe.

Doch nun ist dieses scheinbare Gleichgewicht, die Stabilität der Art, auf einmal in Frage gestellt. Noch spricht man allgemein, wie einst die Humanisten, vom »Ewigen Menschen«; indes hört man hier und da mit Vorsicht bereits von einer »Mutation des Menschen« reden.

Vorsicht ist dabei allerdings geraten, denn es ist keineswegs ausgemacht, daß das, was der menschlichen Gattung bevorsteht – das Ereignis, wie Teilhard de Chardin es nennt –, genau mit jenem Vorgang übereinstimmt, den die Genetiker eine Mutation zu nennen pflegen. Andererseits könnte es sich durchaus um eine Erscheinung von viel größerer Tragweite handeln als nur um eine Mutation unter den anderen.

Eine organische, erbliche Änderung der Menschheit läßt sich während der letzten Jahrtausende ebensowenig nachweisen, aber aus folgenden Gründen nicht unbedingt von der Hand weisen:

1. Die wissenschaftliche Beobachtung des Menschen als Art erstreckt sich auf einen verhältnismäßig kurzen Zeitraum; etwa 100 bis 200 Generationen. Daß seither keine Änderung festgestellt wurde, will noch lange nicht besagen, daß die Art endgültig stabilisiert sei. Daß wir in diesem Zeitraum keine neuen Gebirge entstehen sahen, will auch nicht besagen, daß die Zeit der geologischen Umwälzungen endgültig abgeschlossen sei. In der zeitlichen Perspektive reicht unser Blick einfach nicht weit genug.

2. Der Begriff der biologischen Mutation ist von Paläontologen geprägt worden, deren Arbeitsmaterial aus fossilen Skeletten und Skelettabdrücken besteht. Daher neigt man auch dazu, unter Mutation nur eine morphologische Veränderung, namentlich des Skeletts, zu verstehen. Es ist jedoch möglich und wahrscheinlich, daß den morphologischen Veränderungen andere vorausgehen, die keinerlei fossile Spuren hinterlassen: innersekretorische Veränderungen, die erblich sind und erst später feststellbare anatomische Mutationen bewirken.

3. Es lassen sich einschneidende, ebenfalls auf biochemische Ursachen zurückzuführende erbliche Veränderungen denken, welche das Verhalten (zum Beispiel die sozialen Instinkte)

einer Art von Grund auf wandeln, ohne daß sie deshalb von körperlichen Umbildungen begleitet sein müssen. Kann man ihnen den Namen Mutation vorenthalten? Die Individuen einer bestimmten Art können in anatomischer Hinsicht unverändert bleiben, während sich gleichzeitig die Art als Ganzes in ihrem Verhalten, ihrer Organisation, ihren sozialen Wechselbeziehungen so gründlich wandelt, daß eine neue Art entsteht.

4. Wir haben die Gewohnheit, nur solche Anlagen zum Erbbestand zu rechnen, die mit den Chromosomen als den Trägern der Gene verknüpft sind. In Wirklichkeit spielen noch andere Faktoren eine Rolle. So ist die Entwicklung mancher Instinkte vom Leben in der Gruppe abhängig. Eine einzeln aufgezogene Taube erlangt ihre Geschlechtsreife nur, wenn sie mit anderen Tauben zusammentrifft oder wenigstens die Gelegenheit hat, ihr eigenes Bild in einem Spiegel zu sehen. Wenn die »Wolfskinder«, wie der Mowgli Rudyard Kiplings, die von wilden Tieren aufgezogen worden sind, vor ihrer Rückkehr unter die Menschen schon ein gewisses Alter erreicht haben, können sie nicht mehr sprechen lernen. Um die Gabe der Rede zu entwickeln, die uns so ursprünglich und natürlich erscheint, bedarf das Kind in frühester Jugend der Berührung mit der menschlichen Gesellschaft. Neben der genetischen Erblichkeit besteht unleugbar eine »soziale Erblichkeit«, die von den Fortpflanzungszellen unabhängig ist und selbst von manchen Biologen (siehe P. B. Medawar, *Die Zukunft des Menschen*) als *eine Form der Erblichkeit* anerkannt wird. Die Merkmale einer Art sind nicht allein in Genen gespeichert. Eine Art ist nicht nur durch den Körperbau der Individuen, sondern auch durch die soziale Struktur der Gruppen charakterisiert. Eine endgültige Veränderung der sozialen Struktur verdient nicht weniger den Namen »Mutation« als eine anatomische.

5. Die Mutationen, von denen die Genetiker sprechen, haben einen rein organischen Charakter. Doch gerade das Ergebnis der zeitlich letzten Mutation, der *homo sapiens,* zeichnet sich dadurch aus, daß er bisher ausschließlich organische Funktionen durch solche ersetzt, bei denen ein Werkzeug dem Organ zu Hilfe kommt oder es gar ablöst.

Es sieht so aus, als hätte die Natur ein anderes Mittel als das Organ gefunden – eine andere Organisationsform als die »organische« –, um ihre »Zwecke« zu erreichen, als sei die Fähigkeit zur Mutation vom organischen Bereich auf den mechanischen übergegangen, der geschmeidigere, schneller wirkende und mächtigere Mittel besitzt, Welt und Art zu verändern und in neuartige Organisationen zu integrieren. Dieser Übergang ist auch eine Mutation, und zwar höheren Grades: es ist die Erfindung eines neuen Verfahrens der Organisierung, der Schritt aus einer Ordnung in eine andere – gleichbedeutend mit dem Aufstieg vom Pflanzenreich zum Tierreich.

Die erblichen Änderungen auf diesem Gebiet – warum sollten sie es nicht ebenfalls verdienen, Mutationen genannt zu werden?

Ende der Geschichte

Beschleunigung der Geschichte

Der Ablauf der Geschichte unterliegt einem Gesetz der Beschleunigung. Vor knapp hundert Jahren ist das zum ersten Male festgestellt worden.

Überhaupt ist der Begriff der Beschleunigung – das heißt, einer dauernd anwachsenden Geschwindigkeit – verhältnismäßig jung; weder das Altertum noch das Mittelalter, nicht einmal die Renaissance haben ihn gekannt. Erst in der zweiten Hälfte des 17. Jahrhunderts wurde er entdeckt. Es dauerte noch zweihundert Jahre, bis er vom Gebiet der Naturwissenschaften auf den menschlichen Bereich übertragen wurde. So schrieb im Jahre 1872 der französische Historiker Michelet:

»Eine der schwerwiegendsten und zugleich am wenigsten bemerkten Tatsachen ist die völlige Veränderung des Ablaufs der Zeit. Seine Geschwindigkeit hat sich sonderbarerweise fast verdoppelt. In einem einfachen Menschenleben von zweiundsiebzig Jahren habe ich zwei große Revolutionen erlebt, die vor Zeiten einander vielleicht im Abstand von zweitausend Jahren gefolgt wären. Meine Geburt fällt mitten in die große Revolution des Landbesitzes; und in diesen Tagen, noch vor meinem Tod, habe ich den Anbruch der industriellen Revolution gesehen.«

Heute ist diese Einsicht bereits Allgemeingut geworden. Es erweist sich immer wieder, daß das Phänomen Mensch seit dem Eintritt in seine historische Phase dem Gesetz der Beschleunigung unterworfen ist.

Man könnte denken, daß die Beschleunigung der Geschichte nur ein subjektiver Eindruck wäre, also eine optische Täuschung in der Zeitperspektive, wo das Näherliegende sich nur scheinbar schneller bewegt. Dies ist aber nicht der Fall. Die Beschleunigung der Geschichte ist eine Tatsache, die sich auf die verschiedenste Weise belegen läßt. Wir sind nicht mehr, wie Michelet, auf Intuition angewiesen.

1. Es lassen sich Bezugspunkte festlegen, Kurven zeichnen, mathematische Formeln für das Phänomen finden.

2. Diese Kurven entsprechen einem allgemeinen biologischen Rhythmus, und die Kurve der menschlichen Entwicklung läßt sich in die Kurven der biologischen einzeichnen.

3. Aus der Erkenntnis dieser Kurven und ihrer Gesetzmäßigkeit lassen sich Hypothesen über den weiteren Verlauf des Phänomens aufstellen.

Demographische Beschleunigung

Vor ungefähr 250 Jahrhunderten, als die ersten künstlerischen Äußerungen der Menschheit, die Höhlenmalereien von Lascaux und Altamira, entstanden, erreichte die Gesamtzahl der menschlichen Erdbewohner schätzungsweise nicht einmal eine Million. Zur Zeit des Magdalénien, vor 12 000 Jahren, gab es schon mehrere Millionen; am Anfang des Neolithikums, vor etwa 7000 Jahren, waren es vielleicht 10 bis 12 Millionen. Hier beginnt die historische Phase der menschlichen Existenz, die wir »Geschichte« nennen.

Wohlgemerkt, das soll nicht heißen, daß die gesamte Menschheit mit einem Schlage in den Bereich der Geschichte getreten sei. Die Geschichtlichkeit ist vielmehr eine neue Form des Menschseins, die sich im Laufe der Jahrtausende über die Erde ausbreitete, ungefähr wie ein Waldbrand oder eine Pest um sich greift. So ist zunächst nur ein sehr kleiner Teil der Menschheit von dieser neuen Erscheinung erfaßt: das historische Wesen. »Brandherde« sind zunächst die städtischen Kulturen der semitisch-griechisch-römischen Welt. Sie führen eine einheitliche Zeitrechnung, eine Gemeinzeit mit universalem Anspruch ein: *ab urbe condita,* später *Anno Domini;* ohne sie gäbe es keine Geschichte, sondern nur Chronik. Mommsen sagt mit Recht, die Geschichte fange *ab urbe condita* an.

Den historischen Kulturen sind gewisse Merkmale eigen: Stadtzivilisation, große Kriege, Entdeckungsreisen, Entwicklung von Techniken, Imperialismus. Es liegt in ihrer Natur, die »Pest der Zivilisation« zu verbreiten, bis schließlich die ganze Menschheit von ihr erfaßt ist. Einer der letzten großen Schritte wurde im vergangenen Jahrzehnt gemacht, als die entkolonialisierten Völker in den historischen Reigen eintraten.

Unsere Generation erlebt es und sieht mit eigenen Augen, wie ein beträchtlicher Teil der Menschheit vom prähistorischen in den historischen Zustand übergeht.

Es gibt zwei Faktoren für die Zunahme der geschichtlichen Menschheit:

1. die demographische Vermehrung,

2. die Tatsache, daß ein immer größerer Teil der Menschheit am historischen Wesen beteiligt wird.

Bleiben wir beim ersten Faktor: der Bevölkerungszunahme.

Die Kurve, die sie beschreibt, ist in den letzten Jahrhunderten steil angestiegen. Man spricht von »Bevölkerungslawine«, ja von »Bevölkerungsexplosion«. Im Jahre 500 v. Chr. gab es etwa 50–60 Millionen Menschen auf der ganzen Erde. Zu Beginn unserer Zeitrechnung, um die Zeit von Christi Geburt, schätzt man die globale Bevölkerung auf etwa 250 Millionen Menschen, eine Zahl, die sich dann in 15 Jahrhunderten verdoppelte: eine halbe Milliarde im 16. Jahrhundert. Die nächste Verdoppelung geschah dann nach etwa 3 Jahrhunderten: 1 Milliarde im Jahre 1830, am Anfang der industriellen Revolution. Die nächste Verdoppelung brauchte nur noch 100 Jahre: die Zwei-Milliarden-Marke wurde 1930 erreicht, die 3 Milliarden Anfang der 60er Jahre unseres Jahrhunderts überschritten. Im Jahre 2000 muß man mit einer globalen Bevölkerung von 6 Milliarden rechnen. Und wenn nichts dazwischenkommt, wenn nichts Effektives dagegen unternommen wird, verdoppelt sich die globale Bevölkerung alle 80 Jahre. Ameri-

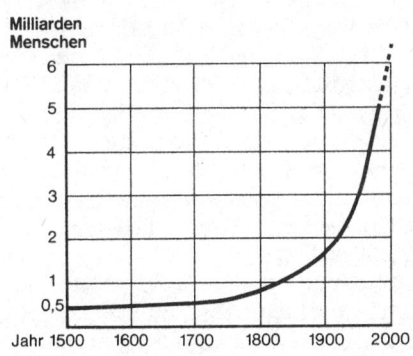

kanische Wissenschaftler veröffentlichten 1960 einen Aufsatz mit dem Titel »Doomsday: Friday, 13 November A. D. 2026«.

Wenn man die Kurven weiterführt, werden unsere Ururenkel wohl nicht Hungers sterben, »they will be squeezed to death« (sie werden sich aus Raumnot zu Tode drücken).

Oder wie es Isaac Asimov formuliert: »our planet would have standing room only« – nur noch Stehplätze.

Dazu sind zwei Bemerkungen wohl nicht ganz unangebracht:

1) Die heutige Generation, d. h. die heute lebenden Menschen (etwa dreieinhalb Milliarden), steht mit der Zahl der Menschen, die überhaupt bisher auf der Erde gelebt haben (etwa 70 Milliarden) im Verhältnis von etwa 1:20. Das bedeutet aber, daß die Menschheit gar nicht, wie der Humanismus es bis jetzt annahm, eine altehrwürdige Erscheinung ist, sondern im Gegenteil ein – biologisch gesprochen – neues, explosives Phänomen, das erst heute oder morgen seine Gestalt annimmt. In einer solchen Situation, wo man sich nach keinen Präzedenzfällen richten kann, ist die Phantasie den Menschen nützlicher als der Respekt vor Tradition.

2) Wir haben vorhin gesagt, daß im Jahre 500 v. Chr. die globale Bevölkerung etwa 50–60 Millionen Menschen betrug.

Einige der Namen der damaligen Zeitgenossen sind bis zu uns überliefert worden und spielen heute noch in unserem Geistesleben eine Rolle. Wenn man damals über die heutigen Verkehrs- und Kommunikationsmittel verfügt hätte, wäre es ein Mögliches gewesen, ein Kolloquium zu veranstalten – etwa in Zypern oder in Katmandu – unter Beteiligung von Pythagoras (der als Mathematiker wußte, daß die Erde rund ist), Heraklit und Parmenides (auf die die westliche Philosophie und Wissenschaft zurückzuführen ist), dem Inder Gauthama Buddha, den Chinesen Lao Tse und Konfutse. Wenn das Symposion einen politischen Aspekt gehabt hätte, hätten sich noch Aristides und Themistokles, Xerxes und Darius beteiligen können. Als Techniker hätte man Theodoros*, den genialen Erfinder, als Künstler den heute vergessenen Bildhauer des Wagenlenkers zu Delphi bitten können.

In einer Menschengruppe der heutigen Menschheit – zahlenmäßig entspricht die Menschheit von damals etwa der heutigen Bevölkerung der Bundesrepublik –, die noch dazu über so

---

* Theodoros von Samos, angeblich der Erfinder von Winkelmaß, Drehbank und Schlüssel.

viel mehr Mittel der Kommunikation und der Bildung verfügt, ist da ein solches Gipfeltreffen vorstellbar?

Die Antwort auf diese provokatorische Frage ist wohl, daß die Intelligenz keine individuelle Funktion mehr ist, sondern eher eine kollektive, und daß wir für solche großen individuellen Gestalten keinen Gebrauch mehr haben.

Technologische Beschleunigung

Die Fortschritte der Technik können ebenfalls in Form von Kurven dargestellt werden, welche den gesetzmäßigen Charakter des Phänomens veranschaulichen. *Die Entwicklung der motorischen Kraft* spiegelt sich in der dargestellten Kurve.

Kurve 1

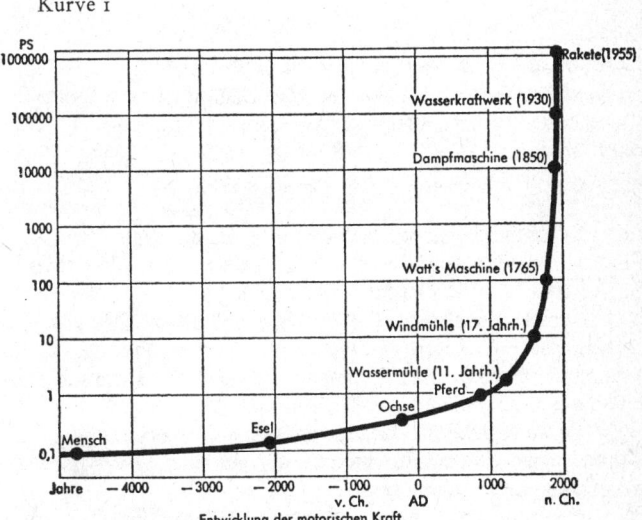

Entwicklung der motorischen Kraft

Die Entwicklung der Geschwindigkeit lenkbarer Fortbewegungsmittel (unter Ausschluß der Geschosse) entspricht der auf S. 106 dargestellten Kurve 2.

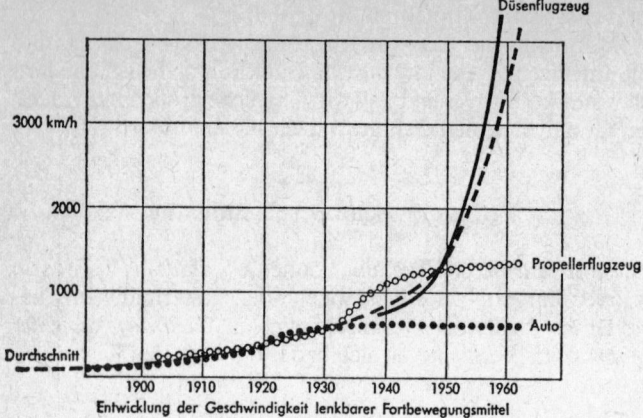

Entwicklung der Geschwindigkeit lenkbarer Fortbewegungsmittel

Die Zahl der Erfindungen und Entdeckungen seit dem 11. Jahrhundert folgt, wenn man die von Lewis Mumford aufgestellte Liste zugrunde legt, ziemlich genau einer exponentiellen Gesetzmäßigkeit:

$$N = 490 \cdot e^{0,00474 \,(t-1900)}$$

Die tatsächliche Kurve verläuft zuweilen oberhalb der theoretischen, zuweilen fällt sie ihr gegenüber ab, wobei jedoch Minus und Plus sich letztlich die Waage halten.

Im Bereich der wissenschaftlichen Erkenntnis lassen sich die zahlenmäßig faßbaren Fortschritte der Astronomie durch Kurven beschreiben, zum Beispiel an Hand der zu verschiedenen Zeiten *registrierten Anzahl von Sternen.*

In jedem dieser Fälle handelt es sich um exponentielle Zunahme, also um eine Beschleunigung, die nach einem mathematischen Gesetz verläuft.

Die im Laufe der Zeit beim *Maschinenbau* erreichte Präzision spiegelt sich ebenfalls in einer Kurve exponentiellen Charakters. Zur Zeit James Watts bewegte sich die bei der Herstellung von Maschinen erreichbare Genauigkeit an der Grenze des Millimeters. Gegen Ende des 19. Jahrhunderts war der Zehntelmillimeter schon beinahe alltäglich geworden. Das gleiche

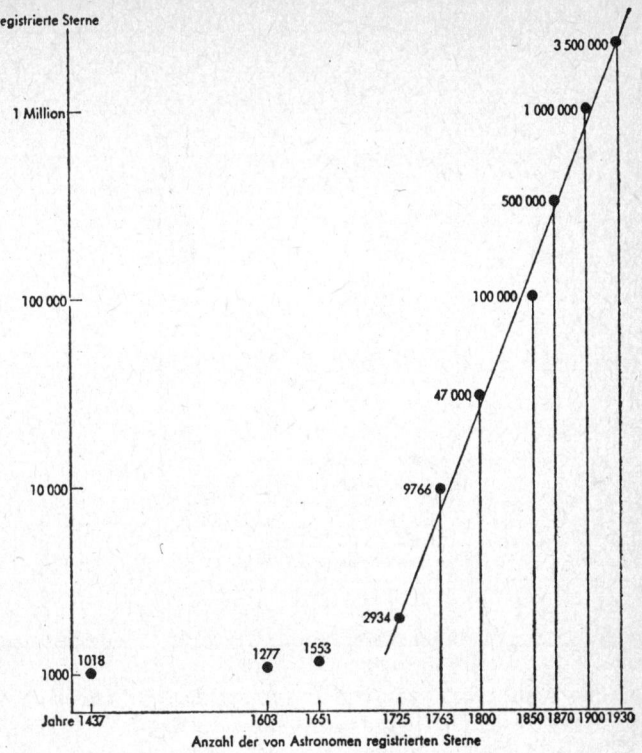

registrierte Sterne

3 500 000

1 Million — 1 000 000

500 000

100 000 — 100 000

47 000

10 000 — 9766

2934

1018 · 1277 1553

1000 — ·

Jahre 1437 · 1603 1651 · 1725 1763 1800 · 1850 1870 1900 1930

Anzahl der von Astronomen registrierten Sterne

galt für den Hundertstelmillimeter um 1930. Seit 1945 ist das Mikron, ohne schon die Regel zu sein, seiner allgemeinen Verwirklichung immer nähergerückt.

Die Zunahme der *Weltproduktion an Energie* sowie der *Weltproduktion an Stahl* (die 95% des verbrauchten Gesamtgewichts der benutzten Metalle ausmacht) gehorcht ebenfalls einer exponentiellen Gesetzmäßigkeit. A. R. Métral kommt daher zu dem Schluß:

»Das Kennzeichen der industriellen Revolution im 19. Jahrhundert ist nichts anderes als der Übergang vom linearen Wachstum zum exponentiellen Wachstum.«

107

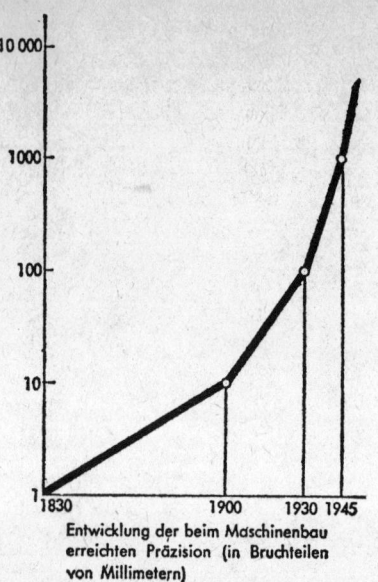

Entwicklung der beim Maschinenbau
erreichten Präzision (in Bruchteilen
von Millimetern)

Die voranstehenden Abbildungen erwecken bereits auf den
ersten Blick zwei Eindrücke:

1. Erscheinungen, welche die Expansion der Menschheit cha-
rakterisisieren, unterliegen der Beschleunigung;

2. diese Beschleunigung scheint nicht unregelmäßig zu sein,
sondern bestimmten mathematisch beschreibbaren und schematisch darstellbaren Gesetzmäßigkeiten zu gehorchen. Die
»Zufälligkeit« der Entdeckungen und des Fortschritts hat vom
Zufall nur den äußeren Schein. In Wirklichkeit gilt für die
Gesamtheit der menschlichen Expansionsbewegungen ein Gesetz der Beschleunigung, das wir nur noch nicht durchschauen;
das Prinzip, welches diese Beschleunigung regelt, ist uns noch
verborgen.

Immerhin liegt die Vermutung nahe, daß wir es hier mit
einem Selbstbeschleunigungsprozeß zu tun haben, welcher auf
der Einschaltung einer Rückkopplung beruht, die ständig einen Teil der produzierten Energie abzweigt, um neue Energien
frei zu machen: es handelt sich sozusagen um eine »Re-Investi-

tion« von (materieller und intellektueller) Energie. Ein solcher positiver *feed-back* besteht zum Beispiel darin, daß der Geist der Forschung und des Fortschritts durch die Erfolge von Forschung und Fortschritt neu belebt wird. Das Wissen, daß es etwas zu finden gibt, verdoppelt den Eifer der Suchenden und rechtfertigt den Einsatz immer bedeutenderer Mittel. Von jeder einzelnen Antwort zu neuen Fragen angeregt, entfaltet sich die Forschung wie ein Fächer – 90% der Wissenschaftler aller Zeiten leben in unseren Tagen.

Hier ein Beispiel für diesen Rückkopplungseffekt: die Idee des »Fortschritts« ist relativ spät entdeckt (oder erfunden) worden, und zwar im Abendland, frühestens zur Zeit der Renaissance. Über die Enzyklopädisten und die Französische Revolution bekam der Fortschritt als fundamentale Erklärung der Geschichte Bedeutung und wurde von Hegel philosophisch formuliert. Von da ab aber stellt der Fortschrittsgedanke einen mächtigen, stark beschleunigenden Faktor der Weiterentwicklung der Gesellschaft dar. Wenn wir den Gesamtprozeß der Geschichte als ein Phänomen betrachten, das demselben Gesetz der Beschleunigung gehorcht, liegt der Analogieschluß nahe, daß der *feed-back,* welcher diese Beschleunigung steuert, im historischen Bewußtsein als solchem zu sehen ist. Dadurch, daß der Mensch sich immer deutlicher bewußt wird, vom Strom der Geschichte getragen zu sein, wird die Geschwindigkeit der historischen Bewegung beschleunigt.

Die oben abgebildeten Kurven scheinen im großen und ganzen einen regelmäßigen, sozusagen mathematischen Verlauf zu nehmen. Dieser Eindruck setzt jedoch voraus, daß man sie aus einer gewissen Entfernung betrachtet. In Wirklichkeit weicht jede dieser Kurven unaufhörlich von der theoretischen Kurve ab. Es ist außerordentlich interessant, ein wenig näher hinzusehen und einige dieser Kurven gewissermaßen unter die Lupe zu nehmen.

Die Kurve, welche die Entwicklung der Geschwindigkeit lenkbarer Fortbewegungsmittel beschreibt (Abb. S. 106), unterteilt sich in eine Folge von Einzelkurven, die einander ablösen: Auto, Propellerflugzeug, Düsenflugzeug. (Hierhin gehörten eigentlich auch Raketen und Weltraumschiffe.)

Jede dieser Kurven entwickelt sich völlig selbständig und stimmt annähernd mit einer S-Kurve überein. Auf eine erste

Phase, die durch einen exponentiellen Zuwachs gekennzeichnet ist, folgt eine zweite, in der das Wachstum durch Widerstände verlangsamt wird (z. B. durch zunehmende technische Schwierigkeiten), bis es schließlich einen Grenzwert erreicht, der nur noch sehr selten überschritten wird. Im letzten Teil der Kurve kommt eine Stabilisierung zum Ausdruck.

Ein besonders gutes Beispiel für diese Art von S-Kurven würde etwa die schematische Darstellung der Leichtathletikweltrekorde abgeben. Im Hundertmeterlauf und im Hochsprung ist der Grenzwert nahezu erreicht, und Rekorde werden immer seltener und unerheblicher überboten.

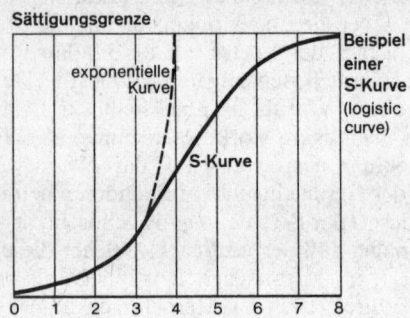

Dasselbe läßt sich im technischen Bereich beobachten; jedes der lenkbaren Fortbewegungsmittel beschreibt in seiner Entwicklung eine S-Kurve. Es macht anfänglich rasche Fortschritte, die sich nach einiger Zeit verlangsamen, um schließlich einen Grenzwert zu erreichen. Diesen Grenzwert hatte das Auto 1930 erreicht, das Propellerflugzeug gegen 1950 und das Düsenflugzeug um 1960.

Jedesmal wenn eine bestimmte Technik an der Grenze ihrer Leistungsfähigkeit angelangt ist, geschieht aber etwas: Eine neue Technik stellt sich ein, um die ausgebeutete Technik abzulösen und die Gesamtkurve der Geschwindigkeitszunahme aufs neue ansteigen zu lassen. »Jedes einzelne Verfahren hat sozusagen an sich selbst eine Grenze, und es bedarf einer Art von *technologischer Mutation,* um die vorweggelaufene theoretische Kurve einzuholen. Der Ablauf der Geschichte ›wechselt den Gang‹ wie ein Auto, das seine Fahrt

110

beschleunigt. Durch die jeweilige Ablösung der einzelnen S-Kurven wahrt die Geschichte das Gesamttempo ihrer Beschleunigung. Die Analogie zur demographischen Beschleunigung, die sich ebenfalls aus mehreren aufeinanderfolgenden S-Kurven zusammensetzt, liegt klar zutage.« (François Meyer, *Encyclopédie Française 20-24-3)*

Wenn man die menschliche Gesamtentwicklung (Vorgeschichte und Geschichte) graphisch wiedergeben wollte, zerfiele das Schema in zwei verschiedene Kurven, deren eine die Vorgeschichte und deren andere die Geschichte darstellen würde. Es sieht ganz so aus, als habe die Geschichte (als System) die Vorgeschichte (als System) auf die gleiche Weise abgelöst, wie im Bereich der Geschwindigkeit das Flugzeug an die Stelle des Autos getreten ist.

Andere Beispiele solcher »Gangwechsel« der Entwicklung des Menschen sind die Übergänge von der Lebensweise der frühen Jäger zur Viehzucht, dann zur Landwirtschaft, zum Handel und schließlich zur Industrie; oder, ganz parallel, die Übergänge vom Dorf zur Stadt und (seit hundert Jahren) von der Stadt zum Industriegebiet.

Wenn wir auf der anderen Seite versuchen, die biologische Entwicklung der Lebewesen durch Kurven darzustellen, die vom Urwesen bis zum Menschen hinaufreichen und ihn noch mit einschließen, stoßen wir auf die gleiche Erscheinung. Die drei folgenden Abbildungen zeigen:

1. die zahlenmäßige Zunahme der Arten nach unserer Kenntnis der Meeresablagerungen;
2. die biochemische Orthogenese;
3. die Entwicklung des Gehirns.

Die Entwicklung erscheint damit als ein gewaltiger Expansionsschub, der sich mit bemerkenswerter Regelmäßigkeit und Stetigkeit über Zeiträume von weltgeschichtlichem Ausmaß (hier eine Milliarde Jahre) erstreckt und dessen Beschleunigung höchst beeindruckend ist. Im ungeheuren Maßstab der Erdzeitalter zeichnet sich eine fortwährend beschleunigte Evolutionsbewegung ab, deren auseinander hervorgehende Perioden ebenso viele »Gangwechsel« bedeuten, Neuansätze der Beschleunigung, unter denen der Mensch nur gerade der neueste ist; der neueste – warum der letzte?

Diese Tatsachen nötigen uns zu zwei Folgerungen:

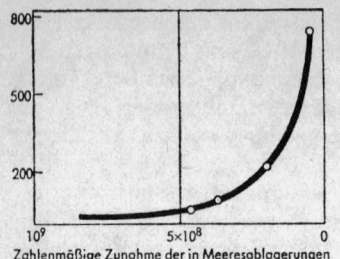

Zahlenmäßige Zunahme der in Meeresablagerungen
identifizierten Tierarten seit 1 Md Jahren

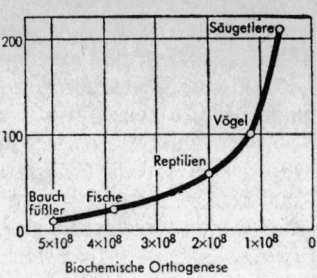

Biochemische Orthogenese

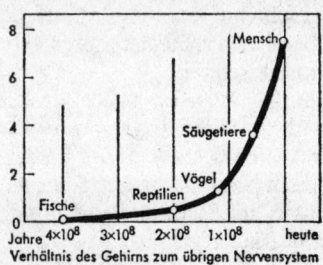

Verhältnis des Gehirns zum übrigen Nervensystem

1. Das Phänomen Mensch ist in der Entwicklung des Universums keineswegs jener Sonderfall, jene Ausnahme, als die wir es zu betrachten gewohnt sind, sondern gehört seinerseits in einen kontinuierlichen und weit darüber hinausreichenden Zusammenhang.

2. Das menschliche Dasein, welches von unserem Gesichtspunkt aus, also gleichsam von innen gesehen, dem Zufall unterworfen und daher unberechenbar und unvorhersehbar zu sein scheint, durchbricht in Wahrheit nicht das allgemeine Gesetz. Welche Ereignisse auch immer seinen Weg beeinflussen mögen, es folgt einer regelmäßigen Kurve, die sich ihrerseits wiederum in eine umfassendere Kurve einzeichnet.

Diese zweite Folgerung nötigt uns zu einer Überlegung, die in den Augen derer, die an solche Betrachtungen nicht gewöhnt sind, besonders anstößig erscheinen muß: Das Phänomen Mensch, wie es sich uns heute darbietet, wie wir es begreifen, ist ein Ereignis von begrenzter Dauer; ein anderes Phänomen

112

soll eines Tages an seine Stelle treten. Natürlich können wir es nicht vorhersehen, aber dennoch bereiten wir bewußt oder unbewußt, positiv oder negativ diesen Übergang vor. Freilich gibt es noch eine aktuelle Frage: nämlich, ob die Linie der biologischen Weiterentwicklung durch die Art *homo sapiens,* und von da aus weiter, geht – oder ob diese eine zum Verschwinden verurteilte »Sackgasse« ist. So etwas hat es in der Paläontologie öfters gegeben. In diesem Fall würde aber die biologische Entwicklung von einer niedrigeren Stufe aus neu ansetzen und unbekümmert weitergehen, vielleicht von der Ratte. Die Bewegung der Geschichte entspricht wahrscheinlich ebenfalls einer S-Kurve. Nach einer Periode der Beschleunigung wird sie sich verlangsamen und schließlich einen Grenzwert erreichen, um dort von einer neuen Entwicklung abgelöst zu werden.

Anders gesagt: Irgendwann in naher oder ferner Zukunft (doch was bedeuten schon diese Wörter gegenüber der biologischen Zeit) wird die Geschichte der Menschheit von »etwas anderem« abgelöst werden, einem Etwas, das natürlich noch keinen Namen hat, das noch kaum vorstellbar ist, aber mit einiger Berechtigung »Nach-Geschichte« genannt werden kann. Es ist nicht ausgeschlossen, daß wir in verhältnismäßig naher Zukunft (diesmal in menschlichen Maßstäben gesprochen) über Daten verfügen, mit deren Hilfe wir annähernd den Zeitpunkt berechnen können, an dem jener neue »Gangwechsel« stattfinden wird: das Ende der Geschichte, die Ablösung unserer Geschichte durch etwas anderes.

Am Schnittpunkt der Kurven

Diese Ahnung, daß in der Entwicklung des Menschen etwas Entscheidendes bevorsteht: ein Einschnitt, eine Wandlung vom Ausmaß der großen biologischen Mutationen, verstärkt sich noch bei der Betrachtung zweier Kurvensysteme, die je von entgegengesetzter Seite auf einen gemeinsamen Schnittpunkt zustreben. Dort, wo die Schere sich schließt, muß nach menschlichem Ermessen etwas geschehen – jenes Etwas, das Teilhard de Chardin »das große Ereignis« nennt.

Das eine der beiden Kurvensysteme stellt die demographische Zunahme dar, also das Wachstum der menschlichen Bevölkerung auf der Erde; das andere beschreibt die unaufhörliche Verminderung der Bodenschätze – richtiger gesagt, die Zerstreuung der Rohstoffe, die sich im Laufe von Millionen Jahren in abbaufähigen Lagerstätten angesammelt haben.

Wir haben oben die Zahlen und Kurven gegeben, die den Zuwachs der Erdbevölkerung widerspiegeln. Wenn man diese Kurven in die Zukunft hinein verlängert, lassen sich die Ergebnisse dieser Extrapolation nicht mehr richtig vorstellen: fünf, acht, fünfzehn, dreißig Milliarden Menschen . . . Doch bei genauerer Überlegung sollten diese Zahlen für uns nicht erschreckender sein, als es für unsere Vorfahren, die paläolithischen Jäger – denen schon 0,1 Bewohner pro Quadratkilometer eine unerträgliche Übervölkerung bedeutete –, der Gedanke gewesen wäre, daß dieselbe Erde eines Tages hundert, zweihundert, ja dreihundert Bewohner pro Quadratkilometer ernähren müßte und es tun würde.

Andererseits aber treiben wir mit den Bodenschätzen der Erde eine fröhliche Verschwendung. Wir verbrauchen in verhältnismäßig kurzer Zeit Rohstoffvorkommen, die sich im Laufe von vielen Millionen Jahren durch einen langsamen Ablagerungsprozeß angesammelt haben. Das Spiel kann nicht mehr allzulange dauern. Auch aus dieser Perspektive scheint unausweichlich ein »Ereignis« auf uns zuzukommen.

Die Mineralvorkommen der Erde (Eisenerz, Kohle, Blei, Kupfer, Zink, Zinn, Uran, Erdöl) haben sich meist durch biologische Prozesse gebildet. Soweit es sich um Kohle und Erdöl handelt, ist das allgemein bekannt; doch auch das Eisenerz rührt größtenteils von einer langsamen Ablagerung organischer Stoffe her. Praktisch jedes Element der Erdoberfläche ist irgendwann – und meistens viele Male hintereinander – in einen organischen Vorgang einbezogen gewesen. In diesem Prozeß sind die gewaltigen Rohstofflager entstanden, die wir heute abbauen.

Wenn man das gegenwärtige Abbautempo zugrunde legt, werden die Kohlenreserven in schätzungsweise tausend Jahren erschöpft sein. Die Entdeckung von Erdöl und Erdgasvorkommen schreitet sogar zur Zeit schneller voran als der Verbrauch. Dabei steht die Erforschung und Ausbeutung der Antarktis und des Meeresgrundes erst noch bevor. Doch werden diese Vorräte im Zeitraum von wenigen Generationen erschöpft sein.

114

Der Ozean ist die gewaltigste Minerallagerstätte, die sich denken läßt. Ein Kubikkilometer Meereswasser enthält tausend Tonnen mineralischer Salze und Metalle aller Art. Ihre Gewinnung ist eine reine Energiefrage. Andererseits ist die Energie selbst in der nutzbaren Form von Deuterium und Tritium (also schwerem und überschwerem Wasserstoff) im Ozean reichlich vorhanden.

Die Energiequellen unserer modernen Wirtschaft bestehen zum guten Teil ebenfalls aus Ablagerungen organischer Herkunft wie Kohle, Erdöl und Erdgas, die eines Tages erschöpft sein werden. Eine andere Energiequelle, die Drehung der Erde, läßt sich in geringem Maße gleichsam anzapfen, indem man die Bewegung der Gezeiten ausnutzt. Die dritte Energiequelle ist die Sonne, deren Strahlungskraft uns bisher vornehmlich auf dem Umweg über die Pflanzenwelt zugute kam. Man ist jedoch dabei, ihre Wärmestrahlung durch Sonnenöfen aufzufangen und in Sonnenbatterien zu speichern. Die vierte Energiequelle ist das Atom, d. h. die Energie, welche in der Materie selbst gebunden ist. Es sieht nicht so aus, als sei jemals ein Energiemangel zu befürchten.

Kurz: Es ist nicht so, daß ein völliger Mangel an mineralischen Rohstoffen oder die Erschöpfung an Energiequellen die menschliche Gattung bedrohe. Aber wenn es erst einmal die reichhaltigen und leicht abzubauenden Mineral- und Brennstofflager ausgebeutet sind, wenn es mit dem Raubbau zu Ende geht, dann *müssen* völlig neue Methoden entwickelt werden. Diese neuen Methoden werden aber ihrerseits neue Strukturen der menschlichen Gesellschaft erforderlich machen, die sich von allem unterscheiden werden, was gegenwärtig existiert und vorstellbar erscheint.

Es ist höchste Zeit, daß wir unsere Forschungsanstrengungen diesen neuen Strukturen widmen und die Anpassung an neue Umweltbedingungen theoretisch vorbereiten. Würden wir uns doch sonst der Gefahr aussetzen, daß der Mangel an Rohstoffen, den die improvisierten Ausbeutungsmethoden unserer Epoche herbeiführen, eine unvorbereitete, ungenügend organisierte Menschheit überrascht.

Ein Beispiel der neuen Voraussetzungen und Erfordernisse der »globalen« Ära bietet die Ausbeutung des Mineralgehalts der Ozeane. Die industrielle Gewinnung von Magnesium aus

Meereswasser hat bereits begonnen. Hierbei handelt es sich nicht mehr um den Abbau lokaler Bodenschätze unter nationaler Kontrolle und Verantwortung, sondern um den Griff nach einem gemeinsamen Erbteil der Menschheit; denn wo auch immer dem Wasser der Ozeane Stoffe entzogen werden, die Folge ist eine Verringerung des Mineralgehalts *aller* Weltmeere. Es ist unbezweifelbar, daß die Nutzung von Schätzen, die der ganzen Menschheit gehören, nur in globalem Maßstab organisiert werden kann, und zwar durch eine Behörde, die zum Vorteil der gesamten Menschheit arbeitet.

Das Problem der Ernährung ist trotz mancher Alarmrufe (vgl. William Vogt, *Road to Survival*) mit dem der Bodenschätze nicht unbedingt vergleichbar. Die Anbaufähigkeit des Bodens ist keine natürliche Gegebenheit, sondern weithin ein Werk des Menschen. Für den Bauern sind Feld und Wiese nicht Geschenke der Natur, sondern Ergebnis der Arbeit von Generationen. Das trifft vor allem für das westliche Europa und China zu, wo der Humus von den Bauern und ihrem Vieh in Jahrhunderten stummer und anonymer Mühe geschaffen worden ist.

In den jungen Ländern (Amerika, Rußland) sind hingegen durch die Ausrodung und maschinelle Bodenbearbeitung große Schwierigkeiten entstanden. Das natürliche Gleichgewicht von Wäldern, Steppen und Prärien wird zerstört, bevor sich ein neuer Ausgleich bilden kann. Die natürliche Humusdecke, welche meistens dünn und locker ist, fällt der Erosion zum Opfer. Wind und Wasser tragen Millionen Tonnen anbaufähiger Erde ab, lassen viele Millionen Hektar nutzbaren Landes endgültig unfruchtbar werden, so daß sich die kultivierbaren Flächen jedes Jahr weiter verringern.

Hier Abhilfe zu schaffen, ist nur eine Frage der Methode und Organisation; ein technisches Problem, dessen Lösung in unserer Hand liegt. Dabei wird es nicht einmal nötig sein, zu hydroponischen Kulturen, zu Algenkulturen wie der Chlorella, zu einer systematischen Verwertung des tierischen und pflanzlichen Reichtums der Ozeane Zuflucht zu nehmen, wie man es vielfach ins Auge faßt. Die Verbesserung der bekannten und erprobten Anbauverfahren bietet allein schon die Möglichkeit ausreichender Vorsorge für viele Generationen und für eine drei- bis fünffach vermehrte Menschheit.

Ein solcher, der zunehmenden Dichte der Bevölkerung entsprechender Übergang von extensivem zu intensivem Ackerbau, die Rückgewinnung der organischen Abfallstoffe, die zur Zeit ins Meer geleitet werden, der Ausbau der Symbiose Mensch–Pflanze durch einen gesteuerten Kreislauf von Stickstoff und Phosphor, die Züchtung von Pflanzenarten mit höherem Ertrag – all diese Maßnahmen versprechen eine ungeheure Steigerung der landwirtschaftlichen Produktionskapazität des Erdballs schon durch die Verbesserung der gegenwärtig angewandten Methoden, ohne daß Entdeckungen oder neue Erfindungen (wie die Photosynthese) dazu nötig wären. Die Erzeugung der von der Erdbevölkerung benötigten Menge an Nahrungsmitteln scheint damit für lange Zeit gesichert.

Ihre Verteilung ist allerdings ein anderes Problem. Der Bericht der Organisation für Ernährung und Landwirtschaft der Vereinten Nationen vom Oktober 1959 trifft eine Feststellung, die nach den Alarmrufen der letzten Jahrzehnte besonders überraschen muß: Während die Bevölkerung der Erde in einem Jahr um 1,6% zugenommen hat, ist die landwirtschaftliche Produktion um 4% gestiegen. Diese Produktionssteigerung war jedoch in den Ländern zu verzeichnen, wo man sich bereits satt ißt und folglich der Ernteüberschuß in Silos gespeichert, verschenkt oder gar vernichtet werden mußte. So lagern zum Beispiel 80% dieser Überschüsse in den Vereinigten Staaten.

Auf Asien, Afrika und Südamerika, wo zwei Drittel der Erdbevölkerung leben, entfällt kaum ein Drittel der Weltproduktion an Nahrungsmitteln; und hier ist die Produktion kaum im Anwachsen. Dagegen konnten Nordamerika, Ozeanien und Westeuropa Zunahmen von 6 bis 10% verzeichnen.

Da andererseits die Kaufkraft der unterentwickelten Länder nicht zugenommen hat, konnten sie diese Nahrungsmittel, welche für die Versorgung ihrer wachsenden Bevölkerung ausgereicht hätten, nicht einführen. Nicht genug damit, daß dieses Mißverhältnis immer ausgeprägter wird, auch der Handelsaustausch verlangsamt sich; so hat sich der Umsatz an Nahrungsmitteln im Jahre 1958 gegenüber dem Vorjahr um 3% verringert.

Diese Tatsachen lassen keinen Zweifel, daß erstens die Steigerung der Nahrungsmittelproduktion ein rein technisches

117

Problem ist, und zweitens, daß ihre Verteilung eine rein politisch-technische Aufgabe bedeutet, ein Problem der Organisation.

Produktionstechnisch gesehen, ist die Herstellung von Kunstdünger letztlich nur eine Frage der Energie und geeigneter Rückgewinnungsverfahren: Energie für die Synthese stickstoffhaltiger Düngemittel, Rückgewinnung im Falle von Phosphat, Kali und Spurenelementen, die für das Wachstum der Pflanzen unentbehrlich sind.

Es ist folglich nicht sicher, ja nicht einmal wahrscheinlich, daß das Ernährungsproblem mit einer jener »Scheren« zu vergleichen ist, die von zwei unausweichlich aufeinander zulaufenden Kurven gebildet werden. Vielmehr läßt sich ein symbiotisches Gleichgewicht denken, wo der Mensch sich von der Pflanze nährt und ihr zugleich die Nahrung, die sie braucht, in Form von Stickstoff, Phosphat und Kohlenstoff wieder zukommen läßt.

Dagegen entstehen mit der zunehmenden Dichte der Bevölkerung gerade dort Versorgungsschwierigkeiten, wo man sie am wenigsten vermutet hätte. Wasser und Luft, deren Vorrat unbegrenzt schien und daher unbedenklich angegriffen wurde, verbrauchen sich mancherorts schon mit besorgniserregender Geschwindigkeit. Die wirklichen Probleme sind die der Verseuchung.

Zum Teil schöpfen wir unser Wasser noch aus unterirdischen Speichersystemen, die (in der Sahara z. B.) auf die letzte Vereisungsperiode zurückgehen. Der Grundwasserspiegel sinkt überall, wo die menschliche Aktivität zunimmt. Zwei Tonnen Wasser sind nötig, um einen Meter Tuch herzustellen, vier Tonnen Wasser, um eine Tonne Stahl zu produzieren, zwanzig Tonnen Wasser kommen auf eine Tonne Zucker, zweihundert auf eine Tonne Papier.

In großen Industriezentren Westeuropas, wie zum Beispiel dem Ruhrgebiet, muß von Jahr zu Jahr tiefer nach Wasser gebohrt werden. Jede Industrialisierung größeren Umfangs hat mit Schwierigkeiten in der Wasserversorgung zu kämpfen. Nicht nur das Trinkwasser fehlt, auch für industrielle Zwecke reicht das Wasser bald nicht mehr aus. An der Ruhr wird dieselbe Wassermenge sechs- bis siebenmal hintereinander benutzt. Man versucht schon, die Wolken anzuzapfen und künstlich Regen zu erzeugen – auf die Gefahr hin, das Klima in Unordnung zu bringen; oder man plant, ganze Eisberge ins Schlepptau zu nehmen und vom Nordpol nach Kalifornien zu schaffen. Der Gebrauch von chemischen Reinigungsmitteln gibt zusätzliche Probleme auf; die bisher angewandten Klärungstechniken vermögen diese Produkte nicht auszuscheiden. Die hygienischen Folgen dieser Verseuchung des Trinkwassers sind noch völlig unbekannt.

Sogar die Luft ist nicht in unbegrenzter Menge vorhanden, zumindest was den Grad ihrer Reinheit angeht. Seit Beginn des industriellen Zeitalters hat ihr Gehalt an Kohlendioxyd um 2% zugenommen. Die lokale Verunreinigung der Luft durch Industrieabgase ist eine wohlbekannte Tatsache: Der Londoner *smog,* die »Dunstglocke« von Los Angeles sind sprichwörtlich geworden. Nur durch eine beträchtliche Vermehrung der Wälder und Grünflächen – letztlich auch eine Frage der Organisation – könnte das lebenswichtige Gleichgewicht in der Zusammensetzung der Luft erhalten werden.

Die zunehmende Dichte der Erdbevölkerung hat eine Verschiebung der Werte herbeigeführt. Was einst Allgemeingut war, wird für den modernen Menschen zum Gipfel des Luxus. Nichts kommt uns Stadtbewohnern so kostbar und köstlich vor wie reine Luft, Quellwasser, freier Raum, Stille, Muße, Dinge, die einst wertlos schienen, weil sie umsonst und reichlich vorhanden waren, erweisen sich auf einmal als kostbare Güter, von deren Besitz unser Schlaf, unser körperliches Wohlbefinden, unsere geistige Gesundheit – also ganz einfach das Fortbestehen der Menschheit – abhängen.

Krieg und Frieden

Die Geschichte – mit diesem Wort meinen wir einerseits die historische Phase der Entwicklung des Menschen und andererseits, in engerem Sinn, eine besondere Art der Kultur; wir sprechen von geschichtlichen Kulturen –, die Geschichte kann als eine beschleunigte Phase der Entwicklung des Menschen gesehen werden. Von Anfang an, und wahrscheinlich bis zum Ende der historischen Phase, ist die Geschichte mit dem Phänomen Krieg aufs engste verbunden. Durch die rasche Ausdehnung der Kulturen wird jedes politische und soziale Gleichgewicht dauernd wieder in Frage gestellt. Seit Anfang der historischen Periode ist der Krieg bzw. der Bürgerkrieg der normale Mechanismus zur Beseitigung veralteter Strukturen und zur Herstellung neuer Gleichgewichte. Er ist ein spontanes, bis jetzt normales Anpassungsverfahren der sich entwickelnden Gesellschaften. Dieser Mechanismus ist zwar kostspielig, aber wirksam. Frieden und Krieg, die beiden Gesichter des Janus, sind die Konstellation, unter welcher die ganze geschichtliche Phase der Menschheit steht.

Doch das Paar Krieg–Frieden ist nicht der einfache Gegensatz, für den man es gewöhnlich hält. Die Entgegensetzung ist unvollkommen, der Januskopf eine falsche Symmetrie.

Was der Krieg ist, wissen wir. Kriege gibt es; man kann sie benennen, aufzählen. Der Krieg ist eine Sache, die sich konkret definieren läßt. Man kennt und unterscheidet die Gegner; man unterscheidet einen Krieg vom andern; man sagt »ein Krieg«.

Dagegen sagt man »der Frieden«. Frieden kommt nicht in der Mehrzahl vor – hier ein Frieden, dort ein anderer. Der Frieden ist kein Gegenstand, keine Sache, die sich isolieren und definieren ließe. Frieden ist nichts als der krieglose Zustand, also ein negativer Begriff.

Dieser negative und abstrakte Charakter des Friedens – der ihn keineswegs hindert, ein sehr konkretes Gut zu sein – wird leicht übersehen. Die Folge davon sind zahlreiche Irrtümer in unserem Denken und Handeln. Manche demagogischen Theorien lassen sich diese Gelegenheit nicht entgehen und nutzen die Unklarheit der Vorstellungen aus, indem sie den Frieden – den sogenannten Friedenswillen – dem Kriegswillen entgegensetzen, als ob zwischen ihnen eine tatsächliche Symmetrie bestünde. Doch der Frieden ist nur ein blindes Fenster, das sich nicht öffnen läßt. Den Krieg als konkretes Etwas kann man wollen und vorbereiten. Aber man kann nicht in gleicher Weise den Frieden wollen und tätig fördern; man kann ihn nur wünschen und sich bemühen, einen Krieg oder eine Kriegsgefahr zu beseitigen. Um einen Krieg zu entfesseln, genügt schon der Wille *eines* der beiden Gegner. Für einen Friedensschluß ist der dauerhafte Verständigungswille *beider* Partner nötig. Es genügt, Krieg zu suchen (wie man Streit sucht), um ihn auch zu finden. Doch um den Frieden durchzusetzen, genügt es nicht, ihn anzustreben. Schon die alten Römer, die sich – als historisches Volk – mit Kriegen auskannten, wiesen auf diesen inneren Widerspruch mit dem lapidaren Satz hin: *Si vis pacem, para bellum.* Der Frieden läßt sich nicht durch ihm eigene Mittel erreichen, aber paradoxerweise mit den Mitteln des Krieges erkämpfen. Den Frieden lieben, dem Frieden dienen, den Frieden wollen – für viele ein Ideal, für alle ein Gebot. Doch der Frieden, ein positives Gut und ein negativer Begriff, ist nur auf Umwegen zugänglich.

Der Krieg ist ein bestimmtes Ereignis, der Frieden ein bloßer Zustand. Ebenso ist eine Krankheit ein Ereignis, aber die Gesundheit ein Zustand des Gleichgewichts.

Ebenso wie man von *einem* Krieg, aber von *dem* Frieden spricht, sagt man *eine* Krankheit, aber *die* Gesundheit.

Man neigt dazu, den Frieden als den Normalzustand anzusehen und den Krieg als eine Störung, eine Ausnahmeerscheinung. Dadurch ist die Vorstellung entstanden, daß wohlorganisierte Verhütungsmaßnahmen, eine genügend durchdachte Prophylaxe ausreichen müßten, um Kriege zu vermeiden. Die Wirklichkeit sieht jedoch ganz anders aus. Ein Krieg ist nicht so sehr ein Bruch im Gleichgewicht als vielmehr das Zeichen, daß ein altes Gleichgewicht schon erschüttert ist, und ein rohes Mittel, ein neues herzustellen.

Daher erklärt sich auch der bisherige Mißerfolg der internationalen Organisationen und Konferenzen, die sich zur Aufgabe stellten, Kriege zu verhindern. Im Zeitraum von 1920 bis 1939 hat der Völkerbund trotz eines ungeheuren Aufwands an gutem Willen und gutgemeinten Bemühungen weder den abessinischen Krieg noch den Spanischen Bürgerkrieg noch letzten Endes den Zweiten Weltkrieg verhindern können. Warum?

Aus mangelnder Einsicht in die biologische und soziologische Funktion des Krieges hat man nur die offensichtlich zufälligen Mechanismen des Kriegsausbruchs beachtet und versucht, sie durch juristische Sicherheitsvorkehrungen zu blockieren. Die Analyse der »Kriegsfunktion« im Organismus der menschlichen Gesellschaft war (und ist) noch nicht weit genug vorangetrieben, um hinter den äußerlichen Anlässen ihres Ausbrechens den tieferen Ursachen der Kriege, ihrer Aufgabe und historischen Notwendigkeit Rechnung zu tragen. Es ist nicht möglich, den Krieg als Funktion zu beseitigen, solange man dafür keinen Ersatz gefunden hat. Natürlich handelt es sich für uns nicht darum, irgendeine jener Theorien wiederaufleben zu lassen, die zu verschiedenen Zeiten und unter verschiedenen Formen den Krieg verherrlicht und als »vitales« Bedürfnis hingestellt haben. Wenn man den Krieg »behandeln« will, wie die Ärzte und Hygieniker eine Epidemie behandeln – d. h. nicht nur an Symptomen herumkurieren –, dann ist es zuerst einmal unerläßlich, das Phänomen genau und ohne falsche Scham zu betrachten und es als natürliche Funktion eines kollektiven Organismus zu erkennen.

Um genauer zu bestimmen, was wir damit meinen, wenn wir von einer natürlichen Funktion des Krieges sprechen, sei ein Beispiel angeführt:

Für jeden Autounfall finden sich nachträglich äußere, zufällige Ursachen: Übermüdung des Fahrers, schlechter Straßenzustand, Versagen des Materials usw. An sich könnte und müßte jeder Unfall verhütet werden. Jedoch scheint die Häufigkeit der Verkehrsunfälle, trotz aller vorbeugenden Bemühung, einer statistischen Gesetzmäßigkeit zu gehorchen, die ziemlich genau der Dichte des Verkehrs entspricht. Man kann mit über neunzigprozentiger Wahrscheinlichkeit die Zahl der Verkehrstoten für den Thanksgiving Day in den Vereinigten Staaten, für die Feiern des 15. August in Frankreich, für den Vatertag in Deutschland vorhersagen. Es genügt, einen feststehenden Koeffizienten auf die voraussichtliche Verkehrsdichte der Festtage anzuwenden. Ein bestimmter Unfallprozentsatz wird praktisch niemals unterschritten. In Frankreich ist ein aufschlußreicher Versuch unternommen worden. Polizei und Straßenwacht haben im voraus »unfallfreie Tage« festgesetzt; mit Unterstützung von Presse und Rundfunk wurden die Verkehrsteilnehmer aufgefordert, an diesen Tagen besonders achtzugeben; die Bevölkerung ist dem Aufruf gefolgt und hat ihre Anstrengungen mit denen der öffentlichen Organe vereint, um die blinde Fatalität des statistischen Gesetzes zu besiegen. Die Ergebnisse waren enttäuschend und standen in keinem Verhältnis zu dem gemachten Aufwand – wenn es überhaupt erlaubt ist, den Wert einiger Menschenleben mit der Anstrengung zu vergleichen, die es gekostet hat, sie zu retten.

Es sieht ganz so aus, als sei die »Verkehrsfunktion« organisch mit einer proportionalen »Unfallfunktion« verbunden; der bloße Umstand, daß man in einem Auto fährt, schließt schon das unabwendbare Risiko – folglich auf statistischer Ebene die Gewißheit – des Unfalls ein.

In gleicher Weise hat bisher die Sozialfunktion der sich entwickelnden Menschheit eine Zusatzfunktion eingeschlossen, welche organisch mit ihr verbunden war: den Krieg. Der Krieg wäre damit als eine wenigstens bis jetzt normale Begleiterscheinung des Wachstums der Menschheit anzusehen. Jedes Wachsen ist in sich bereits ein Bruch des Gleichgewichts, ein Risiko – ganz wie der Kauf eines Autos und die erste Spazierfahrt eine Herausforderung des Verkehrsunfalls sind.

Nun vollzieht sich aber gerade in letzter Zeit und vor aller Augen ein überaus wichtiger Vorgang: die außerordentliche Entwicklung der Zerstörungsmittel bringt es mit sich, daß im Falle eines Krieges die Existenz der gesamten Menschheit bedroht wäre. Das Risiko des Krieges ist zu einer tödlichen Gefahr für die menschliche Gattung als solche geworden; in der Versicherungsterminologie »ein unbegrenztes Risiko«. Es war schon immer wünschenswert, Kriege möglichst zu vermeiden oder wenigstens in ihren kostspieligen Folgen einzudämmen. Gerade in letzter Zeit haben jedoch zwei völlig neue Faktoren das Problem von Grund auf geändert.

1. bringt es die außerordentliche Entwicklung der Zerstörungsmittel mit sich, daß im Falle eines Krieges die *gesamte*

Menschheit bedroht ist. Bisher ging es nur um das Mehr oder Weniger. Kulturen gingen unter, andere tauchten auf. Die materiellen Schäden und Verluste wurden in wenigen Jahren oder Jahrzehnten wiedergutgemacht. Am Ende des Zweiten Weltkrieges, des größten Massenmordes der Geschichte, gab es mehr Menschen als je zuvor. Von nun ab geht es aber um alles oder nichts. Die Zivilisation, die Existenz der Menschheit steht auf dem Spiel.

2. ist die Industrialisierung des Massenmordes so weit vorangeschritten, daß die Kurve, die den Preis des Todes veranschaulicht, einen Bruch erfährt. Die Kosten, die aufgewandt werden mußten, um den einzelnen im Krieg zu töten, sind seit Julius Cäsar dauernd gestiegen – von einigen Silberlingen vor zweitausend Jahren bis zu Tausenden von Mark im letzten Weltkrieg (Hiroshima eingeschlossen). Nun aber sind die neuen, zum Teil noch unerprobten Waffen (Wasserstoffbombe, biologische und chemische Vernichtungsmittel) erstaunlich billig in der Herstellung. Die Kurve, die die »Todeskosten« darstellt, ist vielleicht die erste, aber auch die entscheidende, die plötzlich absinkt. Das kann nicht ohne Folgen bleiben und wird die anderen Kurven der Menschheitsentwicklung beeinflussen. So zieht der Sturz eines führenden Börsenwertes alle anderen Notierungen nach sich.

Da gibt es zwei theoretische Verhaltensweisen: Entweder versucht man, den Krieg überhaupt abzuschaffen, allerdings mit dem Risiko, daß, falls die Bemühungen weiterhin erfolglos bleiben, die große Katastrophe über die Menschheit hereinbricht; oder man versucht, die Folgen eines eventuellen Krieges durch gegenseitiges, sei es auch stillschweigendes Einverständnis einzuschränken. Jede dieser beiden Möglichkeiten hat ihre Vor- und Nachteile, ihre Theoretiker und Anhänger. Keine von beiden Theorien hat sich bis jetzt eindeutig durchgesetzt, weil keine von beiden sicher genug funktioniert.

Hinzu kommt, daß beide Theorien einander ausschließen. Solange sich Ost und West nicht über die eine oder die andere Theorie verständigt haben, muß man annehmen, daß sie nach verschiedenen Spielregeln vorgehen; und das ist gerade das Gefährliche.

Der Gedanke liegt nahe, den Krieg und seine Folgen dadurch zu beseitigen, daß man die Mittel des Krieges abschafft. Dies ist das Thema der Abrüstungskonferenzen. So lobenswert die Bemühungen in dieser Richtung auch sind, sie können doch zu keinem positiven Ergebnis führen, wenn man dem Problem des Krieges als Funktion auszuweichen sucht. Solange man sich nicht für die eine oder andere Friedensstrategie entschieden und solange man nicht einen wirksamen Ersatz für die »Funktion Krieg« gefunden hat, kommt man nicht vom Fleck.

Meine Generation hat schon die Folgen davon getragen, daß die Staatsmänner zwischen den beiden Weltkriegen sich nicht für die eine oder andere Friedensstrategie entschieden haben. In den dreißiger Jahren konnte die Entscheidung, vor die der Völkerbund sowie die verschiedenen Friedens- und Abrüstungskonferenzen sich gestellt sahen, folgendermaßen formuliert werden: Wenn ein Krieg doch ausbricht, wie der abessinische oder spanische, muß sofort zwischen zwei möglichen Strategien entschieden werden; entweder wird der Brand sofort ausgetreten, was ein gewisses Risiko der Verbreitung und Verallgemeinerung des Konfliktes nach sich zieht; oder man nimmt dieses kleine Risiko nicht auf sich und versucht nur, den ausgebrochenen Krieg einzudämmen. Diese Strategie, die aus »Vorsicht« oder, besser gesagt, aus Zaghaftigkeit verfolgt wurde, führte in den Zweiten Weltkrieg.

Wenn auch die heutige Situation aus anderen Faktoren zusammengesetzt ist, so hat sie doch mit jener zwei Züge gemeinsam:

1. Es gibt keine Friedensstrategie ohne Risiko.

2. Das größere Risiko liegt im Fehlen einer mutigen Entscheidung. Das Dilemma der Abrüstungskonferenzen von heute kann folgendermaßen formuliert werden: Nehmen wir an, es würde gelingen, durch Einvernehmen zwischen Ost und West, die modernen Massenvernichtungsmittel abzuschaffen, dann würde das bedeuten, daß der Krieg wieder tragbar, also »machbar« wäre.

Sollte es aber gelingen, Kriege wieder »machbar« zu machen, wäre ein neuer, anfangs begrenzter Krieg praktisch unvermeidlich. Dieser mit konventionellen Mitteln geführte Krieg würde aber viele Jahre dauern. Kann man sich vorstellen, daß in diesem Fall beide Gegner sich enthalten würden, gleich nach Ausbruch des Krieges an die Herstellung von Massenmordwaffen zu gehen, über die sie dann in wenigen Jahren oder gar

Monaten verfügen würden? Und kann man sich vorstellen, daß der Schwächere nicht eher davon Gebrauch machen würde, als sich für besiegt zu erklären? Sosehr die Vorstellung gefühlsmäßig schockiert, so muß man doch in klaren Augenblicken erkennen, daß ein Erfolg der Abrüstungskonferenzen die Katastrophe nur näherrücken würde. Eigentlich ist der Friede durch das atomare Patt der beiden Großmächte besser gesichert, als es je in der Geschichte der Fall gewesen ist.

Ein außerordentlicher historischer Zufall hat gewollt, daß in demselben Jahrzehnt einerseits die Massenmordwaffen erfunden und hergestellt wurden und andererseits zwei rivalisierende Mächte darüber verfügen und sich so die Waage halten. Unsere politische Freiheit und unsere prekäre Sicherheit beruhen vorläufig auf diesem Zufall.

Gewiß, die Vorstellung, daß einzig und allein das Gleichgewicht des Terrors und die Drohung einer totalen Vernichtung den Frieden – relativ – sichern, ist beunruhigend und unbehaglich. Doch das Leben ist, schon seiner Definition nach, eine fortwährend bedrohte Aktivität, die sich gerade in der Übernahme des Risikos unaufhörlich selbst erneuern und bestätigen muß. »Sicherheit«, unser Arkadien, ist ein Wahn. Was wir Freiheit nennen, kann nichts anderes sein als die freie Wahl zwischen Gefahren. Intelligenz ist die Fähigkeit, die Risiken möglichst vorauszuberechnen. Und der Wille ist die Überwindung der Angst.

Wenn man die Angst überwindet und den Krieg als das, was er ist, nämlich als eine biologische und namentlich historische Funktion, betrachtet, wenn man hofft, den Krieg auszuschalten, dann taucht ein neues Problem auf: Welcher Vorgang, welcher kollektive Prozeß soll künftig die Rolle des Krieges als einer regulierenden biologischen Funktion übernehmen? Ist es überhaupt möglich, die Gefahr des Krieges endgültig zu bannen, solange man nicht weitaus gründlicher als bisher diese »Kriegsfunktion« analysiert und einen Ersatz dafür geschaffen hat?

Wie weit man auch die Geschichte der Menschheit zurückverfolgt, Kriege hat es immer gegeben. Der Traum von einer Zeit, die den Krieg nicht kannte, verbindet sich mit dem Mythos vom Goldenen Zeitalter. Auf französisch sagt man: Glückliche Völker haben keine Geschichte – *les peuples heureux n'ont pas d'histoire.*

Die Verbindung dieser Vorstellung ist bedeutsam; der Krieg ist eine Einrichtung, die der geschichtlichen Welt angehört. Mit den Kriegen beginnt in der Entwicklung der Menschheit die historische Phase.

Die Geschichtsschreibung war lange Zeit nichts anderes als der Bericht von Kriegstaten. Im Abendland beginnt sie mit der Untersuchung von Kriegsanlässen und der Beschreibung ihres Verlaufs. Herodot stellt in einem weitgespannten Werk die lange Auseinandersetzung Griechenlands mit Persien dar; Thukydides berichtet knapp und mit wissenschaftlicher Präzision über den Peloponnesischen Krieg zwischen Sparta und Athen. Trotz der Bemühungen um andere Formen der Geschichtsschreibung – Kultur-, Wirtschaftsgeschichte, Geschichte der Ideen, der Institutionen – bilden doch die Kriege und Revolutionen das Gerüst der ganzen Geschichte. Nicht einfach, weil sie die Phasen der Entwicklung veranschaulichen helfen: Die Kriege sind – in der historischen Periode ihres Daseins – die Schritte selbst der sich fortentwickelnden Menschheit.

Die Folgerung scheint unabweisbar, daß eine Menschheit ohne Krieg eine Menschheit ohne Geschichte sein wird. So wie die Menschheit aus der Vorgeschichte auftauchte, um in die Geschichte einzutreten, ebenso würde, wenn, wie wir hoffen, Kriege abgeschafft werden, die Menschheit die historische Zone ihres Daseins wieder verlassen, um in die »Nachgeschichte« überzugehen. Diese nachgeschichtliche Menschheit wäre geradezu eine andere Menschheit, die wir uns noch kaum vorzustellen vermögen. Doch auch das Unausdenkbare kann unausweichlich sein, und wir wirken an seiner Heraufkunft mit, ob wir wollen oder nicht.

Indes ist der Krieg nicht einfach ein Vorgang soziologischer Anpassung; oder genauer, seine Funktion hat wie alle menschlichen Funktionen andere Aspekte, die nicht übersehen werden dürfen.

Der Krieg ist ebenfalls eine Fortsetzung der rituellen Zerstörungsakte, wie man sie bei so vielen Naturvölkerstämmen beobachten kann; in ihm äußert sich die in uns noch immer latent vorhandene Primitivität. Die rituelle Zeremonie, das Fest überhaupt, ist auch für uns noch eine geheimnisvolle Einrichtung, deren Wurzeln tief hinab in den magischen

Grund der menschlichen Seelenvorgänge reichen. Jedes Fest ist ein Ausnahmezustand jenseits der gewöhnlichen Ordnung der Dinge, ein Augenblick, wo alles in Frage gestellt wird, wo alle sozialen Gefüge und Strukturen in Stücke springen, wo die starre Winterrinde aufbricht und abfällt. Der Krieg als festlicher Ritus der Zerstörung stellt ebenfalls alles in Frage, befreit die Seele von Hemmungen und Verdrängungen und erneuert die Grundlagen des Daseins bis zum Elan des Lebens selbst. Er mobilisiert und steigert aufs höchste alle Leidenschaften und Energien. Er treibt die Temperaturen innerhalb der menschlichen Gruppen bis zum Schmelzpunkt empor. Es ist nicht ausgeschlossen, daß solche Zeiten der kollektiven Ekstase in der einen oder anderen Form für die Menschen ein Bedürfnis sind und daß der Expansionsdruck der menschlichen Gesellschaft von Zeit zu Zeit einer befreienden Ableitung bedarf. Andernfalls könnten schwere Schäden auftreten: Psychosen, Zunahme der Kriminalität, Schwächung des Lebenswillens und andere, schwer vorhersehbare soziale Defekte. Die Gewalttätigkeit im Herzen des Menschen gleicht einer Flüssigkeit, die unter hohem Druck steht, so daß sie durch den kleinsten Riß hervorbricht oder den Kessel sprengt, an dem man versäumt hat, ein Sicherheitsventil anzubringen.

Welches werden künftig die Überdruckventile der Gewalttätigkeit, der menschlichen Bosheit und jenes Zerstörungsinstinktes sein, der zu den Grundlagen aller Erneuerungen des menschlichen Lebenselans gehört? Schließlich ist der Mensch ein böses Tier, wenn nicht das einzige böse, wie schon Sophokles *(Antigone)* erkannt hat:

Ungeheuer ist viel. Doch nichts
Ungeheurer als der Mensch.

Diese eingeborene Bosheit, dieser Instinkt, sich auf Kosten anderer Luft zu schaffen, hat ihm die Herrschaft auf der Erde gebracht.

Wird er sich am Ende gar selbst liquidieren oder wird er gescheit genug sein, diesen Instinkt rechtzeitig zu kontrollieren?

Denkmaschinen – Staatsmaschinen

Denkende Maschinen? Maschinen, die die Menschen regieren? Heutzutage glauben die meisten Leute immer noch, das sei billige *Science-fiction*. Nur ein Gehirn kann wirklich denken; nur der Mensch kann andere Menschen regieren – so meint man. Ein hervorragender Physiker, der zudem ein bedeutender Erfinder ist, schrieb noch vor kurzem, die Maschine sei unfähig zu denken: »Die Maschine antwortet nur, wenn man sie befragt. Das Gehirn hingegen funktioniert von sich aus und erfindet frei. Keine Maschine wäre in der Lage, das zu leisten.«

In diesem Ausspruch ist jedoch eine Überschätzung des Gehirns und eine Verkennung der Möglichkeiten der Maschine enthalten.

1. ist es schon aus Prinzip unklug, von irgend etwas zu erklären, es sei unmöglich. Als jemand im Jahre 1935 sagte, es wäre möglich, Raketen zum Mond zu schießen, wurde gelächelt und der Mann nicht für voll zurechnungsfähig gehalten.

2. ist es eine große Überschätzung der Fähigkeiten des menschlichen Gehirns, wenn man sagt, daß das Gehirn von sich aus Fragen stellt und frei erfindet. Beides ist nur ausnahmsweise der Fall und ist im Umgang mit Menschen nicht gut angeschrieben.

3. ist in der Behauptung, daß die Maschine niemals denken werde, Wahres mit Falschem vermischt.

Die Skeptiker haben insofern recht, als die Maschine tatsächlich niemals auf genau dieselbe Weise denken wird wie das Gehirn. Aber das bedeutet noch keineswegs, daß es nicht eines Tages ein hochentwickeltes maschinelles Denken geben wird, das Operationen ausführen kann, zu denen das Gehirn nicht fähig ist und die man heute noch nicht einmal theoretisch ins Auge zu fassen vermag. Hier hat man es übrigens mit einem Phänomen zu tun, das so alt ist wie die Zivilisation selbst. Die »Kunst«, d. h. die künstliche Herstellung von Objekten, fängt durchgehend mit der Nachahmung natürlicher Erscheinungen an. Erst später löst sie sich von der Nachahmung und folgt ihrem eigenen Gesetz. Von Platon und Aristoteles bis zu den modernsten Klassikern ist alle Kunst Nachahmung, *Mimesis*. Über 25 000 Jahre war das Malen ein Abbilden natürlicher Gegenstände, ein Kopieren der Natur. Erst seit wenigen Jahren hat sich die Malerei von der Darstellung natürlicher Vorbilder befreit.

Der gleiche Vorgang läßt sich im Bereich der Technik beobachten. Die ersten vom Menschen entworfenen Flugmaschinen – z. B. die Zeichnungen Leonardo da Vincis – hatten schlagende Flügel wie die Vögel und Fledermäuse. Die ersten Autos waren Pferdekutschen ohne Pferde: Der Motor war vorn angebracht, weil die Pferde immer vor den Wagen gespannt worden waren; das Prinzip dieser Anordnung erschien selbstverständlich, geradezu als ein Gebot des »gesunden Menschenverstandes«. Man soll ja nicht den Pflug vor die Ochsen spannen. Die ersten Kunststoffe ahmten natürliche Produkte wie Leder, Horn, Wolle und Seide nach. Da es sich um falsches Leder und um Kunstseide, also um Ersatz handelte, konnte man mit Recht sagen, der Kunststoff werde das natürliche Erzeugnis niemals völlig verdrängen, da ihm immer einige von dessen Eigenschaften fehlen würden. Das traf bis zu dem Augenblick zu, wo die Kunststoffe sich gleichsam von ihrem Minderwertigkeitskomplex befreiten und aus der verschämten Rolle des Ersatzes heraustraten, um sich mit ihren eigenen Eigenschaften durchzusetzen. Mochten diese auch von denen des Naturproduktes verschieden sein, so waren sie ihnen doch in mancher Hinsicht überlegen: gleichmäßige Beschaffenheit des Materials, Isoliervermögen, Säurebeständigkeit, leichte Instandhaltung, Dauerhaftigkeit, gutes Aussehen – und vor allem unbegrenzte Produktionsmöglichkeit zu niedrigen Preisen. Heute sind die Kunststoffe unersetzbar geworden, während man durchaus auf Horn, Leder und Seide verzichten gelernt hat. Es ist geradezu unvorstellbar geworden, beim Bau einer modernen Maschine – eines Fernsehapparates oder einer Weltraumrakete – organisches Material, Leder, Hanf oder Horn, zu verwenden.

Das gleiche gilt für das maschinelle Denken. Es wird dem natürlichen, organischen Denkvorgang im Gehirn nicht mehr – aber auch nicht weniger – ähnlich als ein Nylonfaden dem Gespinst, das eine japanische Seidenraupe ausscheidet. Doch im Gebrauch, und zwar für viele Zwecke, wird es das menschliche Denken zunehmend ersetzen. Das ist sogar schon der Fall, und in weit größerem Maße, als wir es uns vorstellen. Das maschinelle Denken spielt in unserem Dasein bereits eine entscheidende Rolle.

Doch was ist das eigentlich: eine Maschine? Eine Maschine ist ein zusammengesetztes Werkzeug, das aus starren und beweglichen Teilen besteht, die miteinander verbunden sind, um eine bestimmte Wirkung hervorzubringen.

Man wäre versucht, eine graduelle Abfolge von drei Stufen anzunehmen:

a) die Benutzung von Material zu einem bestimmten Zweck – so wie der Vogel sein Nest mit Roßhaar und Schafwolle auspolstert,

b) die Bearbeitung von Holz und Stein zu Werkzeugen, welche mit dem Paläolithikum beginnt,

c) die auf zweckmäßige Tätigkeit abzielende Zusammensetzung verschiedener beweglicher Teile: die Mühle, der Wagen.

Diese dreifache Stufenfolge wäre also ziemlich kontinuierlich und würde auf eine geradlinige Entwicklung hinweisen. In Wirklichkeit verhält es sich aber nicht so. Zwischen dem Gebrauch von natürlichen Gegenständen, der schon bei den Tieren auftritt, und der Herstellung von Werkzeugen liegt ein Bruch, der eine viel größere Neuerung bedeutet, als man auf den ersten Blick annehmen möchte. Manche Theoretiker meinen, der Unterschied liege in der Bearbeitung, die der Mensch dem Material erteilt. Der Affe weiß einen Stock zu benutzen und mit Steinen zu werfen, der Mensch schneidet sich einen Stock vom Busch und haut den Feuerstein zurecht.

Meines Erachtens liegt die große Neuerung anderswo: in der Verbindung *mehrerer* Elemente zu *einem* Instrument. Im Anfang der Zivilisation ist das entscheidende Moment nicht darin zu sehen, daß Steine behauen werden, sondern daß sie an einem Stiel befestigt werden. Nicht mit dem behauenen Stein, sondern mit dem Stiel fängt eine neue Welt an. Die Museen geben uns ein falsches Bild von dieser Entwicklung, weil sie uns die behauenen Steine allein zeigen, da die Stiele aus Holz und die Bindungen aus Lederstreifen, Pflanzenfasern, Tiersehnen oder Harz seit Jahrtausenden verschwunden sind.

Der Weg vom einfachen Faustkeil zur bestielten Steinaxt ist

weiter als der Weg von dieser zum Elektronengehirn. Das neue Prinzip ist die Zusammensetzung.

Deswegen, und aus eigener Erfahrung im afrikanischen Urwald, würde ich nicht sagen, daß die Maschine später erschien als das Werkzeug, und Jahrtausende seien nötig gewesen, um vom Werkzeug zur Maschine fortzuschreiten. Wenigstens eine Maschine ist höchstwahrscheinlich ebenso alt wie die ersten Werkzeuge, nämlich die Falle. Im afrikanischen Busch habe ich die einfachste Falle gesehen, die sich denken läßt: einen sehr schweren scharf zugespitzten Pfahl, den man mit Hilfe einer Liane an einem Ast über einem Elefantenwechsel aufgehängt hatte, wobei das andere Ende der Liane quer über die Fährte gespannt war. Eine solche Falle, die bereits eine Maschine ist, läßt sich technisch leichter herstellen als eine gestielte Feuersteinhacke.

Der Unterschied zwischen Werkzeug und Maschine besteht darin, daß das Werkzeug die Verbindung feststehender Elemente darstellt, die Maschine hingegen feste und bewegliche Elemente verbindet. Der Einfall, die eigentliche Entdeckung, ist das Zusammenfügen verschiedener Elemente in ein bestimmtes Gebilde, zu einem bestimmten Zweck. Die Neuerung besteht in der Integration. Wer gesehen hat, wie ein Vogel sein Nest baut, kann nicht sagen, die Menschen seien geschickter als die Tiere. Wer gesehen hat, wie ein Buschneger mit einem schlechten Messer präzise und tödliche Waffen herstellt, wer die Technik des australischen Bumerangs kennt, kann noch weniger sagen, der moderne Mensch sei geschickter als der Primitive. Im Gegenteil: Der Sinn der ganzen technischen Zivilisation ist, immer kompliziertere Maschinen durch immer ungeschicktere Menschenhände herstellen zu lassen.

Integration verschiedener Elemente (Holz, Stein, Leder) in ein einziges Gerät, aber auch Integration in eine bestimmte Umwelt und Anpassung an lokale Bedingungen und Hilfsmittel. Im Urwald ist das Band eine Liane, eine Sehne bei den Jägern der Steppe, ein Lederstreifen bei den robbenjagenden Eskimos, ein geflochtener Strick aus Roßhaar oder gesponnener Wolle bei den Hirtenvölkern.

Werkzeug und Maschine zeugen aber bei den Menschen, die sie herstellen, von einem dritten Aspekt der Organisationsfähigkeit, nämlich der Anpassung an eine bestimmte Gemeinschaft in Rücksicht auf ihre Bedürfnisse und ihre Vorstellungen. Als im Jahre 1783 Montgolfier und Pilâtre de Rozier in Paris den ersten Ballon aufsteigen ließen, bedienten sie sich einer Papierhülle, eines aus Weidenästen geflochtenen Korbes, eines Strohfeuers, um heiße Luft zu erzeugen – alles Dinge, über die auch die Pharaonen, die Erbauer der Pyramiden, verfügten. Nur war ihnen diese Idee nicht gekommen, weil es außerhalb ihres Vorstellungsbereiches lag, auf diese Art in die Höhe zu steigen. Um das zu erreichen, ließen sie Pyramiden bauen. Die Maschine entsteht nur unter Bedingungen, die ihre Entwicklung begünstigen; sie ist auf die soziale, wirtschaftliche, kulturelle und sogar politische Infrastruktur angewiesen. Die mechanischen Bestandteile einer Maschine sind nur ein Element des vollständigen Apparates; das menschliche Element muß sich miteingliedern.

In Afrika war das Rad bis zur Ankunft des Europäers praktisch ungebräuchlich. Die Siedler, welche die ersten Schubkarren mitbrachten (die übrigens die Europäer selbst vor noch nicht einmal dreihundert Jahren erfunden hatten; Pascal soll um die Mitte des 17. Jahrhunderts nicht nur die erste Rechenmaschine, sondern auch den ersten Schubkarren konstruiert haben), mußten voller Überraschung mitansehen, wie die Neger auf den Pflanzungen je zu zweit einen Schubkarren bei den Griffen und am Rad faßten, um ihn zu tragen – wobei sie sich beklagten, der Transport ginge so viel schwerer als mit ihren traditionellen Körben. Nicht etwa, daß die afrikanischen Kulturen von Rädern nie gehört hätten: die neuerdings in der Sahara entdeckten Wandmalereien stellen zweirädrige Wagen dar. Die Negerzivilisationen Afrikas haben das Rad als Transportmittel gekannt; sie haben es nicht gebrauchen *wollen*.

Warum diese Ablehnung des Rades? Weil ein Rad nur dann einen Sinn hat, wenn es einen fahrbaren Weg gibt. Im primitiven Afrika gibt es aber nur Pfade, die gerade einem Fußgänger Platz bieten. Die eigentliche Erfindung ist nicht das Rad allein, sondern das Rad *und* die Straße, ebenso wie die Erfindung des Knopfes erst durch das Knopfloch vollständig wird. Die notwendige Infrastruktur des Rades, das Straßennetz, ist ihrerseits auf eine menschliche Infrastruktur besonderer Art angewiesen. Ein Beispiel dafür bietet das römische Weltreich mit seinen typischen Existenzbedingungen: der Versorgung Roms, der größten Stadt der Welt; der raschen Verlegung der Legionen zum Schutz der Grenzen; einer besonderen Methode der Arbeitsteilung, der Benutzung besiegter Völker; mit seinen politischen, sozialen, selbst religiösen Einrichtungen, wo der Brückenbauer ein Priester, ein Pontifex war, dessen Name bis auf den heutigen Tag im Titel des Papstes *Pontifex maximus* lebendig geblieben ist.

Die Maschine ist Glied eines zusammenhängenden Ganzen. Dieses »Ganze« (und da steckt die eigentliche Neuerung) ist ein Gebilde, das drei verschiedene Elemente integriert: eine Mechanik, eine Methodik und eine menschliche Gruppe, die fähig ist, sie zu schaffen, zu unterhalten, arbeiten zu lassen und für ihre Bedürfnisse zu benutzen. Es verwirklicht sich damit eine Symbiose, es entsteht ein neuer Organismus, der als neue Art in den Verlauf der biologischen Entwicklung gehört.

In dieser Symbiose wirkt die Maschine zurück auf ihre menschliche, soziale und materielle Umgebung. Wenn sie sich durchsetzt, assimiliert sie sich in gewisser Weise ihre Umgebung und organisiert sie zu ihren Gunsten. Die Biologen halten es für ein Kennzeichen der lebendigen Zelle, daß sie ihre Nahrung von ihrer Umwelt bezieht und das Material assimiliert. Im Grunde steht es mit der Maschine nicht anders. Nehmen wir an, die Erdoberfläche würde vom Mars oder von der Venus aus beobachtet. Seit etwa einem Jahrhundert müßten die Beobachter den Eindruck haben, daß z. B. in Pittsburgh oder im Ruhrgebiet eine neue Art von Lebewesen aufgetaucht sei, »die Maschinen«, die es verstanden haben, sich ein günstiges Lebensmilieu zu schaffen, wo sie gedeihen und sich vermehren wie Schimmelpilze auf einer Käserinde. Würden die Beobachter ihnen die Fähigkeit absprechen, Kohle und Eisenerz zu assimilieren, Wurzeln in den Boden zu treiben, Fangarme auszustrecken, um sich zu versorgen? Ließe sich leugnen, daß sie sich fortpflanzen? Würde unter solchen Beobachtungsverhältnissen überhaupt ein Zweifel daran aufkommen, daß die Maschinenkultur zur Kategorie des biologischen Wachstums gehört?

Die Maschine oder, besser gesagt, der »Apparat«, d. h. der Komplex von Mensch, Methode, Maschine, ist tatsächlich eine neue Form des Lebens, eine neue Kombination der Mineralien. Wie bei den Lebewesen, gibt es bei den Maschinen

Assimilierungs-, Ausscheidungs- und selbst Fortpflanzungs-prozesse.

In der Geschichte der Techniken ist eine wesentliche Etappe erreicht, sobald das Werkzeug nicht mehr nur einfaches Werk-zeug, sondern bereits ein Gerät ist, um Werkzeuge herzustel-len. Man kann sich aber fragen, ob nicht schon die ältesten uns bekannten Werkzeuge dazu bestimmt waren, jene primitiven Maschinen anzufertigen, die wir in den Fallen der Negerkultu-ren erkannt haben. Sehr früh, wenn nicht von Anfang an, gibt es eine Genealogie der Werkzeuge und Maschinen. Eine tech-nische Abstammungsreihe zeichnet sich ab, parallel zur biolo-gischen Geschlechterfolge der Lebewesen und mit ihr gekop-pelt verlaufend. Das Werkzeug erzeugt das Werkzeug, die Maschine gebiert die Maschine. Heute sind die am meisten vervollkommneten Maschinen jene, die andere Maschinen herstellen: Werkzeugmaschinen, vollautomatisierte Fließbän-der. Eine Drehbank wechselt ihre abgestumpften Schneideisen automatisch aus. Man baut heute Maschinen, die sich selbst in Gang halten und reparieren. Man plant Maschinen, die ihres-gleichen hervorbringen, sich gleichsam vervielfältigen: Zu-nächst indem sie vorgefertigte Teile zusammensetzen, und später einmal – warum nicht? –, indem sie diese Teile selbst herstellen. Beim gegenwärtigen Stand der Dinge hätte man allerdings keinerlei Nutzen davon, es sei denn, man wollte beweisen, daß die Fähigkeit der Reproduktion nicht den Le-bewesen vorbehalten sei. Geradezu das Gegenteil aber ist der Fall: Die Lebewesen sind unfähig, etwas anderes als sich selbst zu reproduzieren, während es den Maschinen vorbehalten ist, Gebilde zu erzeugen, die sich von ihnen selbst unterscheiden. Es wird eine »Genetik« der Maschinen geben; man wird auch da von Mutationen sprechen. Neulich schrieb Prof. John My-hill (Stanford University, USA) eine Abhandlung »über die Möglichkeit vorteilhafter Erbänderungen bei den selbstpro-duzierenden Automaten«.

Eines der Gesetze dieser neuen Vererbungslehre ist die Schwie-rigkeit, mit einer Maschine eine andere Maschine von größerer Präzision zu erzeugen; mit einer Maschine, die bis auf den Zehn-telmillimeter genau arbeitet, eine andere hervorzubringen, deren Toleranz der Hundertstelmillimeter ist. Dieser Zwang ist durch-aus mit einer Art von erblicher Gesetzmäßigkeit zu vergleichen.

Eine isolierte Genetik der Maschinen, die an sich denkbar und realisierbar ist, wäre doch unzureichend. Aus den obigen Reflexionen geht hervor, daß nur eine Genetik der »Apparate« der ganzen Wirklichkeit Rechnung trägt. Die Maschine ist von dem Milieu untrennbar. Die Mutation im Rahmen dieser neuen Genetik betrifft nicht nur die Maschine, sondern den ganzen neuen organischen Komplex, d. h. ebenfalls die Gesellschaft, die mit der Maschine in Symbiose lebt. Eine Mutation in diesem Sinne, die einschneidendste bis zur industriellen Revolution, war die neolithische Revolution, d. h. der Übergang vom Paläolithikum zum Neolithikum.

Der paläolithische Jäger stellt selbst seinen Bogen und seine Pfeile her; der Fallensteller baut eigenhändig die Falle auf. Das Werkzeug, das Gerät, welches von demjenigen verfertigt ist, der sich seiner auch bedient, ist damit den körperlichen und geistigen Voraussetzungen seines Besitzers, seiner Hand, seinem Arm, seinen Reflexen vollkommen angepaßt: Es verlängert unmittelbar seine Gebärden. Das Werkzeug kann noch als individuelle Verlängerung eines Organs betrachtet werden, ein gleichsam veräußerlichtes, geliehenes Organ.

Doch von dem Augenblick an, da sich die Arbeitsteilung durchsetzt und sich der eine in der Bearbeitung der Steine spezialisiert und der andere in ihrer Verwendung zur Jagd, entsteht zwischen den beiden Individuen eine Solidarität, deren materielles Band das Werkzeug, deren soziale Grundlage der Tausch ist: Fleisch gegen behauene Steine, Fisch gegen Harpune. Auf diese Weise ergibt sich der Anlaß und die Notwendigkeit, ein Gemeinwesen zu organisieren; rückwirkend entwickelt das Gemeinwesen die Technik der Arbeitsteilung und Produktion. Das Ziel dieser Organisation ist der Einsatz der Arbeitskraft unter möglichst rentablen Bedingungen.

Dieser Strukturwandel des Komplexes »Mensch, Methode, Maschine« ist es – und gar nicht irgendein Wandel in der Technik der Herstellung von Feuersteinhacken –, der die neolithische Revolution kennzeichnet.

Die Denkmaschine ist die Verlängerung, die Veräußerlichung unseres Denkorgans, des Gehirns, so wie der Hammer die Verlängerung der Faust ist. Doch darf man sagen, daß die Denkmaschine »denkt«?

Welche geistigen Operationen kann das Elektronengehirn, die Denkmaschine, ausführen?

Sie versteht zu zählen; damit hat sie sogar begonnen, nämlich als Rechenmaschine. Sie kann geradezu virtuos mit Zahlen manipulieren. Sie berechnet die hundertste Dezimale der Zahl π in Bruchteilen von Sekunden, während Generationen menschlicher Rechner ihre ganze Existenz dieser Aufgabe widmen müßten.

Sie prüft ihre Operationen und kontrolliert ständig die Exaktheit der Ergebnisse.

Sie vermag alle geistigen Aufgaben zu lösen, die sich im Rahmen einer mathematischen Logik durch zahlenmäßige Angaben ausdrücken lassen. So kann sie die optimale Anzahl von Wagen ermitteln, die eine Autofabrik in einem gegebenen Zeitraum herstellen muß, um die Gestehungskosten möglichst gering zu halten; ebenso die Zahl der Wagen, welche von der Verkaufsabteilung der Fabrik abgesetzt werden können, und zwar entsprechend der Aufnahmefähigkeit des Marktes, die zum Beispiel von der Struktur der Familieneinkommen abhängt, dem durchschnittlichen Einkommensprozentsatz, der für die Befriedigung der Transportbedürfnisse und -wünsche zur Verfügung steht. Sie ist in der Lage, die Kurve der Produktionskapazität mit der Kurve der Kaufkraft der Kundschaft zu vergleichen und den Punkt auszumachen, wo beide Kurven in einem optimalen Wechselverhältnis stehen. Sie bereitet die Entscheidungen der Fabrikdirektion vor; man kann fast sagen, daß sie sie vorschreibt.

Seit einigen Jahren besitzt die Maschine auch die Fähigkeit, sich zu erinnern. Das elektronische Gedächtnis vermag Millionen von Informationselementen zu speichern, deren Zahl sich praktisch unbegrenzt vermehren läßt, während das menschliche Gedächtnis in seiner Kapazität beschränkt ist. Hinzu kommt, daß zwei Individuen nur sehr schwer ihre Gedächtnisinhalte addieren können, die ohnehin viele Erinnerungen doppelt registriert enthalten, wodurch ihre Nutzungskapazität weiter verringert wird, während nichts leichter ist, als eine Maschine mit der Zahl von einander angeschlossenen »Gedächtnissen« zu versehen, die man braucht; die maschinellen Gedächtnisse lassen sich koppeln und addieren, die menschlichen Gedächtnisse nicht. Schließlich ist die Verfügbarkeit der

Information für den Gebrauch des Gedächtnisses mindestens ebensowichtig wie dessen Aufnahmefähigkeit; das maschinelle Gedächtnis verfügt über Millionen von Informationen, die alle im Bruchteil einer Sekunde zugänglich sind. Die Maschine besitzt somit viel mehr »Geistesgegenwart« als der aufgeweckteste Mensch.

Die Maschine kann aber auch lernen, und zwar keineswegs nur Dinge, die ihr die Menschen zu lernen geben. Sie vermag von sich aus ihr Wissen zu vermehren, die Lehre aus ihren eigenen Erfahrungen zu ziehen (worum sie mancher Mensch beneiden könnte). Man kann ihre Schaltkreise so anlegen, daß eine Operation, die zu einem falschen Ergebnis geführt hat, nicht wiederholt wird, während andererseits eine erfolgreich durchgeführte Operation von nun an leichter, schneller, »vorzugsweise« vorgenommen wird. Man hat Maschinen gebaut, die von sich aus ihr Verhalten korrigieren und den Umständen anpassen. Man erzählt von einer Maschine, die speziell daraufhin angelegt war, Dame zu spielen. Man ließ sie gegen eine Mannschaft meisterhafter Damespieler antreten; am Morgen gewann sie einige Partien, verlor einige andere und erzielte eine gewisse Anzahl von unentschiedenen Partien. Am Abend war sie bereits unschlagbar. Sie hatte zu spielen gelernt. »Mag sein«, wendet ein Ungläubiger ein, »geben wir zu, daß eine Maschine zählen, rechnen, den relativen Wert berechenbarer Argumente abwägen, Entscheidungen vorbereiten, sich erinnern, ihre Irrtümer berichtigen, bestimmte Verhaltensweisen annehmen kann. Aber Phantasie . . . Wie könnte eine Maschine Phantasie besitzen?« Gerade diese Erwägung, die mir häufig zu Ohren gekommen ist, beweist nur eines, nämlich daß die Menschen selbst nicht viel Phantasie besitzen. Unser organisches Gehirn hat unbeschreibliche Mühe, sich etwas vorzustellen, was es noch nicht gibt. Die Fähigkeit des Gehirns, neue Kombinationen auszudenken und zu schaffen, ist höchst beschränkt. Die Maschine hingegen hat wohl keine Phantasie, aber sie vermag schnell und ohne Auslassung sämtliche möglichen Kombinationen von gegebenen Elementen zu durchlaufen, die erfolgsunfähigen Kombinationen auszuscheiden und diejenigen einzubehalten, die es verdienen, weiter verfolgt zu werden. Sie ermittelt zum Beispiel in denkbar kurzer Zeit, wie man eine Wohnung, die aus fünf Zimmern, zwei Baderäumen,

Küche und Vorplatz besteht, anordnen muß, damit weder die Schlafzimmer noch die Baderäume mit der Küche in Verbindung stehen. Neuerdings bedient man sich der Maschine sogar, um musikalische Themen zu komponieren und zu verarbeiten; das Ergebnis hat den Namen »algorithmische Musik« erhalten.

Das Kombinationsvermögen – also doch die Phantasie – der Maschine findet noch subtilere Verwendungen. Die geistige Abrichtung, der wir von unserer frühesten Kindheit an unterworfen werden, hat uns um die Fähigkeit gebracht, uns einen Raum von mehr als drei Dimensionen vorzustellen. Einen zweidimensionalen Raum, der wie die Möbiussche Fläche (einseitige Fläche) zwar unbegrenzt, aber nicht unendlich ist, können wir uns nur schwer vorstellen. Wenn es sich aber um einen dreidimensionalen Raum mit analogen Eigenschaften handelt, versagen wir erst recht. Doch wir müssen den erstarrten Rahmen unserer dreidimensionalen (oder vierdimensionalen, wenn man an das Raum-Zeit-*Kontinuum* denkt) Raumvorstellung sprengen, um in der Erkenntnis des Universums einen weiteren Schritt voran zu tun. Die Vorstellung, die wir von der zeitlichen Dimension besitzen: eine Dimension, die geradlinig ins Unendliche verläuft, ist von niederschmetternder Dürftigkeit. Um uns von unseren unzureichenden Anschauungen zu befreien, werden wir wohl die Maschine zu Hilfe nehmen müssen, die keine anderen Vorurteile hat als solche, die man ihr zweckgemäß einbaut; und es ist durchaus möglich, ihr andere als die unseren zu geben, sie mit anderen »Logiken« zu versehen, mit denen unser Gehirn nicht zu arbeiten versteht.

Wird das organische Denken einmal in der Lage sein, sich von der Maschine ausgearbeitete Denkmodelle anzueignen? Im Prinzip steht dem nichts entgegen. Es genügt, sich daran zu erinnern, daß die perspektivische Ansicht, die uns geläufig ist und selbstverständlich erscheint, eine Erfindung der Renaissance ist. Bis dahin hatte man die Landschaft unperspektivisch gesehen. Selbst wir, die wir gelernt haben, den Raum in perspektivischer Anordnung wahrzunehmen, können dies eigentlich nur im gewohnten Blickwinkel zur Horizontalen. Wenn wir uns unter einen Baum auf den Rücken legen und in das Astwerk hinaufblicken oder wenn wir eine Landschaft durch die Beine betrachten, sind wir unfähig, den ungewohnten Anblick in eine Perspektive zu organisieren. Das menschliche Gehirn wird sich wahrscheinlich in späteren Generationen gewöhnen, Strukturen, mit denen wir heute noch nicht vertraut sind und deren Modelle erst das maschinelle Denken konstruieren kann, ebenso intuitiv wahrzunehmen wie heute die Perspektive. Auf diese Weise wird die Maschine dem organischen Denken neue Bereiche eröffnen.

Unsere Vorfahren verfügten über eine Energie von einem Viertel Pferdestärke pro Person. Ein begüterter Römer mit vierzig Sklaven verfügte über eine Gesamtenergie, die eindeutig geringer war als die eines Volkswagenmotors. Heutzutage können Millionen von Zivilisierten eine Energie einsetzen, die nach Hunderten von PS zählt. Setzen wir der Einfachheit halber eine Pro-Kopf-Energie von 250 PS (industrielle Energie inbegriffen) an, so hat sich die physikalische Energie, über die der einzelne verfügt, vertausendfacht.

Wir erleben gegenwärtig, in den Jahrzehnten von 1960 bis 1980, eine zweite mechanische Revolution, welche nun auch die geistige Energie des Menschen vertausendfacht. Wie die Maschine der vergangenen hundert Jahre nach der Terminologie von Stafford Beer ein *energy-amplifier* ist, so wird die Denkmaschine von morgen ein *intelligence-amplifier* (Intelligenzverstärker) sein.

Es gibt kaum noch eine Tätigkeit des Menschen, die nicht bereits von der Maschine übernommen werden könnte – abgesehen von einer einzigen: dem Fragen. Es ist möglich, daß die Frage ein Privileg des lebendigen Organismus bleiben wird; vielleicht sogar nur bestimmter Formen des Organischen, und zwar derjenigen, die noch in der Entwicklung begriffen sind.

Dies ist wahr von den Individuen; ein Kind fragt beständig, ein Greis stellt keine Fragen mehr. Es trifft wahrscheinlich auch für die Gattung zu; das Fragen oder die Neugier (Neu-Gier) ist eine Begleiterscheinung des Bedürfnisses, sich anzupassen, also sich weiterzuentwickeln. Solange der Mensch den Drang zum Fragen besitzt, und in dem Ausmaß, in dem er ihn noch bewahrt hat, bleibt er anpassungs- und evolutionsfähig und wird sich der Denkmaschine nicht nur bedienen, um ihr Antworten abzunötigen, sondern auch, um sich von ihr zu neuen Fragen anregen zu lassen.

Die Intelligenz des Individuums (der »Intelligenzquotient« der Psychologen) gilt für uns bisher als das selbstverständliche Normalmaß aller geistigen Qualitäten. Aber das, worauf es jetzt ankommen wird, ist die *kollektive* Intelligenz, d. h. der Intelligenzquotient der geschlossenen und organisierten menschlichen Gruppe, die mit ihren Methoden und Maschinen in einer Symbiose lebt. Die neuen Organismen, die wir vorläufig *Apparate* nennen in der Erwartung, daß sich die Biologen, Soziologen und Kybernetiker auf eine Namensgebung einigen und diese neuen Wesen förmlich taufen, bestehen, um im Jargon der Ingenieure zu sprechen, aus

1. »Fleisch«, d. h. Menschenmaterial,
2. »Blech«, d. h. Maschinen,
3. Methoden.

Auf die »Intelligenz« dieser Apparate wird es künftig ankommen; sie allein entscheidet die Auseinandersetzungen zwischen den Gruppen.

Untersuchen wir etwas genauer einen Einzelfall – nur einen – unter den Denkmaschinen: die Übersetzungsmaschine. Zehn Jahre ist es her, daß die ersten Schritte zur Verwirklichung dieser Maschine getan wurden, und in wenigen Jahren werden die Übersetzungsmaschinen in Dienst treten – unter Bedingungen und mit Wirkungen, die eine Untersuchung verdienen, weil sie recht deutlich einen Aspekt der Denkmaschinen beleuchten und die Rückwirkung des maschinellen Denkens auf das organische Denken sichtbar machen.

Doch zunächst, warum arbeitet man an der Herstellung von Übersetzungsmaschinen? Warum begnügt man sich nicht wie bisher mit der guten alten »handwerklichen« Methode der Übersetzung? Weil die schnelle Übersetzung ungeheurer Massen wissenschaftlicher und technischer Literatur eine dringende strategische Notwendigkeit in der Auseinandersetzung der zwei großen Weltmächte geworden ist.

Gehen wir den Dingen etwas gründlicher nach. Die maschinelle Übersetzung ist ein Sonderfall eines weitaus allgemeineren Problems: nämlich des der Sammlung, Klassifizierung und Zugriffszeit wissenschaftlicher und technischer Informationen.

Es ist nicht allzu lange her – kaum fünfhundert Jahre –, daß ein einzelner Mensch, Pico della Mirandola, im Ruf stehen konnte, über alles, was man zu seiner Zeit in Erfahrung zu bringen vermochte, auf dem laufenden zu sein: *de omni re scibili . . . et quibusdam aliis.* Noch von Leibniz sagt man, daß er »alles wußte«. Während der folgenden Jahrhunderte hat sich das menschliche Wissen, zunächst langsam, dann immer schneller, erweitert; je weiter es wuchs, desto mehr verzweigte es sich, und die Hauptrichtungen der Forschung unterteilten sich in immer engere Spezialdisziplinen. Vor noch fünfzig Jahren konnte ein Physiologe zumindest die wesentlichen Ergebnisse seines Faches überblicken. Heute hat sich die Physiologie in zahlreiche Spezialgebiete aufgeteilt, die kaum noch miteinander in Verbindung stehen. Nicht einmal in seinem eigenen Forschungsbereich kann heute ein Spezialist sicher sein, von allen Experimenten und Ergebnissen, die in den zahllosen Laboratorien der Welt – namentlich in Amerika und Rußland – aufgezeichnet werden, unterrichtet zu sein. Er hat einfach nicht die Zeit, die Fachveröffentlichungen der ganzen Welt zu lesen, ohne auf seine persönliche Arbeit zu verzichten. Auf einem der letzten internationalen Kongresse der Atomforschung hat man festgestellt, daß allein das Lesen der Mitteilungen und der Dokumentation dieses einen Kongresses das ganze Leben eines Wissenschaftlers beanspruchen würde.

Es kommt neuerdings immer öfter vor, daß man in einem Land Forschungen betreibt, die anderswo schon vorgenommen worden sind und zu einem positiven oder negativen Ergebnis geführt haben. Die Entwicklung der wissenschaftlichen Kenntnisse ist an einem Punkt angelangt, wo »man« mehr Dinge weiß, als »man« weiß, daß man sie weiß; was eine neue Form der Unwissenheit ist. Diese Unwissenheit darüber, was andere wissen, kann besonders schwerwiegende Folgen haben, wo sich die Rivalität von Ost und West im Kampf um die technische Überlegenheit entscheidet.

Man kann im Prinzip damit rechnen, daß sehr wenige Forschungsarbeiten vollkommen geheim durchgeführt werden. Normalerweise zeigt – im einen wie im anderen Lager – irgendeine Veröffentlichung wenigstens die Richtung der Untersuchungen an, die in den Laboratorien vorgenommen werden. Man hat meistens eine falsche Vorstellung von der Werkspionage. Es müssen nicht unbedingt genaue Formeln oder Verfahren gestohlen oder verraten werden, es genügt schon, zu wissen, daß etwas drüben durchgeführt wurde, um zu wissen, daß es durchführbar ist; und wenn man dies weiß, wird hiermit schon Dreiviertel der Mühe gespart. Protokolle und Berichte, die Aufschlüsse geben könnten, wandern meist unausgewertet in die Archive, weil sie in der ungeheuren Masse wissenschaftlicher Berichterstattung untergehen. Außerdem sind sie in einer fremden Sprache abgefaßt, mit der ein Wissenschaftler sich aus Zeitmangel nicht vertraut machen kann.

Dieser Faktor hat wohl bereits eine Rolle gespielt, und zwar zugunsten der Russen, die das Problem der Übersetzung, Klassifizierung und Zugänglichmachung der wissenschaftlichen und technischen Informationen offensichtlich methodischer und mit wirksameren Zentralisierungsbemühungen angegriffen haben.

Die Lösung ist die Schaffung einer neuen Spezialwissenschaft: der Dokumentation. Ihre Aufgabe ist die Einrichtung von Dokumentationszentren, die sich ausschließlich mit der Sammlung und Sichtung aller erreichbaren wissenschaftlichen Mitteilungen zu beschäftigen haben. Das verarbeitete Material muß schließlich in der Form knapper, rubrizierter Analysen *(abstracts)* den interessierten wissenschaftlichen Kreisen zugänglich gemacht und zugeleitet werden. Das Problem ist indessen nicht so leicht lösbar, wie es scheint. Die Mitarbeiter eines Dokumentationszentrums müssen einerseits die Sprachen beherrschen, in denen die Veröffentlichungen, die sie zu bearbeiten haben, abgefaßt sind, andererseits aber auch eine ausreichende Kenntnis der behandelten Probleme und angewandten Terminologien besitzen. Ausgesprochene analytische Begabung und die Fähigkeit zur Zusammenfassung müssen sich bei ihnen mit einer streng methodischen Arbeitsweise verbinden. Ferner ist ein verhältnismäßig einfaches, aber umfassendes und ständig erweiterungsfähiges Klassifikationssystem erforderlich. Schließlich sind Mittel und Wege zu finden, daß die Dokumentation auch wirklich die interessierten Kreise erreicht. Neben der systematischen Verbreitung des aufgearbeiteten Materials müßte auch für die Beantwortung präziser Fragen gesorgt sein. Schließlich ist allein die elektronische Rechenmaschine in der Lage, die Masse des anfallenden Materials zu bewältigen.

All das wäre viel einfacher, wenn die wissenschaftliche Welt eine gemeinsame Sprache besäße wie im Mittelalter, als das Latein noch die verbindliche Gelehrtensprache war. Heute gibt es wenigstens zwei wissenschaftliche Hauptsprachen, das Englische und das Russische – außer der eigenen Sprache für all jene, die weder Amerikaner, noch Engländer, noch Russen sind. Daher rührt das dringende Bedürfnis, wenn schon nicht alle wissenschaftlichen Artikel der Welt zu übersetzen, so doch wenigstens:

1. eine Analyse von ihnen anzufertigen,

2. in der Lage zu sein, auf Wunsch eine Übersetzung zu liefern.

Die Analyse versucht man bereits von einer »Lese- und Analysiermaschine« ausführen zu lassen, die zum Beispiel die Häufigkeit bestimmter Schlüsselwörter wie Atom, Weltraum, Rakete usw. in einem Artikel feststellen kann.

Was die Übersetzung von Texten aus einer Sprache in die andere betrifft, so geht die Idee in Amerika, daß man sich dafür eines Elektronengehirns bedienen könne, auf das Jahr 1946 zurück. Die erste Veröffentlichung zu diesem Thema, das Memorandum von Warren Weaver *Translation,* stammt aus dem Jahre 1949. Seither sind die Forschungsarbeiten in dieser Richtung vorangetrieben worden (namentlich am *Massachusetts Institute of Technology*) und haben rasche Fortschritte gemacht. Nicht minder erfolgreiche Anstrengungen sind in der Sowjetunion unternommen worden. Natürlich gelten die Bemühungen in den Vereinigten Staaten vor allem der Übersetzung aus dem Russischen ins Amerikanische – und in der Sowjetunion der Übersetzung aus dem Amerikanischen ins Russische.

Der Ausdruck Übersetzungsmaschine ist übrigens nicht ganz korrekt. Es handelt sich nicht um eine besondere Maschine, sondern um ein »normales« Elektronengehirn, das für viele Zwecke verwendet werden kann, aber auf die besondere Aufgabe des Übersetzens abgerichtet worden ist. Wenn der zu übersetzende Text aus einer Reihe von Wörtern bestünde, von denen jedes eine eigene Bedeutung hat, wäre das Problem sehr einfach und längst gelöst.

Die erste Aufgabe der Maschine ist, den ihr vorgelegten Text in der sogenannten Eingangssprache als eine Reihe von Wörtern wahrzunehmen. Mit Hilfe von Photozellen kann sie

Druckschrift lesen oder eine Stimme hören und als Folge von Wörtern analysieren. Beides ist schon realisiert.

Die zweite Phase besteht darin, daß die Maschine die aneinandergereihten Wörter nach ihrer grammatikalischen Funktion erkennt. Die dritte Phase besteht darin, daß die entsprechenden Wörter in der Ausgangssprache geliefert werden.

Die vierte Aufgabe wäre, die Wörter der Ausgangssprache so aneinanderzureihen, daß sie einen verständlichen und möglichst korrekten Satz bilden.

Die Aufgabe Nummer 3 zu lösen ist denkbar einfach, die Aufgaben Nummer 1, 2 und 4 dagegen geben viel schwierigere Probleme auf.

Aufgabe Nummer 1 und 2: Das Wort kann mehrere Bedeutungen haben: Schloß, Hut. Die im Text zutreffende Bedeutung ergibt sich für einen Menschen aus dem Zusammenhang. Die Maschine muß also irgendwie ein Verständnis für den Zusammenhang haben, um zu wissen, was die jeweils zutreffende Bedeutung ist. Andererseits gibt es manche Wörter, die je nach ihrer Stellung im Satz etwas anderes bedeuten. (*Un grand homme* ist ein bedeutender Mann – *un homme grand* ist ein langer Mensch; »er setzt über«, »er übersetzt« usw.) Die Maschine muß also fähig sein, vor- und rückwärts zu blicken, um einen Zusammenhang wahrzunehmen.

Aufgabe Nummer 4: Um in der Ausgangssprache einen verständlichen und korrekten Text zu liefern, müßte man ihr so etwas wie ein Sprachgefühl einbauen können; was eine ungeheure, vielleicht unlösbare Aufgabe wäre. Man könnte daran verzweifeln, wenn man sich zur Aufgabe stellte, literarische Texte literarisch zu übersetzen. Doch man braucht sich diese Aufgabe gar nicht vorzunehmen.

Gerade die Erforschung der Übersetzungsmaschine ist dabei, unsere Kenntnis der Sprache grundlegend zu ändern. Wir erkennen, daß die Sprache, die wir sprechen und schreiben, eigentlich aus zwei Sprachen besteht. Wie Messing eine Legierung aus Kupfer und Zinn ist, wie das Uran aus zwei Isotopen besteht, so setzt sich auch unsere Sprache aus zwei Isotopen zusammen: der *expressiven* und der *informativen* Sprache. Die expressive Sprache, die eigentlich die ursprünglichere Sprache ist, dient dazu, beim Hörer einen Affekt zu provozieren. Die informative Sprache dient dazu, eine Information zu vermitteln. Die expressive Sprache ist rhythmisch, bildhaft, poetisch, sie hat Stil. Die informative Sprache hingegen ist reinste Prosa. (Modell einer rein informativen Sprache ist z. B. Algebra; Modell einer rein expressiven die Musik.)

Mit der Maschine ist die expressive Sprache überhaupt nicht, die informative Sprache jedoch einfach zu übersetzen. Das einzige Problem der maschinellen Übersetzung besteht darin, daß die Sprache, die wir gebrauchen, aus einer Verbindung dieser beiden Sprachen besteht. Dadurch wird einerseits das Verstehen des Eingangstextes erschwert, andererseits das korrekte Ausdrücken in der Ausgangssprache fast unmöglich gemacht. Vor einigen Jahren wurden in Amerika zwei Texte aus der *Prawda* übersetzt. Der eine, ein Gedicht, war in der Übersetzung unverständlich, ja grotesk; der andere, eine von einem sowjetischen Kongreß angenommene Entschließung, lautete: »Worker fraternal socialist Country unanimous support position soviet government expounded N. S. Khrouchtchev in Paris and in speech on meeting in Berlin.« Dieser Text ist eigentlich im Telegrammstil abgefaßt, doch gut verständlich in dem, worauf es ankommt – wenn auch stilistisch nicht einwandfrei. Die Information wird vermittelt: und mehr braucht man nicht.

Der Vergleich mit dem Telegrammstil macht uns darauf aufmerksam, daß es schon einmal ein Phänomen der Rückwirkung der Maschine auf die Sprache gegeben hat: als es durch die Erfindung des Telegrafen zwar nicht notwendig, aber praktisch wurde, die vermittelten Texte von jedem poetischen und stilistischen Element zu reinigen. Durch den Einfluß der Maschine ist also schon damals eine neue Ausdrucksform geschaffen worden.

Man sollte und könnte noch weiter ausgreifen, um schon ein früheres Beispiel der Rückwirkung der Technik auf die Sprache zu finden. Der lapidare, kurzgefaßte Stil mehrtausendjähriger Inschriften zeugt davon. Die Schwierigkeit, die Worte in den Stein einzugraben, zwang die schönredenden Römer zur Kürze des *Veni, vidi, vici.*

Ja, die Prosa überhaupt, die wir jetzt als die normale Ausdrucksform betrachten, ist erst verhältnismäßig spät in Verbindung mit der Technik der Schrift entstanden. Solange man auf mündliche Überlieferung angewiesen ist, gibt es keine

Prosa, sondern nur eine expressive, bild- und klanghafte, poetische Sprache mit informativem Beisatz, wie es die Volkssprache noch ist.

Es gibt nicht einmal eine Grammatik der gesprochenen Sprache, wie es die Etymologie des Wortes beweist: *grammatica* ist »die rechte Schreibe«.

Es ist vorauszusehen, daß die maschinelle Übersetzung dieselbe Rückwirkung zuerst auf die geschriebene, später vielleicht auf die gesprochene Sprache haben wird wie ehedem die Technik der Schrift. Wer keine rein informative Sprache schreibt, also bild-, schmuck-, stillos, aber eindeutig, nicht schön, aber klar, wird einfach nicht übersetzt. Was nicht übersetzt wird, wird kaum gelesen werden. Die heutige Literatur wird nur noch für »altsprachlich« geschulte Fachleute zugänglich sein.

Das Übersetzen ist eine Manipulation von Wörtern; es gibt auch eine andere Manipulation von Wörtern. Wenn die Maschinen zu dieser Manipulation fähig sind, warum sollten sie zu einer anderen nicht fähig sein? Und was ist das Denken, worauf wir so stolz sind, anderes als eine Manipulation von Wörtern? Aufgabe der Übersetzungsmaschine ist, eine Information aus der »Logik« einer Sprache in die »Logik« einer anderen Sprache zu versetzen. Es ist durchaus vorstellbar, daß weitere Maschinen eines Tages mit Begriffen umgehen werden, und dies, wenn es zweckmäßig erscheint, nach anderen logischen Gesetzen als den uns vertrauten. Sowjetische Wissenschaftler haben sich zur Aufgabe gestellt, das dialektische Denken in Maschinen einzubauen, und sie hoffen, damit Erfolg zu haben.

Es gibt bereits einen Bereich, in dem die intellektuelle Arbeit der Maschinen unersetzlich ist, besser gesagt, den allein die Mitarbeit der denkenden Maschinen erschlossen hat: das Gebiet der wirtschaftlichen Organisation.

Große Industrie- und Handelsverbände, wie die weltumspannenden Unternehmen *Unilever, Standard Oil, General Motors, Panamerican Airways* usw., haben Organisationsaufgaben zu bewältigen, deren Voraussetzungen so zahlreich sind und so schnell wechseln, daß kein menschliches Gehirn in der Lage wäre, sie in der erforderlichen Zeit zu bearbeiten. Nur maschinelle Einrichtungen können täglich den Stand der Vorräte, die

Reservierungen von Flugplätzen, den Einsatz des Personals usw. im Auge behalten.

Einen noch höheren Grad der Verflechtung und Unüberschaubarkeit bietet die Volkswirtschaft. Indes ist hier das Problem noch ziemlich unbewältigt, und dies aus zwei Gründen:

1. Überall – selbst in den planwirtschaftlich gelenkten Staaten – fehlen genügend sichere und genügend aktuelle statistische Erhebungen über den Gang der Wirtschaft. Man müßte die Konjunktur von Tag zu Tag verfolgen können und nicht – wie jetzt – mit einem Verzug von Monaten oder Jahren.

2. Die öffentlichen und privaten Wirtschaftsexperten neigen dazu, wirtschaftliche Entscheidungen nach irrationalen Motiven zu empfehlen und durchzuführen. Intuition, Empirie und Mythos spielen noch immer eine entscheidende Rolle, und dies aus zwei Gründen: erstens, weil wenige rationale Mittel zur Verfügung stehen, zweitens, weil die Wirtschaftsführung immer noch eine politische Angelegenheit ist. Es wird aber sicherlich nicht so bleiben.

Die Regierungstechnik steht noch auf einer wahrhaft archaischen Entwicklungsstufe und besitzt (namentlich in der westlichen Welt) geradezu alchimistische Züge. Man ist in der Politik ungefähr dort angelangt, wo Paracelsus in der Chemie und Hippokrates in der Medizin standen.

Die Zeit läßt sich bereits vorhersehen, wo die Führung der menschlichen Gruppen (die Regierung der Menschen) auf rationalere Weise stattfinden wird. Das wird jedoch nur mit Hilfe von Maschinen möglich sein. Die Epoche der Staatsmaschinen ist in Sicht.

Wir wissen wohl, daß derartige Behauptungen äußerst negative Reaktionen hervorrufen: die einen glauben ihnen nicht, die anderen lehnen sie ab. Unseres Wissens ist das Problem der Staatsmaschine zum erstenmal in Europa gestellt worden, und zwar in einem Aufsatz des Dominikanerpaters Dubarle aus dem Jahre 1948. Dieser Essay wurde von Norbert Wiener, dem Vater der Kybernetik, in seinem Werk *Mensch und Menschenmaschine* wiederaufgenommen und auch von der sowjetischen Presse lebhaft diskutiert.

Für den Pater Dubarle hängt die Vorstellung einer Staatsmaschine eng mit der einer Weltregierung zusammen. Eine solche Maschine wäre nämlich vor allem ein Instrument der Voraussicht. Voraussicht wiederum ist um so schwieriger, je offener ein System ist, je mehr es den Einflüssen außerhalb liegender Systeme unterliegt. In einem früheren Kapitel haben wir schon gesagt, daß die Planwirtschaft des sowjetischen Systems nur in einem abgeriegelten Gebiet funktioniert. Es gibt aber auf der Erde kein gänzlich geschlossenes und damit vollkommen autarkes System – außer dem Erdball selbst.

Weltregierung, Regierung durch die Maschine – die Vorwegnahme des Künftigen hat für uns, die wir diese Art von Überlegungen noch kaum gewohnt sind, etwas Beunruhigendes, ja Bedrohliches. Vor etwas mehr als hundert Jahren, als die ersten Eisenbahnen gebaut wurden, wehrte man sich dagegen. Der Dichter Alfred de Vigny, der doch ein sehr fortschrittsfreudiger Geist war, lehnte heftig diese Art zu reisen ab, wo man, gezogen von einem apokalyptischen Monstrum aus Eisen und Feuer, in einer höllischen Rauchwolke so schnell dahinrase, daß man weder atmen noch die Landschaft sehen könne. Adolphe Thiers, der große französische Staatsmann, beruhigte damals seine Zeitgenossen, indem er versicherte, daß die Eisenbahn doch niemals große Bedeutung erlangen würde: man könne gar nicht genügend Eisen produzieren, um auch nur eine einzige Bahnlinie von Paris nach Moskau zu bauen. Nicht anders erregt heute die Vorstellung einer regierenden Maschine und einer planetarischen Bewirtschaftung Ungläubigkeit und Entsetzen. Man sieht darin eine Bedrohung für unsere grundlegende Mythologie, deren Götter »Freiheit«, »Geist«, »Individuum« heißen – unser Olymp ist in seinen Grundfesten erschüttert. Doch das bedeutet noch keineswegs, daß dergleichen unmöglich oder unwahrscheinlich sei. Das bedeutet nicht einmal, daß eine solche Zukunft keinen Fortschritt gegenüber der Gegenwart darstelle in dem Sinne, wie unsere Zivilisation einen Fortschritt gegenüber der Vergangenheit darstellt. Das möchte ich nicht unbedingt behaupten, aber es ist eine Tatsache, daß, Fortschritt oder nicht, die allerwenigsten Kulturen zum Leben ihrer Vorväter zurückkehren möchten. Übrigens ist es schon so weit, daß die Staatsmaschinen in Betrieb sind und unser Schicksal bestimmen, ohne daß wir es wahrnehmen. Sie entscheiden in jedem Augenblick über eine der uns am allernächsten betreffenden Fragen: nämlich, Krieg oder Frieden.

Mit Hilfe gewaltiger Elektronengehirne berechnen das Pentagon und die entsprechende sowjetische Instanz unaufhörlich die Aussichten eines Krieges. Beiderseits werden die Maschinen mit den neuesten Daten gefüttert über die Entwicklungsstufe der Waffentechnik, die Stärke der Rüstung, die strategische Situation, die Möglichkeiten, das gegnerische Vergeltungsarsenal zu zerstören, den Vorteil einer Initiative usw.

Da jede der beiden Mächte über die andere ziemlich genau informiert ist, sind diese Daten, also das von den Maschinen zu bearbeitende Material, auf beiden Seiten ungefähr gleich. Da die Maschinen weder kommunistisch noch kapitalistisch gesinnt sind, geben sie sehr objektive Resultate, und sehr wahrscheinlich dieselben auf beiden Seiten. Man könnte fast von einer weltweiten Internationalen der Maschinen sprechen, die sich von den politischen Zwistigkeiten der Erdbewohner nicht beeinflussen läßt und ihnen vorschreibt, was sie zu tun haben. Als Grenzfall braucht man keinen Krieg mehr zu führen, die Maschinen würden im voraus sagen, wer gewonnen hat, und es würde sich wirklich nicht lohnen, das Ergebnis durch ein praktisches Experiment entkräften zu wollen.

Gefährlich wäre es, die Maschinen zu belügen, d. h., sie mit unwahren Angaben zu füttern. In unserer paradoxen Zeit wird gewissermaßen der Friede dadurch garantiert, daß jeder der beiden Partner über den anderen genauestens unterrichtet ist. Es ist nicht ausgeschlossen, daß einige der Wissenschaftler, die von einem zum anderen Lager übergegangen sind, es nicht so sehr aus politischer Überzeugung getan haben als von der Überlegung getrieben, daß die einzige wirkliche Gefahr für den Frieden in der Unwissenheit des einen über den Stand der Rüstungen des anderen besteht.

Allerdings gilt dies nur so lange, als allein zwei Mächte über die Massenvernichtungsmittel verfügen. Was zwischen zwei Gegnern geschieht, kann mit menschlichen Kräften nicht kalkuliert werden, aber die Maschinen können es. Wenn aber drei oder mehr Mächte in Betracht kommen, wird das Kalkül so kompliziert, daß es selbst die Maschinen bis jetzt noch nicht bewältigen können. Hier liegt eigentlich das Problem einer eventuellen dritten atomaren Macht: sie würde die Berechnung des atomaren Patt durch die Maschinen praktisch unmöglich machen, und in der Ungewißheit liegt die eigentliche Gefahr.

Die Maschine sagt schon den Menschen, was sie zu tun haben, meinten wir vorhin. Diese Feststellung ist aber nicht ganz richtig. Eigentlich sagt die Maschine nur, was sie *nicht* tun sollen. Die Regierung durch die Maschine ist, wenigstens jetzt und auch noch in absehbarer Zeit, eine negative.

Wenn die Maschinen etwas für unmöglich erklären, dürfte niemand, ob Staatschef oder Leiter eines Unternehmens, die Verantwortung tragen wollen, ihr Urteil außer acht zu lassen. Wenn sie hingegen einen Angriffskrieg im Rahmen der ihnen angewiesenen Betrachtungsweise für rentabel erklärten, wäre es damit noch keineswegs ausgemacht, daß die Regierung, welche die Maschinen konsultiert, automatisch ihrer Ansicht folgt und angreift. Der Regierung bleibt es vorbehalten, jene Argumente zu berücksichtigen, welche sich der Beurteilung durch die Maschine entziehen: der Abscheu des eigenen Volkes vor einem bewaffneten Überfall, das Grauen der übrigen Menschheit vor den unermeßlichen Zerstörungen eines Krieges ... Eine negative Antwort der befragten Maschine ist zwingend; eine positive Antwort nur ein Element zu einer freien Entscheidung.

Wählen wir ein vergleichbares Beispiel aus dem Bereich der Wirtschaft. Wenn es darum geht, eine Ölleitung zu bauen, die Erdöl von den Häfen des Mittelmeers in das Rhein-Ruhr-Gebiet leiten soll, werden Elektronengehirne eingesetzt, um die Rentabilität der möglichen Linienführungen zu berechnen. Dabei werden die verschiedensten wirtschaftlichen Voraussetzungen in Betracht gezogen: die wechselnden Preisverhältnisse, die konkurrierenden Preise der Schiffsfracht, die Nähe aufnahmefähiger Märkte, Zollsätze, Steuerfragen usw. Die von der Maschine gelieferten Antworten sind insofern zwingend, als sie einige Lösungen als unrentabel ablehnen und andere als rentabel empfehlen. Niemandem würde es in den Sinn kommen, eine unrentable Lösung zu verteidigen; und es würde sich erst recht niemand finden, sie zu finanzieren. Andererseits aber genügt es noch nicht, daß eine Lösung rentabel erscheint, um sie zu verwirklichen. Eine gewisse Anzahl von Elementen kommt noch zur maschinellen Kalkulation hinzu: politische Erwägungen wie das Zusammenstoßen italienischer, schweizerischer, französischer und deutscher Interessen; finanzielle Erwägungen; das Eingreifen von *pressure-*

groups, wie etwa der Hersteller des Pipelinematerials oder auf der anderen Seite der Reeder, die um die Rentabilität ihrer Tankerflotten besorgt sind; strategische, demographische, soziologische Erwägungen wie der Wunsch nach Schaffung neuer Arbeitsplätze durch den Bau von Raffinerien usw. Freilich trifft diese Feststellung nur auf den gegenwärtigen Stand der Dinge zu, wo die Zahl der menschlichen Fragen und Probleme, welche einer maschinellen Analyse unterworfen werden, noch sehr klein ist. Je mehr und je größere Probleme (oder richtiger: ein je größerer Teil der Totalität der Menschheitsprobleme, denn es geht weniger um die reine Anzahl der Probleme als um ihr proportionales Verhältnis zur Gesamtheit der Fragen) der »Staatsmaschine« zur Beurteilung vorgelegt werden, desto unbedeutender wird die Unterscheidung zwischen negativen und positiven Vorschriften. Wenn die Gesamtheit der chiffrierbaren Probleme von der Maschine verarbeitet werden könnte und ihr auch tatsächlich vorgelegt würde, erhielten damit logischerweise alle ihre Aussagen den Charakter praktisch zwingender Entscheidungen. Doch damit greifen wir bereits weiter in die Zukunft aus, als es für unsere gegenwärtigen Überlegungen von Nutzen wäre.

Das Ewig-Weibliche

Was hatte Goethe im Sinn, als er seinen *Faust* mit den Worten abschloß: »das Ewig-Weibliche zieht uns hinan«? Im Grunde kommt es weniger auf das an, was er sagen wollte, als auf das, was er gesagt hat, und hiermit auf die Nutzanwendung, die wir daraus zu ziehen haben. Heute, unter den biologischen und soziologischen Verhältnissen unseres Zeitalters, gewinnen die Schlußworte des *Faust* (der Ehrenplatz als letzter Ausspruch mag davon zeugen, wie sehr diese Worte dem Dichter am Herzen lagen) eine neue, zumindest aber eine erneuerte Bedeutung. Eine biologische Interpretation ist keine Verfälschung, denn Goethe war vor allem Biologe – und obendrein Dichter.

Die Grundlage des Lebendigen ist das weibliche Lebewesen; das männliche ist ihm gegenüber gleichsam nur Zutat. Biologisch gesehen, ist das Weibliche der Stoff, das Dauernde, das Beständige des Lebens; das Männliche ist ein Akzidenz, ein Außenstehendes, ein nicht unentbehrlicher Trick zur Fortpflanzung. Das Weibliche ist die Natur, das Männliche die Geschichte.

Die Zivilisationen der abendländischen Völkergruppen, die »historischen« Kulturen, sind auf eine einstweilige Überschätzung, und wenn man es lieber hört, auf eine vorübergehende Steigerung des Männlichen gegründet. Diese Steigerung oder Überschätzung ist mit ganz bestimmten Formen der Zivilisation verbunden; sie kann, sie müßte sogar normalerweise mit ihnen zusammen verschwinden. Das »Ende der Geschichte«, d. h. der historischen Phase der menschlichen Entwicklung, kann und muß normalerweise mit einem Wandel in der Bewertung des Männlichen und des Weiblichen zusammenfallen, durch den das Weibliche seinen natürlichen biologischen Vorrang wieder erhielte. Die »historischen« Zivilisationen, welche auf eine Umkehrung der biologischen Polarität »weiblich-männlich« gegründet sind, werden einmal als eine Übergangsphase, eine Zeit beschleunigter Entwicklung und biologischer Explosion – als Mutationsperiode – betrachtet werden müssen. In ihnen haben wir den Übergang von der animalischen zur mechanischen Systematik zu sehen, zur vierten Etage jener

Pyramide, deren drei untere Abteilungen das Mineralreich, das Pflanzenreich und das Tierreich sind. Das Pflanzenreich assimiliert direkt die mineralischen Stoffe; das Tier assimiliert die Pflanze; und das mechanische System verkörpert eine neue Assimilationsweise und eine neue Organisationsform des Minerals, der Pflanze und des Tiers.

Das männliche Element spielt bei der Schaffung dieses vierten Lebenssystems eine ausgezeichnete, wenn nicht überhaupt die entscheidende Rolle. Es ist durchaus möglich, daß nach Erfüllung dieser Aufgabe das Männliche seine überragende Bedeutung wieder verliert, daß es seinen Vorrang einbüßt und die ihm von Natur aus zukommende zweite Stelle wieder einnimmt – daß es hinter das Weibliche zurücktritt.

Das Weibliche wird freilich, indem es seinen ursprünglichen biologisch überlegenen Rang wiederempfängt, ebenfalls eine Wandlung durchmachen. Die Steigerung des Männlich-Menschlichen in der »historischen« Periode hatte, als Rückwirkung, vorübergehend auch eine Veränderung des Weiblich-Menschlichen herbeigeführt. Das »historische Weibliche« ist nicht vollkommen identisch mit dem Ewig-Weiblichen. Es ist eine vorübergehende Variation, die auf einer Reaktion gegen die zeitweilige Steigerung des Männlichen beruht: eine Steigerung des Anti-Männlichen im Weiblichen. Daher kommt es, daß unser Begriff der »Frau« zwar historisch und soziologisch fundiert sein mag und für unsere Kulturen zutrifft, zugleich aber biologisch unzutreffend ist; wir haben ihn zu vergessen, wenn wir versuchen wollen, uns den weiteren Gang der Dinge vorzustellen. Darum soll hier fortan »*die Frau*» das historische Wesen des Weiblichen bezeichnen, während »*das Weibliche*« für die ganze Fülle der biologischen Erscheinungen stehen mag.

Die geschichtliche Phase der menschlichen Entwicklung ist vom Männlichen geprägt, mit seinem erfinderischen und unternehmenden Charakter, seinem Unbefriedigtsein, seinen aggressiven, kriegerischen und zerstörerischen Zügen, seinem abenteuerlichen und tragischen Verhältnis zum Leben, seinem bewußten und reflektierenden Wesen.

Ein bezeichnender Umstand: Unser Gott ist ein männliches Wesen. Die Sprachen unseres Kulturkreises nennen ihn den »Herrn«. Es war nicht immer so – in den archaischen Kulturen haben die weiblichen Gottheiten die bevorzugte Stellung; mit dem Heraufkommen der historischen Kulturen treten sie zurück.

Goethe scheint im zweiten Teil seines *Faust* gerade jener archaischen Ahnung eines Ur-Weiblichen zu folgen, wenn Faust von Mephisto das Unmögliche verlangt und dieser ihn zu den »Müttern« sendet, deren heiligen Namen er selbst nur mit Schrecken ausspricht: zu jenen abgründigen Wesen jenseits von Raum und Zeit, jenseits der Welt des Wissens und der Formen, wie in ein Reich unter den Wurzeln der Schöpfung, im Innersten des namenlosen, vordimensionalen Seins.

Die älteste plastische Darstellung der menschlichen Gestalt, die Venus von Lespugue, welche vor dreißig Jahrtausenden entstand, zeigt den Körper einer Frau – richtiger: stellt die Weiblichkeit selbst in ihren wesentlichen Attributen dar. Sofern sich das Geschlecht der auf den Höhlenwänden wiedergegebenen Tiere feststellen läßt, handelt es sich um weibliche, häufig sogar um trächtige Tiere. Die Macht *par excellence,* welche die Jägervölker beschworen, war die Fruchtbarkeit.

Die geniale Tat der römisch-katholischen Kirche war die Wiedereinführung des Kultes des Weiblichen in den jüdischen Mythos. Durch die Einführung des Kultes der Jungfrau und Mutter Maria, durch die Verbindung des *Ave Maria* mit dem *Pater noster* schlug der Katholizismus die Brücke zu den im Volk noch lange Jahrhunderte lebendigen vorchristlichen Religionen, zu den archaischen Kulturen des Weiblichen.

Die »historische Überschätzung« des Männlichen tritt ebenfalls darin zutage, daß wir ohne Bedenken bei den Tieren das männliche Exemplar als den Typus der Art betrachten. Wir sagen: *der* Löwe, *der* Hund, *der* Vogel. Für diese Überschätzung lassen sich drei Gründe angeben. Das männliche Exemplar ist gewöhnlich bunter, fällt mehr ins Auge; es ist kräftiger und größer, es ist eher als das weibliche, das für die Fortpflanzung geschont werden muß, Gegenstand der Jagd. Mit dem Übergang von der Jäger- zur Hirtenkultur überwiegt bei der Benennung der Haustiere das Weibliche: *die* Kuh, *die* Ziege, *die* Gans. Als ich vor nun dreißig Jahren in meinem Pyrenäendorf ankam, konnte ich mich den Bauern nicht verständlich machen; wenn ich von ihren Pferden und Rindern sprach, die ich auf den Weiden gesehen hatte, sahen sie mich ganz verständnislos an: »Wir haben keine Pferde, wir haben keine Rinder.« Sie hatten nämlich nur Stuten und Kühe, und die Wörter »Pferd« und »Rind« waren ihnen so fremd, als stammten sie aus einer anderen Sprache.

Das charakteristische Exemplar einer Tierart ist eigentlich eher das Weibchen als das Männchen. So ist der »Löwe«, der in unserer Vorstellung und Tradition einen so hohen symbolischen Wert besitzt, eigentlich die Löwin. Sie ist, wie mich die afrikanischen Hirten belehrt haben, der Familienchef, sie sorgt für die Ihren, sie geht auf die Jagd, und sie ist unter Umständen gefährlich. Der Löwe indessen ist ein ruhiger, vornehmer Herr, der es sich wohl sein läßt, ohne Bosheit und Hinterlist, der den Umgang mit den Menschen nicht verachtet. Der männliche Löwe, vergleichbar einem konstitutionellen Souverän, »herrscht, aber regiert nicht«.

In der Welt des Menschen hat sehr wahrscheinlich die Vorherrschaft des Mannes erst mit der geschichtlichen Epoche begonnen. Noch zu ihren Anfängen lassen sich zahlreiche Spuren eines älteren archaischen Matriarchats erkennen. Die These Bachofens, mag sie auch manche Berichtigungen erfahren haben, hat zumindest das Verdienst gehabt, unsere Aufmerksamkeit auf die Tatsache zu lenken, daß die patriarchalischen Kulturen relativ jung sind und in matriarchalischem Grunde wurzeln.

Die Mutterschaft ist eine fundamentale biologische Tatsache, die Vaterschaft ein sekundärer sozialer Umstand. Es ist durchaus normal, daß sich die menschliche Gruppe, wie es bei den Tieren der Fall ist, zunächst im Hinblick auf die Mutterschaft organisiert hat. In zahlreichen Gesellschaften, deren Lebensform wir archaisch nennen – und sogar in der unseren –, lassen sich die Spuren und Überreste eines urwüchsigen Matriarchats erkennen; so bei manchen Negerstämmen, bei den Tuareg der Sahara und vielleicht bei den Zigeunern. Diese Spuren bleiben freilich dem flüchtigen Blick meistens verborgen, da die Frau den Mann im Vordergrund der Szene agieren läßt – wieder nach dem Grundsatz: »Der Mann herrscht, aber regiert nicht.«

Die Organisation der Insektenvölker ist auf eindeutig weiblicher Basis errichtet; einer Weiblichkeit, die uns allerdings unweiblich vorkommt, da sie nicht durch den ständigen Gegensatz zu einem männlichen Element gesteigert ist. Das Zentrum, die ruhende und ordnende Mitte im Bienenstock, im Termitenhügel, im Ameisenhaufen ist die »Königin«, die Eierlegerin. In ihr, in ihrer Fruchtbarkeit ist die Lebenskraft der Gemeinschaft verkörpert und zusammengefaßt. Ein Termitenvolk, das keine Königin mehr hat, muß sterben.

Wenn der Bienenkönigin ein Unfall zustößt, wird jede andere Tätigkeit im Bienenstock der »Herstellung« einer neuen Königin unterworfen, um die Nachfolge zu sichern. Die Arbeiterinnen geben einigen Larven eine Spezialbehandlung, um in ihnen die Kraft der Fruchbarkeit zu entwickeln, welche das Dasein, den Fortbestand des Volkes sichern wird.

Auch die Arbeiterinnen sind Weibchen, zwar steril, doch unbestreitbar weiblich. Das Männchen, die Drohne, spielt nur eine kurze Rolle. Wenn man von der Aufgabe der Befruchtung absieht, ist es völlig unnütz und wird aus dem Stock verjagt oder getötet, sobald es seine Bestimmung erfüllt hat. Im täglichen Leben des Bienenvolkes ist das Männchen ein überflüssiger Luxus, unvereinbar mit einer strikten Ökonomie.

Die Parthenogenese, die Befruchtung des weiblichen Eies ohne männliche Spermien, ist heute in den Laboratorien der Biologen ein banales Experiment. Ursprünglich waren es noch verhältnismäßig einfache Lebewesen, Seeigel zum Beispiel, deren Eier durch die Behandlung mit chemischen Wirkstoffen befruchtet werden konnten. Doch die Versuche haben auch vor höher organisierten Lebewesen nicht haltgemacht, und es sind bereits Hasen – oder vielmehr Häsinnen – auf dem Wege der Parthenogenese erzeugt worden. Es gibt keinen Grund, warum diese Versuche nicht auch beim menschlichen Ei unternommen und erfolgreich durchgeführt werden sollten. Alles, was möglich ist, wird eines Tages getan, wie viele moralische Bedenken man auch immer gegen diese Art von Experimenten vorbringen mag.

Englische Wissenschaftler haben sogar die Vermutung geäußert, daß es eine spontane Parthenogenese gäbe, und vor einigen Jahren wurde eine umfassende Untersuchung eingeleitet, um darüber Gewißheit zu erlangen. Die Ergebnisse der Befragung waren unseres Wissens nicht unbedingt zwingend – weder im einen noch im anderen Sinne. Auf Hunderte gemeldeter und sorgfältig untersuchter Fälle von angeblich spontaner

Schwangerschaft entfielen immerhin einige, die recht verwirrend blieben.

Jedenfalls läßt sich heute bereits die Möglichkeit einer Gattung denken, in der das Männchen keine Rolle mehr spielt oder gar völlig fehlt. Der Gedanke liegt um so näher, als die durch Parthenogenese befruchteten Tiere nur weibliche Junge zur Welt bringen.

»Der Mann ist das Fremde, die Frau das Einheimische auf Erden . . . Sie ist die Fortsetzung der Erde«, lautet eine großartige, intuitive Erkenntnis des Romantikers Johann Wilhelm Ritter. Die Frau ist »bei sich« auf dieser Erde, deren Ausdruck, deren biologische Fortsetzung sie ist. Sie stammt in gerader Linie von der Erde, von der »Mutter Erde« *(Ge-meter)* der Griechen. Sie ist darum für Ritter das schlechthin »gute« Wesen, während das »Böse« (die Möglichkeit des Bösen) als die reine biologische Gegensätzlichkeit, als das Anti-Organische, mit dem Männlichen verbunden ist. Der Mann (das männliche Lebewesen), der aus dem biologischen Zyklus gleichsam herausgeschleudert wird, sucht und findet die Wiedervereinigung mit dem Lebendigen in der Liebe zur Frau, der Verkörperung des Lebens und der Erde.

Es war keine geringe Leistung der historischen Zivilisation, die Frauen zu überzeugen, daß Adam zuerst geschaffen worden war und Eva aus seiner Rippe stammt. Paulus mußte ausdrücklich an die Korinther schreiben: »Der Mann ist nicht vom Weibe, sondern das Weib ist vom Manne« und »Der Mann ist nicht geschaffen um des Weibes willen, sondern das Weib um des Mannes willen« (I. Korinth. II, 8, 9).

Soziologisch gesehen, bilden die Frauen den eigentlichen Stoff der Gesellschaften, selbst in den Kulturen, die wir die historischen nennen. Die Geschichte, wie sie uns die Historiker erzählen, räumt den Frauen wenig Platz ein. Über 90 Prozent der Namen, die von Historikern genannt werden, sind Namen von Männern. Männer machen Geschichte – aber Frauen bilden die Menschheit. Fürsten, Kriegsherren, Staaten-, Städtegründer, Gestalten von Kunst und Schicksal, Denker, Entdecker, Erfinder – nur Namen von Männern; aber was die Menschheit zu dem gemacht hat, was sie ist, sind die Frauen, welche die Geschichte nicht erwähnt.

Es ist übrigens ein Kennzeichen des historischen Wissens,

daß es von allem Geschehenen nur »das Ereignis« behält; das Ereignis, d. h., was eigenartig ist und gegen die Banalität des Alltags absticht. Das Ereignis ist schon an sich das Abnormale. Das Normale ist, vom historischen Standpunkt aus gesehen, uninteressant. Also gehört die ereignislose Welt des Weiblichen nicht zum Historischen. Der halbwegs kultivierte Europäer muß seine humanistische und historische Kultur überwinden und z. B. mit dem Problem der Entwicklungsvölker konfrontiert werden, um eines Besseren belehrt zu werden. So lernt er z. B. aus Erfahrung, daß ein soziologisches Grundgesetz – wenn man in der Soziologie überhaupt von Gesetzen sprechen kann – folgendermaßen lautet: *»Das Entwicklungstempo einer Menschengruppe ist durch das Entwicklungstempo seines weiblichen Elements bedingt.«* Mit anderen Worten: wenn in einer bestimmten Gruppe eines afrikanischen Entwicklungslandes sich das weibliche Element schnell entwickelt, dann wird sich das ganze Volk schnell entwickeln. Wenn es sich langsam entwickelt oder gar stehenbleibt, ist es ausgeschlossen, daß die Volksgemeinschaft irgendeinen dauerhaften Fortschritt macht. Dies liegt auf der Hand bei den sogenannten Entwicklungsvölkern; das Gesetz gilt aber ebenso für unsere Zivilisation.

Aus diesem Grunde ist der Unterricht der Mädchen, auf lange Sicht, von viel größerer Bedeutung als der Unterricht der Jungen, obwohl die direkten Ergebnisse nicht so augenfällig sind. In einem Volk, das z. B. 92 Prozent Analphabeten zählt, ist es verhältnismäßig leicht, durch den Unterricht der Jungen innerhalb von zehn Jahren eine Generation von Schullehrern, Beamten, Ärzten, Abgeordneten, Ministern und Diplomaten zu züchten – was bei der UNO als Erfolg gewertet wird. Wenn dies aber auf Kosten des Unterrichts der Mädchen geschehen ist, hat ein solcher Erfolg wenig Zukunft. Bei jeder Generation muß man wieder von vorne anfangen. Was aber für den Unterricht der Mädchen getan wird, ist endgültig gewonnen. Es kommt sehr selten vor, daß die Kinder einer Frau, die selbst liest und schreibt, Analphabeten sind. Der den Mädchen erteilte Unterricht wird in den biologischen Bestand ein für allemal integriert.

Der den Jungen erteilte Unterricht ist wie der Kalkanstrich auf einer Mauer, der dauernd erneuert werden muß. Die Kultur der Frauen färbt die Masse des Menschenmaterials. Dazu kommt noch, daß der Bürger eines Entwicklungslandes, wenn er ein gewisses Kulturniveau erreicht hat, nicht gern zu Hause bleibt. Die Frau dagegen bleibt daheim und gibt die von ihr erworbene Kultur an ihre Kinder weiter. In diesem Fall entwickelt sich die soziologische Gruppe als Ganzes. Es ist nicht zuviel gesagt, daß die eigentlichen Träger einer Kultur nicht die Namhaften sind, sondern die Namenlosen, die Frauen.

Dieses soziologische Gesetz ist die große »Herausforderung« an die islamischen Kulturen; die Klippe, an der sie zu scheitern drohen. Nichts wird interessanter sein, als zu beobachten, was in den nächsten zehn Jahren aus den Frauen Nordafrikas wird.

In den Hochkulturen ist dieses Gesetz ebenfalls ausnahmslos gültig. Was man die Sitten eines Volkes nennt, bestimmen seine Frauen. Unter den Wandlungen eines Volkes sind die einzig tiefgreifenden jene, die das weibliche Element betreffen; die Wandlungen, die seine Bildung, seine Freiheit und seine Selbständigkeit, seine wirtschaftliche, moralische, sexuelle, intellektuelle Unabhängigkeit, seine Arbeitsbedingungen, seine Möglichkeiten der Geburtenkontrolle betreffen.

Und dazu kommt noch das Wichtigste, nämlich die jeweilige Änderung der Vorstellung, die die Frauen von sich selbst haben. Keine Änderung in einem Menschen hat so tiefgreifende Folgen wie die Änderung in der Vorstellung, die er sich von sich selbst macht. Kriege, Verträge, Konferenzen, Grundgesetze, Wahlen, wirtschaftspolitische Theorien beeinflussen das Schicksal eines Volkes nicht so sehr wie die Frauenzeitschriften. Der Solon unserer Zeit heißt *Jasmin*. Wenn man vor dem demographischen Anwachsen der Menschheit erschrickt und sich fragt, wann und in welcher Höhe diese Flut haltmachen wird, so muß man immer bedenken, daß die Antwort einzig bei den Frauen liegt, denn die biologische Stabilität eines Volkes hängt vom weiblichen Element ab.

Die Umwertung der biologischen Werte, die den historischen Kulturen eigen ist, hat eine merkwürdige Folge, nämlich die Umkehrung der sexuellen Bewertung. Anormalerweise wird in unserer Zivilisation das Weibliche als der sexuell attraktive Teil betrachtet. »Sex« schlechthin, das sind »die Weiber«. Bei den Tieren und bei den meisten archaischen Kulturen ist »Sex« schlechthin das Männliche. Man hat vergessen, wie sehr der phallische Kult in den prähistorischen Kulturen verbreitet war.

In der männlichen, proto-historischen und historischen Zivilisation ist die Frau jahrtausendelang als unmündig betrachtet worden. Es war lange umstritten, ob die Frau eine unsterbliche Seele habe. Die Frau gehörte ins Bett und in die Küche. Eine unverheiratete Frau war ein unvollkommenes Wesen – ein trauriger Fall.

Die beiden Weltkriege haben angefangen, diese Sachlage zu ändern. Um die Zahlen im Frankreich von 1960 anzugeben (in Deutschland sind die Proportionen nicht sehr verschieden), besteht die französische erwachsene Bevölkerung aus 14 Millionen Männern und 16 Millionen Frauen. Von diesen 16 Millionen sind 9 Millionen Verheiratete, 7 Millionen Unverheiratete. Davon 300 000 geschieden, 3 Millionen Witwen, aber es gibt kaum 800 000 Witwer; die alleinstehenden Frauen sind fast so zahlreich wie die verheirateten, also keine Ausnahme mehr. Da die meisten dieser alleinstehenden Frauen ihren Lebensunterhalt selbst verdienen müssen, spielen sie eine entscheidende Rolle auf dem Arbeitsmarkt. Von den 1 250 000 Mädchen zwischen 15 und 20 Jahren sind 43 Prozent berufstätig. Im Alter von 21 Jahren haben 27 500 Frauen ihren eigenen Betrieb, was im selben Alter nur für 4 800 Männer der Fall ist. Mit 24 Jahren sind 180 000 Frauen gegen nur 84 000 Männer Betriebsleiter. In Frankreich sind 648 000 Frauen Büroangestellte gegenüber 487 000 Männern.

Erst seit 15 Jahren kann in Frankreich eine Frau auch Richter werden. Schon im Jahre 1960 gab es unter 3 700 Richtern 150 Frauen, aber unter den Bewerbern für das Richteramt ist die Zahl der Frauen größer als die der Männer. Wenn es so weitergeht und wenn keine Maßnahmen getroffen werden, wie z. B. ein *Numerus clausus,* so kann man damit rechnen, daß innerhalb von 20 bis 30 Jahren fast alle Richterstellen Frankreichs von Frauen besetzt sein werden.

Bei den Pharmazeuten gibt es fünf Frauen auf drei Männer, in den philosophischen Fakultäten viel weniger Studenten als Studentinnen. In zehn Jahren wird der größte Teil des Unterrichts, selbst in Knabenschulen, von Lehrerinnen gegeben. In Paris gibt es 100 weibliche Taxichauffeure.

Andere Anzeichen des Anwachsens der weiblichen Beteiligung am öffentlichen Leben kann man nicht so leicht mit Zahlen belegen, aber es steht fest, daß die Frauen mehr lesen als die Männer; sie kaufen zweimal mehr Bücher und besuchen doppelt so oft die Bibliotheken.

Das Wichtigste: sie sind es, die das Geld ausgeben; ihr eigenes oder das des Ehemannes. Über 85 Prozent von allem, was verkauft wird, wird an Frauen verkauft. Neun Zehntel des Nationaleinkommens gehen durch ihre Hände. Es ist also selbstverständlich, daß auch die Werbung auf sie abgezielt ist. Wenn man bedenkt, daß die Werbung einen dauernden Druck auf die Psyche eines Volkes ausübt und über ungeheure Mittel verfügt, daß sie ganz besonders auf die Lebensauffassung jedes einzelnen wirkt, wird klar, daß in unserer westlichen Zivilisation das weibliche Element sich im Aufbruch befindet.

Dies bedeutet aber, daß die Frauen eine ganz neue Vorstellung des Weiblichen gewinnen, die sie früher oder später bei den Männern durchsetzen werden.

Jugend

In jeder menschlichen Gruppe gibt es ein für diese Gruppe charakteristisches Gleichgewicht der Generationen. Dabei handelt es sich einmal um die rein zahlenmäßige Gliederung, zum anderen um das Verhältnis zwischen dem jeweiligen sozialen Gewicht der Generationen. Um eine vollständige Charakterisierung der Gruppe abgeben zu können, müßte man allerdings nicht nur die lebenden, sondern auch die verstorbenen und die kommenden Generationen in Betracht ziehen.

Soziologen und Demographen sehen in der proportionalen Zusammensetzung aus »Alten« und »Jungen« einen meßbaren Ausdruck für die Dynamik der Gruppe.

So ist zum Beispiel in Nordafrika oder in China mehr als die Hälfte der Bevölkerung unter zwanzig Jahre, während im Westen (in Europa und in den Vereinigten Staaten) der Anteil dieser Altersklasse an der Gesamtbevölkerung eindeutig geringer ist. Im Gegensatz zu den sogenannten »alten« Völkern ist bei den »jungen« die Fortpflanzungsrate höher und die Grenze der durchschnittlichen Lebenserwartung niedriger. Doch das soziologische Problem ist viel nuancierter und komplexer. Denn nicht nur die Zahl der Individuen einer bestimmten Altersklasse ist von Bedeutung, sondern auch der Platz, den diese Jahrgänge in der Gemeinschaft einnehmen, ihr »gesellschaftliches Gewicht«. Uns soll hier nur diese Seite des Problems interessieren, und wir beschränken uns auf die Frage nach dem Platz der Jugend in der Gesellschaft unserer Zeit.

Zunächst ist jedoch zu klären, was wir unter dem Begriff »Jugend« und »Erwachsensein« zu verstehen haben. »Jugend« ist die Daseinsperiode, die mit der Pubertät anfängt. Die Pubertät ist eindeutig feststellbar. Wo hört aber die Jugend auf? Die Anzeichen für die soziale Reife sind bei weitem nicht so klar erkennbar wie die der geschlechtlichen. Ihre Kennzeichen sind nicht physischer, sondern sozialer (Eintritt in Beruf und Ehe) und psychischer Natur: die Bereitschaft zur Einordnung in ein soziales System, die Bereitschaft zur Wahl, zum Verzicht auf die unbestimmte Unendlichkeit der Möglichkeiten, die Annahme einer »Persona«. Die soziale Reife bedeutet einen tiefen Einschnitt in die innere Entwicklung des Menschen, der häufig genug von äußeren Umständen verdeckt oder im Gegenteil nur vorgespielt wird. Der Augenblick der Berufswahl, der Eheschließung entspricht nicht unbedingt für jedes Individuum dem Stand des charakterlichen Reifungsprozesses, dessen Verlauf zudem von einem Individuum zum anderen sehr verschieden ist. Normalerweise vollzieht sich der Übergang zur Daseinsform des Erwachsenen irgendwann zwischen dem zwanzigsten und fünfunddreißigsten Lebensjahr. Die künstlerischen Temperamente bewahren sogar ihr jugendliches Wesen bis ins höchste Alter. Der männliche Reifungsprozeß läßt sich überdies nicht mit dem der Frau vergleichen, bei der das »Ereignis« der Mutterschaft eine entscheidende (hormonale) Rolle spielt. Hormonale Vorgänge sind sicherlich auch für den Reifungsprozeß des jungen Mannes verantwortlich, aber das Phänomen ist bis jetzt noch ziemlich unerforscht. Da einerseits äußere, physiologische Merkmale für den Übergang zur Reife fehlen, andererseits das Alter des Übergangs variiert, ist es schwer möglich, für das »Jugendalter« des Mannes eine obere Grenze festzusetzen.

In den Stadtstaaten und Stammesverbänden der klassischen Antike und bei den germanischen Völkern des Nordens gab es eine Einrichtung, die das Gleichgewicht der Alterspyramide kontrollierte und sicherte: den »*ver sacrum*« oder »Heiligen Frühling«. Wenn die Zahl der Jugendlichen zu einer Bedrohung des gesellschaftlichen Gleichgewichts wurde, weihte man eine ganze Generation junger Leute den Göttern und schickte sie in ferne, unbewohnte Länder, wo sie ihre überschüssige Kraft zur Gründung einer Kolonie, eines Tochterstaates einsetzen konnten. Ein vergleichbares, diesmal jedoch spontanes Phänomen hat im 19. Jahrhundert die Bevölkerung Westeuropas in Bewegung gesetzt, als Millionen junger Leute – Iren, Sachsen, Neapolitaner, Basken, Korsen – auswanderten, um den amerikanischen Kontinent zu besiedeln. Es ist eine »List der Natur«, sich der Unruhe und Abenteuerlust der Jugend zu bedienen, um die Verbreitung der Art zu sichern. Das Kind ist ein Nesthüter, es bedarf der Geborgenheit der Familie, es braucht den Schutz des Vaterhauses. Mit der Pubertät entsteht beim Jugendlichen ein Hang zur Nestflucht, ein Fernweh, das vom lebhaftesten Abscheu vor dem »Nestgeruch« begleitet ist.

Wie jene Pflanzen, die ihre geflügelten Samen dem Wind überlassen, hat während dreier Jahrhunderte die weiße Rasse ihren demographischen Überschuß auf der Erde ausgestreut und Wurzel schlagen lassen. Doch die Welt ist kleiner geworden, und der weißen Rasse stehen nur noch vier Ausweichrichtungen offen, wohin sie den Hauptstrom ihres Bevölkerungsüberschusses lenken kann: Sibirien, Kanada, Australien und Argentinien. Auf welche Weise wird sich künftig bei der europäischen Jugend der Drang zur Nestflucht äußern? Welcher Weg wird sich dem Fernweh und der Abenteuerlust zeigen? Das Deutschland der ersten Hälfte des 20. Jahrhunderts hat ein Beispiel dafür geboten, welche Gärungen und Explosionen das Fehlen der Überdruckventile, welche bisher in Form von Kolonien zur Verfügung standen, hervorrufen kann. Der »soziale Druck« der jugendlichen Altersklassen hängt vor allem von ihrer relativen Stärke innerhalb des Ganzen der Gruppe ab. Das Verhältnis kann eine gerichtete, längere Zeit gleichmäßig fortschreitende Veränderung erfahren. Eine solche Entwicklung, die nicht ohne schwerwiegende Folgen bleiben wird, läßt sich gegenwärtig in der westlichen Welt beobachten.

Treibender Faktor dieser Entwicklung ist die Zunahme der durchschnittlichen Lebenserwartung des Menschen. Ihre Einwirkung ist jedoch weder einfach noch eindeutig. Das mittlere Alter der Individuen nimmt unaufhörlich zu, und der relative Druck der jugendlichen Altersklasse nimmt in gleichem Maße ab. Mit dieser Erscheinung ist eine Sklerose der Gesellschaftsstrukturen verbunden, eine ständige Verminderung ihrer Anpassungsfähigkeit und die Tendenz, jede dynamische Initiative abzuschnüren. Revolutionen werden ausschließlich von jungen Leuten gemacht – zumindest von jugendlichen Geistern. Reife Männer zetteln keine Revolutionen mehr an; sie haben es aufgegeben, die Ordnung der Welt zu ändern, und haben kaum einen anderen Gedanken, als sich ihr für die Zeit, die sie noch leben, so gut es geht anzupassen.

Die Verringerung der Kindersterblichkeit, welche die Zahl derer zunehmen läßt, die noch nicht das Jünglingsalter erreicht haben, verstärkt zunächst während einiger Jahre diese Entwicklung, indem sie die relative Anzahl der Jugendlichen (im Sinne unserer Definition) verkleinert und die Verantwortung der Erwachsenen, namentlich der Familienväter, zunehmen läßt. Doch in einigen Jahren bereits, sobald die Kinder dieser Generation das Pubertätsalter erreicht haben, kehrt sich das Verhältnis um. Allerdings genügt es, einige Jahre zu warten, um diese zahlenmäßig starken Altersklassen wiederum die Reihen der Erwachsenen vermehren zu sehen. Das Phänomen würde damit sich selbst aufheben und nach einer Serie von Umkehrungen auf ein einfaches Wachstum der Gesamtbevölkerung hinauslaufen, ohne daß sich letztlich dauernde Verschiebungen in der proportionalen Struktur der Altersklassen ergeben hätten. Aber selbst vorübergehende Verschiebungen, wenn sie zu besonders entscheidenden Zeitpunkten eintreten, können eine nachhaltige, ja dauernde Wirkung haben.

Soviel ist jedenfalls deutlich geworden: die demographische Expansion führt im Innern der Alterspyramide zu einer fortwährenden Umgruppierung der Altersklassen, zu einer ständigen Änderung des Proportionsverhältnisses von Jugendlichen und Erwachsenen. Das Anwachsen pflanzt sich fort wie das Hochwasser der großen afrikanischen Flüsse Nil und Niger, die mehrere Monate brauchen, um ihre Flutwelle aus dem Quellbereich bis ins Meer zu leiten. Doch das demographische Phänomen ist komplexer, weil unter Umständen schon der Bruch des Gleichgewichtes zwischen den Altersklassen genügt, um Regulierungsmechanismen wie Auswanderung, Krieg und Geburtenrückgang in Bewegung zu setzen. Nun hat sich aber schon gezeigt, daß die beiden ersten Regulierungsmechanismen, der Krieg und die Auswanderung, fortan in großem Maßstab ausfallen müssen. Es liegt auf der Hand, daß die Blockierung der beiden bisher üblichen Regulierungsmechanismen andere Vorgänge auslösen wird, die zwar schwer vorherzusehen sind, über die man aber rechtzeitig nachdenken sollte.

Für die Veränderung des zahlenmäßigen Verhältnisses von »Jugend« und »Alter« in einer bestimmten Bevölkerung kann auch eine andere Ursache verantwortlich sein, die gegenwärtig vor allem in den westlichen Ländern eine Rolle spielt: die Verschiebung der Pubertät und des Eintritts der sozialen Reife. Die untere Grenze jenes Altersabschnitts, den wir mit der Pubertät beginnen ließen, ist – vor allem bei den Mädchen – mit einiger Genauigkeit datierbar. Nun stellt man seit etwa dreißig Jahren fest, daß diese Altersgrenze von einer Generation zur anderen regelmäßig um ungefähr ein Jahr absinkt; in jüngster Zeit scheint sich dieser Prozeß sogar noch beschleunigt zu haben.

Die soziale Reife, welche die obere Grenze des Jugendalters bezeichnet, ist schwerer zu erkennen; aber es läßt sich eine allgemeine Tendenz zur Verlängerung der Schulzeit und Studiendauer nicht übersehen. Die Neigung zur Vorverlegung des Eheschließungstermins ist zwar unverkennbar, doch nur sehr schwer zu deuten, weil die Ehe heute nicht mehr das ist, was sie vor fünfzig Jahren war: eine für das Leben eingegangene Verpflichtung. Viele junge Paare verbringen heute im Grunde eine »Jugend zu zweit«, ein Vorgang, der sich kaum mit dem vergleichen läßt, was man einst »eine Familie gründen« nannte. Die Kinder werden den Großeltern anvertraut, die länger leben und länger jugendlich bleiben als früher. In der Eheschließung haben wir höchstens einen Faktor der Reifung, keinesfalls aber ein Zeichen der Reife zu sehen. Die Lebensperiode, welche sich als Jünglingsalter von der Kindheit unterscheiden läßt, beginnt heute früher und endet später als vor dreißig oder fünfzig Jahren.

Nehmen wir an, daß in unseren westlichen Gesellschaften vor ungefähr einem halben Jahrhundert die Jünglingszeit bei einem durchschnittlichen Alter von fünfzehn Jahren begann und mit zwanzig endete, dann umfaßte sie fünf Jahrgänge zur gleichen Zeit. Wenn sie heute mit dreizehn beginnt und vielleicht mit dreiundzwanzig endet, umfaßt sie bereits zehn Jahrgänge auf einmal, d. h. die »Jugend« hat sich im Verhältnis zu der übrigen Bevölkerung verdoppelt, insofern man nur diesen Faktor berücksichtigt.

Seit Beginn dieses Jahrhunderts hat jedoch nicht nur die Zahl der Jugendlichen proportional beträchtlich zugenommen, sondern die »Jugend« hat – was sicherlich noch wichtiger ist – das Bewußtsein ihrer Eigenart gewonnen, fast könnte man sagen: das Bewußtsein ihrer selbst als Art, die ihre eigene Daseinsform, ihren eigenen Wert besitzt und das Leben als Jugendlicher zum Selbstzweck erhebt.

Die traditionelle bürgerliche Gesellschaft war eine Gesellschaft von Erwachsenen. Der junge Mann wurde in ihr als potentieller Erwachsener betrachtet (als »junger Mann«), dessen Jugendzeit – abgesehen von ein paar nachsichtig hingenommenen Übermutsausbrüchen (die Jugend muß sich halt austoben) – hauptsächlich eine Vorbereitung auf das Leben als Erwachsener war, das allein als die normale Daseinsform angesehen wurde. Die Insektenkunde sieht im Schmetterling das »perfekte Insekt«; die Raupe wird vor ihrer Metamorphose stillschweigend für ein »unvollkommenes« Insekt gehalten, für eine bloße Vorbereitung auf das Stadium der *Imago.* Ebenso galt der heranwachsende Mensch als ein »unvollkommener Erwachsener«, dem man seinen Übermut und sein inkonsequentes Verhalten nachsehen konnte, wenn er sich nur darüber klar war, daß er als unfertiger Entwurf eines Erwachsenen an seiner Metamorphose zum »vollkommenen Menschen», zur *Imago,* zu arbeiten hatte.

Doch heute, am Ende einer Entwicklung, die auf die Romantik, genauer auf den deutschen *Sturm und Drang* und Jean-Jacques Rousseau zurückgeht, gewinnen die jungen Leute das Bewußtsein ihres Alters als eines Lebensabschnittes, der es wert ist, um seiner selbst willen gelebt zu werden, und nicht nur als Vorbereitung auf ein künftiges Erwachsenendasein. Die deutsche Jugendbewegung zu Anfang dieses Jahrhunderts wird sicherlich einmal als eine der charakteristischen Äußerungen dieser Bewußtwerdung zu gelten haben. Auch sonst hat sich diese Entwicklung in Europa unter den verschiedensten Formen immer deutlicher abgezeichnet. Der junge Mensch tritt immer mehr – in den Ländern des Ostens nicht anders als in denen des Westens – als ein besonderes Wesen auf, als ein Lebewesen eigener Art, das sich seiner Eigenart völlig bewußt ist und sie durch seine Lebensweise bekräftigen will. Die bürgerliche Gesellschaft erfährt den Anspruch der Jugend auf ein eigenes, ihrem Alter gemäßes Leben kaum anders als in Form von Ausschreitungen, welche die öffentliche Ordnung stören. Rüpel und Halbstarke sind die konkretisierten Halluzinationen des bürgerlichen Blicks, der das Phänomen verdrängt, seine Neuheit und Tragweite nicht anerkennen will.

Diese Neigung, die Jugend zu verkennen, ist noch das geringere Übel; es gab und es gibt Schlimmeres: den Griff der totalitären Mächte nach dieser Jugend, die sich sucht, die Vorliebe der Diktatoren, sie in Parteiorganisationen zu erfassen und für Zwecke zu mißbrauchen, die nicht die der Jugend sind. Zwischen den beiden Weltkriegen haben der Faschismus, der Nationalsozialismus und der sowjetische Kommunismus »Jugendbewegungen« ins Leben gerufen, die keinerlei spontanen Charakter besaßen. Die Jugend wurde auf diese Weise politischen Zielen dienstbar gemacht und in Organisationen gepreßt, die nicht mehr *von* ihr, sondern *für* sie geschaffen worden waren – eine unredliche und betrügerische Aktion. Dieser Betrug hat nach 1945 alles, was mit Jugendbewegung und Jugendorganisation zusammenhängt, in Mißkredit gebracht. Damals fand sich die Jugend wieder, ihrer selbst bewußter als je und zugleich unabhängiger und weniger organisiert als jemals. Überhaupt sind die Begriffe Jugend und Organisation bereits in sich selbst widersprüchlich; einmal, weil der jugendliche Charakter gerade durch die Ablehnung alles dessen, was nach Paternität aussieht: Disziplin, Organisation, Unterwerfung und Entfremdung, durch eine Art von Befreiungswillen gekennzeichnet ist; zum anderen, weil eine Organisation sehr rasch in die Hände alter, erprobter Mitglieder gleitet, die nur selten die Charakterstärke besitzen, ihren Posten abzugeben, wenn sie in sich die Symptome der Reife spüren, sondern vielmehr versuchen, gleichsam als »Berufsjugendliche« weiter Karriere zu machen.

Das Problem scheint unlösbar; die unaufhörlich wachsende Zahl von Jugendlichen, welche sich ihrer Eigenart einigermaßen bewußt sind und eine Menschenmasse inständiger Gärung bilden, ausgestattet mit Freiheiten und Aktionsmitteln, welche die Jugend von einst nicht besaß – Taschengeld, Urlaub, Fahrzeuge, Bewegungsfreiheit, Freizügigkeit der sexuellen Beziehungen –, sie müssen ohne Organisation, ohne Kanalisierung ihres Tätigkeitsdranges, ohne sanktionierte Kraftentladungen auskommen. Die Möglichkeiten früherer Generationen sind ihnen verschlossen: das Abenteuer jenseits der Meere, der »frische und fröhliche« Krieg, die Erforschung und Besiedlung von Neuland. Der Sport in allen seinen Formen bietet nur einen begrenzten Ausgleich.

Hinzu kommt ein Mißverständnis, ein Denkfehler, der unter den Jugendlichen und denen, die sie leben sehen, gleichermaßen verbreitet ist. Der »Jugendliche« unterscheidet sich vom »Erwachsenen« in zweierlei Hinsicht, die es nicht zu verwechseln gilt: einerseits haben die Jugendlichen nicht dasselbe Alter wie die Erwachsenen; andererseits sind sie später geboren.

Diese Formulierung, welche recht sibyllinisch erscheinen könnte, bedarf der Erläuterung. Ein junger Mann, der 1970 zwanzig Jahre alt ist, unterscheidet sich von seinem Vater, der zu diesem Zeitpunkt fünfzig Jahre alt ist, auf zwei völlig verschiedene Weisen, die man gewöhnlich nicht deutlich auseinanderhält. Einerseits steht er im zwanzigsten Lebensjahr, einem Alter, das sein Vater 1940 erreicht hatte; 2000 wird er fünfzig Jahre alt sein und das gegenwärtige Alter seines Vaters besitzen. Man muß annehmen und hoffen, daß er bis dahin ein Erwachsener geworden ist. Für den Augenblick zeigt er noch alle Merkmale (fast könnte man sagen: Symptome) der Jugend, die sich von denen, die einst sein Vater aufwies, kaum unterscheiden. Andererseits spielt aber die Tatsache eine Rolle, daß er 1970 zwanzig Jahre alt geworden ist, in einer Welt, die sich außerordentlich von der des Jahres 1940 unterscheidet. Er gehört zu einer anderen Generation.

Der Altersunterschied auf der einen Seite und der Generationsunterschied auf der anderen haben jeweils ihre besonderen Implikationen, die einander keineswegs decken, sondern vielfältig ineinandergreifen und einen Komplex von Erscheinungen bilden, der jeder Analyse widersteht. Immerhin sollte man versuchen, bei einem Phänomen wie dem Halbstarken deutlich jene Aspekte auseinanderzuhalten, die auf das körperliche und geistige Alter des betreffenden Jugendlichen zurückzuführen sind, und jene, die sich aus der Tatsache herleiten, daß er dieses Alter in einer veränderten Welt erreicht hat.

Wenn es zutrifft, daß die Entwicklungskraft und Dynamik eines Volkes in seiner Jugend verkörpert ist, sollte es eigentlich nichts Wichtigeres geben, als diese Phänomene gründlich zu studieren. Man kann sich sogar fragen, ob diese Aufgabe nicht dringender ist als viele andere politische und ideologische Bemühungen. In der Behandlung politischer Probleme sind wir kaum weiter als die Ärzte Molières in der Behandlung von Krankheiten: *Saignare, purgare, clysterisare* . . . und *si maladia non vult garire,* von neuem anfangen – auf halb empirische, halb alchimistische Weise. Unsere Staatsmänner, so klug und geschickt sie immer sein mögen – wie es auch die Ärzte des Sonnenkönigs waren –, verfügen zur Ausübung ihrer Kunst kaum über bessere Werkzeuge als jener Chirurg, der einst die Fistel Ludwigs XIV. operierte. Mag auch ihr Talent und manchmal sogar ihr Genie über allen Zweifel erhaben sein, in der Medizin ersetzt weder Talent noch Genie eine Blutprobe oder eine Lungendurchleuchtung. Die Politiker sollen wie die Kurpfuscher und Wunderdoktoren ein Übel heilen, ohne es zu kennen: gleichsam durch bloßes Auflegen der Hände. Es gäbe heutzutage keinen Arzt, der seine Kranken unter den Bedingungen behandeln wollte, die man den Politikern bei der Behandlung der Probleme eines ganzen Volkes zumutet. Haben sie doch weder die Mittel, eine Diagnose zu stellen, noch die Mittel für eine berechnete und wohldosierte Therapie, welche allein von einem Laboratorium für angewandte Soziologie geliefert werden könnten. Man muß staunen, daß sich noch immer so viele Anwärter finden, die bereit sind, die zweifelhafte Kunst des Regierens auszuüben. Dazu gehört entweder ein maßloses Selbstvertrauen oder ein Mangel an Bewußtheit oder eine große Hingabe. In der Realität handelt es sich wohl meistens um eine Mischung aus allen dreien.

»Ihre ganz vortreffliche Kunst besteht in einem pompösen Galimathias, einem trügerischen Geschwätz, das Worte als Ursachen und Versprechungen als Wirkungen ausgibt ... Hören Sie sie nur sprechen, die geschicktesten Leute von der Welt; sehen Sie, wie sie sich haben, die unwissendsten aller Menschen«, sagt Béralde zu Argan; dabei handelt es sich um die Ärzte des *Grand Siècle* – nicht um unsere Staatsmänner.

Bevölkerungsdichte

Im vorigen Kapitel haben wir davon gesprochen, daß in den Ländern, wo man genaue Beobachtungen vorgenommen hat, seit einer Reihe von Jahrzehnten ein Absinken des Pubertätsalters festgestellt worden ist. Das Phänomen ist bekannt, aber bisher unerklärt; über seine Ursachen lassen sich nur Vermutungen anstellen. Die einen sind versucht, diese Vorverlagerung der geschlechtlichen Reife einer besseren, vitaminhaltigeren Ernährung oder sonstigen Faktoren, welche das Wachstum begünstigen, zuzuschreiben. Andere sehen den Grund dazu in der größeren Zahl von Reizen und dem Ansteigen und der Natur der *Informationsmenge,* welche in der modernen Zivilisation auf das heranwachsende Kind einwirkt.

Die Tatsache ist unleugbar, daß psychische Vorgänge wie der Empfang von Informationen in den endokrinen Entwicklungsprozeß eingreifen können. Wir haben schon erwähnt, daß eine Taube, die in völliger Abgeschlossenheit aufgezogen wird und nie eine andere Taube zu Gesicht bekommt, nicht ihre vollständige Geschlechtsreife erlangt. Sie muß, um ihre organische Entwicklung abzuschließen, andere Tauben gesehen haben, und wäre es auch nur durch die Gitter ihres Käfigs oder durch eine Fensterscheibe. Das Geschlecht der Artgenossen spielt dabei keine Rolle. Es genügt sogar, wenn sich das Versuchstier selbst in einem Spiegel wahrnimmt, den man vor dem Käfig aufgestellt hat. Damit ist erwiesen, daß der visuelle Reiz als solcher eine physiologische Wirkung besitzt und für die vollständige Entwicklung der erwachsenen Taube unentbehrlich ist.

Die Annahme liegt nahe, daß ein ziemlich analoges Phänomen – die Zunahme der visuellen, auditiven, intellektuellen und sexuellen Reize – für die Verschiebung des Pubertätsalters der modernen Jugend verantwortlich ist.

Damit sind wir wieder bei der Idee angelangt, daß eine Menschheit, die tausend-, zehntausend-, hunderttausendmal mehr Reize empfängt als ihre Vorfahren, nicht mehr mit der früheren Menschheit identisch sein kann. Je enger die Menschheit zusammenrückt, desto schneller steigt die Zahl der in ihr ausgetauschten Reize zu wahrhaft astronomischen Größen; man mag sie nun pro Stunde, pro Jahr, pro Quadratmeter oder pro Individuum berechnen. Die *Dichte der Menschheit* ist ein Begriff von zentraler Bedeutung, dessen Tragweite noch längst nicht genügend erkannt ist. Unter Umständen haben wir in ihr den entscheidenden Faktor der Entwicklung, den Motor der Mutation zu sehen.

In seiner einfachsten Form erscheint der Begriff der Dichte als demographische Größe. Wir erschrecken schon, wenn uns die Demographen ankündigen, daß die Erdbevölkerung, welche heute drei Milliarden Menschen zählt (in meiner Jugend waren es nur zwei), sich bis zum Ende des Jahrhunderts ungefähr verdoppeln wird. Doch nichts erlaubt uns anzunehmen, daß die Expansion dort haltmachen wird; man spricht bereits von zehn, von fünfundzwanzig Milliarden ...

Es ist weniger die Zahl an sich, die uns erschreckt und verwirrt: drei Milliarden lassen sich nicht leichter vorstellen als fünfzehn oder zwanzig; es ist eher die Vision des Gewimmels, das einmal die begrenzte Oberfläche unseres Planeten bedecken wird, welche uns beeindruckt. Doch von dieser künftigen Dichte läßt sich nur sehr schwer eine deutliche Vorstellung gewinnen. Freilich müssen wir uns trotzdem gewöhnen, ihr ohne allzu große Beklemmung entgegenzusehen, indem wir uns über ihre tatsächliche Bedeutung Klarheit zu schaffen suchen. So erweist sich bei einigem Nachdenken, daß der Begriff der demographischen Dichte eine relative Erscheinung bezeichnet.

Den Physikern ist das folgende Phänomen geläufig: wenn ein Gas stark komprimiert wird, also sehr viel mehr Moleküle auf einem Kubikzentimeter zusammentreffen, ändert es seinen Zustand und wird flüssig. Wie es Teilhard de Chardin sehr richtig gesehen hat, gilt dasselbe Gesetz auf dem Gebiet der Soziologie. Wenn die Bevölkerungsdichte eine gewisse Grenze überschreitet, ändert sich ihre molekulare Organisation, also ihr soziologischer Zustand. Man hat es dann mit einer anderen Form von Menschheit zu tun. Der Unterschied zwischen dem physikalischen und soziologischen Phänomen liegt vielleicht darin, daß das physikalische Phänomen durch eine Minderung des Druckes und durch eine Zerstreuung der Moleküle jederzeit rückgängig gemacht werden kann, während im biologisch-soziologischen Bereich eine endgültige Mutation eintritt. Es ist sehr wahrscheinlich, daß die demographische Expansion (auf dem Umweg über die Steigerung der Dichte) zur entscheidenden Ursache der künftigen Entwicklung wird – zur auslösenden Bedingung der Mutation selbst.

Die früheren Jägerkulturen lebten von der Jagdbeute, der Wurzellese und dem Sammeln von wilden Früchten, Schnecken und Muscheln. Unter diesen Umständen brauchte jedes Individuum einen beträchtlichen Lebensraum: etwa 8 bis 10 Quadratkilometer, was einer Bevölkerungsdichte von 0,1 pro Quadratkilometer entspricht. Im Ruhrgebiet hätten weniger als tausend »Jäger« (Frauen und Kinder inbegriffen) einigermaßen bequem leben können. Eine größere Anzahl wäre als unerträgliche Übervölkerung empfunden worden. Als die Auswanderer der *Mayflower* in Amerika landeten, lebten auf dem jetzigen Territorium der Vereinigten Staaten etwa 200 000 Indianer, die sich von der Jagd ernährten. Die 200 Millionen Amerikaner von heute leben auf dem gleichen Raum, ohne sich eingeengt zu fühlen, und haben sogar noch den Eindruck, über weite leere Räume zu verfügen. Die Indianer indessen konnten bereits nicht ohne große Schwierigkeiten existieren, da ihre Zahl ständig wuchs und das Optimum für ein Jägervolk zu überschreiten drohte. Daher die ewigen Kriegszüge der Rothäute. Zwischen den Stämmen der Irokesen, Huronen, Mohikaner und Komantschen war der Kriegszustand eine Dauereinrichtung, ein Regulationsmechanismus, der bei den Jägervölkern in Tätigkeit trat, sobald die Bevölkerungsdichte von 0,1 Bewohner pro Quadratkilometer überschritten war.

Die Lebensform des Hirtenvolkes, das mit Hilfe seiner zahmen Herde die Weidefläche besser auszunutzen vermag, gestattet unter günstigen Bedingungen die Bevölkerungsdichte zu verzehnfachen. Doch sobald eine bestimmte Einwohnerzahl pro Quadratkilometer (die von der Güte der Weiden abhängt) überschritten wird, setzen sich die alten Regulierungsmechanismen wieder in Gang: Krieg, Auswanderung . . . So fanden die wachsenden Herden Jakobs und Esaus bald keinen Platz mehr auf den väterlichen Weiden, und Esau, der sein Erstgeburtsrecht verkauft hatte, mußte auswandern, um neues Weideland zu suchen. Auf diese Weise kam es zur Gründung von Edom.

Doch es gibt neben Krieg und Auswanderung noch eine andere Lösung: die Erfindung des Ackerbaus und der Übertritt zu einer anderen Lebensform, der des Bauern. Die Bevölkerungsdichte kann sich aufs neue um das Zehnfache vermehren, bevor wiederum eine Grenze erreicht wird. Für eine bäuerliche Besiedlung liegt die obere Grenze im westlichen Europa je nach der Güte des Bodens bei 50 bis 70 Einwohnern pro Quadratkilometer.

Wenn der demographische Zuwachs diese Grenze überschreitet, löst er aufs neue die konventionellen Regulierungsmechanismen aus: Krieg, Auswanderung, Epidemien, Geburtenrückgang – Europa hat dafür im 19. Jahrhundert manches Beispiel gegeben. Die andere Lösung aber stellt wiederum die Erfindung einer neuen Lebensform dar: diesmal die industrielle Zivilisation. Damit wird schlagartig eine Bevölkerungsdichte von über 300 Einwohnern pro Quadratkilometer möglich, wie sie im Nordwesten Europas, in Holland, Belgien, im Rheinland und Ruhrgebiet erreicht ist.

Jedesmal, wenn die Sättigungsgrenze einer bestimmten Lebensform überschritten wird, gibt es zwei Möglichkeiten: entweder spielen die automatischen Regulierungsmechanismen, oder der Übergang zu einer neuen Lebensform verleiht der demographischen Expansion andere Möglichkeiten und einen neuen Aufschwung. Die Gruppen, welche sich an die neue Lebensform nicht anpassen, werden verdrängt. Der Übergang zu einer neuen Gesellschaftsform ist jeweils von einer einschneidenden und praktisch unwiderruflichen Veränderung des Gruppendaseins begleitet: einer Veränderung der Sitten, des Denkens, Glaubens und Verhaltens, die eine »soziale Mutation«, einen Wechsel der Formen des Zusammenlebens, darstellt. Die Beziehungen der Individuen untereinander organisieren sich nach einem neuen Plan. Die Reize, welche der einzelne im Laufe seines Daseins empfängt, wandeln sich nach Zahl und Art, was, wie wir gesehen haben, seine Entwicklung auch in physiologischer Hinsicht stark beeinflußt.

Wählen wir ein konkretes Beispiel für den Einfluß der zunehmenden Dichte auf das Verhalten der Gruppe: die Stellung, welche in ihr dem Sport eingeräumt wird.

Was ist eigentlich der Sport? Man kann wohl seinen Ursprung im Spielinstinkt suchen und auf die notwendige Reglementierung des körperlichen Wettbewerbs zwischen Gruppen und Individuen zurückführen; man kann in ihm auch einen ursprünglich religiösen Akt sehen ... Seine gegenwärtige Bedeutung ist eine ganz andere und steht in direkter Beziehung zum Wachstum der Bevölkerungsdichte. Der Sport ist mit der städtischen Kultur engstens verbunden. Das Hauptkennzeichen des Sports ist darin zu sehen, daß die sportliche Aktivität das Terrain nicht verändert, auf dem sie ausgeübt wird. Dieser Umstand erlaubt vielen Mannschaften, denselben Sport auf demselben Gelände zu betreiben, ohne auf ihm die Spuren der jeweiligen Vorgänger zu finden. Um welches Gelände es sich auch immer handelt – Stadion, Golfplatz, Rennbahn oder Boxring –, es muß nach jedem Wettkampf möglichst intakt zurückgelassen werden, damit sich noch andere Sportler seiner bedienen können. Eine Aktivität, die das Gelände nicht unverändert hinterläßt, ist – selbst wenn es sich um einen Wettkampf nach Regeln handelt – kein Sport.

Ein Stück Erde umgraben, Unkraut hacken, einen Baum fällen ist als Tätigkeit ebenso gesund wie Rudern oder Skilaufen. Sie kann zudem ebenso uneigennützig und ohne Gewinnabsicht ausgeübt werden, wie es vom Sport verlangt wird; man braucht zum Beispiel nur im Garten eines Freundes mit anzufassen. Aber darum wird sie doch niemals ein Sport sein, aus dem einfachen Grunde, weil sie das Gelände verändert, auf dem sie stattfindet. Was einer getan hat, kann ein anderer nicht mehr tun; das Gelände hat seine Unberührtheit verloren. Wenn man für sein Vergnügen rodet, umgräbt, pflanzt und baut, geht man im Grunde einer *asozialen* Tätigkeit nach (wobei freilich nur an die Tätigkeit als solche gedacht ist, nicht an das verfolgte Ziel). Wer sich ihr widmet, beraubt in gewissem Maße die anderen der Möglichkeit, nach ihm an derselben Stelle das gleiche zu tun. Wenn alle Welt sich um des Vergnügens willen daranmachen wollte, Bäume zu fällen und zu pflanzen, würde sich das Antlitz der Erde allzu rasch verändern, das Gleichgewicht wäre überall bedroht.

Wenn hingegen drei oder sechs Milliarden Menschen sich auf Sportplätzen, Skifeldern und in Schwimmbädern tummeln, ist das Gleichgewicht der Biosphäre nicht bedroht. Der Sport ist die einzige Lösung, um in Gebieten größerer Bevölkerungsdichte dem natürlichen Bedürfnis nach körperlicher Anstrengung, nach Wettkampf und Schauspiel ein harmloses Ventil zu bieten. Die Dichte der Menschheit verlangt Vergnügen, die keine Spuren hinterlassen und das Gelände nicht antasten, auf dem sie stattfinden.

Zu den bisher entwickelten Sportarten werden gewiß noch andere Tätigkeiten hinzukommen; darunter wird wohl auch die sexuelle Aktivität zu finden sein, da sehr bald die Fortschritte der Hygiene, die Vervollkommnung der empfängnisverhütenden Praktiken aus ihr eine gesunde, billige, unterhaltende und folgenlose Betätigung gemacht haben werden; eine Übung, die das »terrain« intakt läßt: einen Sport.

Ein der Insektenkunde entnommener Begriff, der Gruppeneffekt, soll uns die möglichen biologischen Folgen einer Steigerung der Bevölkerungsdichte vor Augen führen:

Der Einfall der Wanderheuschrecken in Ägypten ist eine der sieben Plagen Pharaos, von denen das Alte Testament berichtet. Um sich gegen solche Invasionen zu wappnen, hat man ein Forschungszentrum gegründet, das geeignete Abwehrmaßnahmen entwickeln soll: das *Anti Locust Research Center*. Um das Jahr 1926 hatte der Direktor dieses Institutes, Professor Uwarow, ein Gelehrter von Weltruf, eine Reihe von Larven der schwarz-rötlichen Wanderheuschrecke *(Locusta migratoria)* sammeln lassen. Unter ihnen befanden sich einige Exemplare einer anderen, nicht wandernden Art, die sich durch ihre grüne Farbe unterschieden *(Locusta danica)*. Die Zucht beider Larvenarten in getrennten Käfigen wurde einem Assistenten anvertraut. Doch wie groß war der Unwillen von Professor Uwarow, als er im Käfig der grünen *Danica* ein paar schwarzrötliche *Migratoria* vorfand. Er beschuldigte seinen Mitarbeiter grober Nachlässigkeit, in der Meinung, er habe die Käfige schlecht verschlossen gehalten. Als dieser sich jedoch hartnäckig verteidigte, beschloß er, einen neuen Versuch zu unternehmen. Er begann also selbst mit der Aufzucht von Danicalarven – und mußte bald voller Betroffenheit feststellen, daß die in Gemeinschaft aufgezogene *Danica* bei ihrer ersten Häutung ihre grüne Farbe verlor und zu einer schwarz-rötlichen *Migratoria* wurde. Die *Migratoria* hingegen verlor, wenn sie einzeln aufgezogen wurde, ihre charakteristische Färbung, um grünlich zu werden und die Kennzeichen der *Danica* anzunehmen. Wo man bis dahin zwei Heuschreckenarten zu finden glaubte, gab es jetzt nur noch eine einzige, die jedoch in zwei verschiedenen Formen auftrat, je nachdem ihre Larven isoliert oder in Gemeinschaft aufgezogen wurden.

Diese Entdeckung wurde zum Ausgangspunkt einer ganzen Serie von Forschungsarbeiten, die bei allen großen Wanderheuschrecken – der *Schistocerca gregaria,* der *Nomadacris septemfasciata* – das Auftreten zweier Entwicklungsformen, gleichsam zweier Arten in einer: der Einzelform und der Gruppenform, feststellen konnten.

Damit findet auch der Umstand seine Erklärung, daß die Heuschreckenschwärme seit jeher in ganz unregelmäßigen Zeitabständen das Land verwüsten, weshalb man früher versucht war, in ihnen eine Strafe Gottes zu sehen. Normalerweise lebt in bestimmten Wüstenrandgebieten eine beschränkte Anzahl weitverstreuter Exemplare der Einzelform. Zu gewissen Zeiten jedoch, wenn etwa die klimatischen Bedingungen besonders günstig sind, beginnen die Eier, welche die *Solitaria* ständig in großen Mengen legt und von denen gewöhnlich nur wenige aufgehen, massenhaft Nachwuchs hervorzubringen. Die Generationen, welche in dieser Phase außerordentlicher Vermehrung ausschlüpfen, unterscheiden sich von der vorangegangenen. Sie wechseln Farbe und Form und legen die Gruppenuniform an. Sie entwickeln sich zu größeren und stärkeren Exemplaren, ihr Stoffwechsel nimmt zu, und ihre Aktivität steigert sich. Anlaß zu dieser Verwandlung ist die Vermehrung als solche: die Bevölkerungsdichte.

Die Zunahme ihrer Anzahl, also die größere Dichte ihres Auftretens, bringt bei den Individuen einen neuen Drang hervor, welcher die Wirkungen dieser Erscheinung noch verstärkt: die wechselseitige Anziehung, den gregarischen Zug. Zu den äußeren Kennzeichen der wandernden Heuschreckenform gesellt sich der Hang zur Gruppenbildung. Während die *Solitaria* ihr Gebüsch kaum verläßt, ist die neue Art ruhelos unterwegs, sucht die Gemeinschaft, versammelt sich zu Schwärmen, die sich wie nach einer geheimen Übereinkunft fortzubewegen scheinen. Wenn man in einem gleichmäßig bewachsenen Gelände Wanderheuschrecken getrennt aussetzt, kann man sicher sein, sie bereits wenige Stunden später auf derselben Staude wimmelnd versammelt zu finden.

Nachdem die Schwärme eine Zeitlang unaufhörlich angewachsen sind und sich untereinander vereinigt haben, fliegen sie in riesigen Wolken davon, die bis zu mehreren tausend Tonnen lebendige Masse enthalten. Sie begeben sich auf die Wanderschaft und verwüsten das Land, wo sie hinkommen. Schließlich sterben sie zuhauf im Ozean oder in der Wüste. Neuere Forschungen, namentlich in Indien, scheinen darauf hinzuweisen, daß auch die Einzelform gelegentlich allein zu gewaltigen Wanderungen aufbricht, die denen der Herdenform um nichts nachstehen. Das Kennzeichen der Wanderheuschrecken wäre also nicht der Wanderinstinkt, sondern ihr Drang, mit ihren Artgenossen Ansammlungen zu bilden und in großen Schwärmen zusammenzuleben.

Gewiß, die Übertragung von Begriffen der Insektenkunde auf die Welt der Menschen verlangt äußerste Vorsicht. Dennoch kann man sich dem Staunen über die Parallelität bestimmter Phänomene nicht entziehen. Der Gruppeneffekt, der Herdeninstinkt, läßt sich beim Menschen ebenso feststellen wie bei den Insekten. Die Bevölkerungsdichte beeinflußt beim Menschen wie beim Insekt die Morphologie des Individuums, seine Drüsenfunktionen, die Formen des sozialen Lebens, das Verhalten der Gemeinschaft. Auch beim Menschen bewirkt das Anwachsen der demographischen Dichte (die Übervölkerung) eine Art Herdenbildung; auch unter den Menschen existieren nebeneinander der Typus der *Solitaria* und der Typus der *Gregaria*. Obwohl sie morphologisch nicht so stark ausgeprägt sind wie bei den Heuschrecken und obwohl jeder von uns als Mischling in der verschiedensten Abstufung an beiden Formen teilhat, lassen sich gleichwohl beim Menschen zwei Grundinstinkte, zwei Verhaltensweisen, zwei deutlich getrennte Temperamente erkennen: das gruppenfeindliche und das gruppenfreudige. Eine Menschenansammlung vor einem Schaufenster, auf einer Caféterrasse oder bei einem Brand weckt bei dem einen den Reflex, sich der Menge anzuschließen, bei dem anderen einen Fluchtreflex.

Die Insektenkundler suchen die Ursachen des »Gruppeneffektes« zu bestimmen. Welche Reize bewirken, daß die Larve der Einzelform, wenn sie in Gemeinschaft aufgezogen wird, sich zu einem Exemplar der Gruppenform wandelt? Welcher Reaktionsmechanismus verändert das innersekretorische Gleichgewicht derart, daß Gestalt und Verhalten des Insekts davon betroffen werden? Die Antwort steht noch aus; bisher muß man sich mit der einfachen Feststellung begnügen, daß der Anblick anderer Larven oder ausgewachsener Exemplare der eigenen Art oder sogar fremder Arten einen hinreichenden Reiz ausübt, um die Verwandlung der Einzelgängerlarve auszulösen. Die Stimulation der Gemeinschaft braucht nicht einmal ständig auf die Larven einzuwirken; es genügt, sie jeden vierten Tag gemeinsam verbringen zu lassen, damit sie die Gruppenuniform anlegen. Offensichtlich handelt es sich dabei um einen rein visuellen Reiz, der unabhängig von Geruch und Berührung spielt, denn die Umwandlung findet selbst dann statt, wenn das Versuchstier mitten unter den anderen, in einem Glasrohr eingeschlossen, aufwächst. Doch es bleibt grün, wenn man den Versuch im Dunkeln ausführt. Indes, der visuelle Reiz kann durch die Summe der anderen ersetzt werden. Bei Larven, die man im Dunkeln zusammensetzt, vollzieht sich die Verwandlung ebenfalls.

Der Gruppeneffekt ist bisher nur im Tierreich untersucht worden. Doch in physiologischer Hinsicht ist die Taube weiter vom Insekt entfernt als der Mensch von der Taube.

Wenn man annimmt – und es ist schwierig, davor zurückzuweichen –, daß die Reizwirkungen des Gemeinschaftslebens einen hormonalen Prozeß auszulösen vermögen, der Gestalt und Verhalten einschneidend ändert, gelangt man dahin, eine Gemeinschaft weniger als Ansammlung von Individuen denn als eine Organisationsform wechselseitiger Erregungen, Informationen, Aktionen und Reaktionen zu betrachten. Unter diesem Gesichtspunkt kann jede beliebige Gesellschaft als Struktur von Kontakten und Impulsbahnen beschrieben werden, als Netz sinnlicher, abstrakter und sonstiger Informationen, dessen Knotenpunkte die »Individuen« darstellen würden. Das wichtigste Kennzeichen einer Gruppe wäre damit nicht die Zahl der Individuen, aus denen sie sich zusammensetzt, sondern die Zahl der wechselseitigen Informationen, die jeweils als »Netz« zirkulieren. Der Vergleich mit einem Telefonnetz liegt nahe, das ebenfalls nicht durch die Zahl der Fernsprechanschlüsse, sondern durch die Zahl der täglich vermittelten Anrufe charakterisiert sein kann. Jede menschliche Gruppe ließe sich somit durch ihre »Austauschaktivität«, ihren Grad molekularer Agitation, sozusagen durch ihre »soziale Temperatur« kennzeichnen. Der Gruppeneffekt scheint eher die Folge dieser »sozialen Temperatur« zu sein, als auf der Zahl oder selbst der Dichte von gruppenbildenden Individuen zu beruhen. Die adäquate Meßeinheit wäre diejenige der Informationsdichte.

Die Informationsdichte innerhalb einer bestimmten Gruppe entspricht zwar in erster Linie der Bevölkerungsdichte, hängt aber nicht ausschließlich von ihr ab. Eine Bevölkerung von fünf Millionen Individuen, die auf einem Territorium von der Größe Westeuropas leben (das entspricht etwa der Bevölkerungsdichte in Westafrika), erzeugt nicht die gleiche Informationsdichte wie fünf Millionen Einwohner eines modernen Industriegebietes. Der Hauptunterschied zwischen diesen beiden Menschengruppen besteht nicht in der Rasse, nicht im Grad der kulturellen Durchdringung, nicht im Niveau der ökonomischen Entwicklung (die sekundäre Erscheinungen sind), sondern primär in der Anzahl und Dichte der ausgetauschten Informationen. Der Gruppeneffekt ist in beiden Fällen verschieden.

Schon seit langem ist man darauf aufmerksam geworden, daß revolutionäre Bewegungen in den Städten und nicht auf dem Lande entstehen, daß die Stadtbevölkerung leichter in Gärung versetzt werden kann als die Landbevölkerung. Hinzu kommt die Beobachtung, daß in den gemäßigten Breiten der Sommer günstigere Bedingungen für ein Anwachsen der Spannungen bietet als der Winter, wo sich ein jeder in sein Haus zurückzieht. Die innere »Temperatur« der Massen wird vor allem durch Ansammlungen gesteigert, und zwar nimmt sie um so heftiger zu, je mehr Menschen zusammenströmen, je dichter sich die Menge drängt.

Der Dichtefaktor läßt sich folglich nicht einfach errechnen, indem man die Zahl der Einwohner pro Quadratkilometer zugrunde legt. Entscheidend für die »soziale Temperatur« sind lokale und augenblicksgebundene Verdichtungen, die Abweichungen von der »Normaltemperatur« verursachen. So kommt es, daß paradoxerweise gerade die Wüstengebiete für Gruppeneffekte, welche auf Übervölkerung beruhen, besonders günstige Voraussetzungen bieten. Die Wüste ist im ganzen unbewohnbar; sie wird höchstens durchquert. Die Oasen sind selten, klein und daher rasch übervölkert. In ihnen entstehen sehr leicht und sehr schnell Gruppeneffekte mit jenen Folgeerscheinungen, die auch bei den Heuschrecken auftreten: Schwarmbildung und Wandertrieb. So sind die großen Züge der Hunnen und Tataren, welche einst bis nach Westeuropa gelangten und in mancher Hinsicht mit den Heuschreckeneinfällen verglichen wurden, von den Oasen Zentralasiens aufgebrochen. In den Ländern des Vorderen Orients lassen sich ähnliche Erscheinungen beobachten. Lawrence of Arabia hat darauf hingewiesen, daß die drei großen monotheistischen Religionen, welche sich über die ganze Welt ausgebreitet haben, die jüdische Religion, das Christentum und der Islam, alle von einem schmalen Landstrich Kleinasiens ausgegangen sind; von eben dort, wo nomadisierende Semiten seßhaft geworden sind. Die beträchtlichen Schwankungen der »sozialen Temperatur« haben in der Bevölkerung dieser Gegend explosive Erscheinungen ganz eigener Art ausgelöst, deren Auswirkungen bis in die fernsten Winkel der Erde gelangten.

Was man folglich besser kennen müßte, sind Grad und Arten der »Granulation« einer menschlichen Gruppe, Intensität und Verlauf der ausgetauschten Impulse in und zwischen den verschiedenen Kraftfeldern, aus denen sie sich zusammensetzt. Ein solcher Einblick wäre um so interessanter, als bestimmte Gruppen zum Schmelztiegel werden können, aus dem die neuen Formen der Menschheit hervorgehen.

Um deutlich zu machen, was wir unter der »menschlichen Granulation« verstehen, wollen wir uns erneut eines Beispiels aus der Welt der *Science-fiction* bedienen. Nehmen wir an, die Bewohner eines anderen Planeten, welche sich für unsere Erde interessieren, ließen sie seit ein paar tausend Jahren von Beobachtungssatelliten umkreisen; ferner sei vorausgesetzt, daß man von diesen Satelliten aus auf der Erdoberfläche nur solche Gegenstände unterscheiden kann, die einen Durchmesser von mindestens drei oder vier Metern besitzen. Einzelne Menschen könnten folglich von dem Beobachter im Weltraum nicht ausgemacht werden. Was würde ihm statt dessen in die Augen fallen?

Seit 8000 Jahren hat er an manchen Stellen der Erde kleine Flecken entstehen sehen, die anfangs spärlich und weit verstreut waren, sich jedoch zunehmend rascher vermehrten – als hätte unser Planet die Masern bekommen: Dörfer. Die Krankheit befiel zunächst nur bestimmte Gegenden, wie etwa die Täler der großen Flüsse; später griff sie auf den größten Teil des aus dem Wasser ragenden Landes über. Die »Flecken« sind auf eine gewisse Größe beschränkt, weil sie einer bäuerlichen Lebensweise entsprechen; ihr Gebiet umfaßt gerade die Ländereien, welche beim täglichen Hin- und Rückweg bearbeitet werden können; die Bevölkerung des Dorfes darf nur so lange anwachsen, bis die Einwohnerzahl erreicht ist, welche sich von der anbaufähigen Fläche dieses Gebiets ernähren kann. Rings um die Dörfer bemerkt der Beobachter aus dem Weltraum eine Veränderung der Farbe des Bodens, eine Geometrisierung seiner Linien, die Entstehung eines eigentümlichen Adernsystems, das einen Flecken mit dem anderen verbindet.

Seit etwa 6000 Jahren stellt er das Auftauchen einer neuen Art von Flecken auf der Erdoberfläche fest, die größer sind als die zuerst beobachteten und anderer Natur zu sein scheinen (die Städte). Neben den Masernflecken wirken sie wie Furunkel. Sie besitzen die Fähigkeit, beträchtlich zu wachsen, und scheinen anders organisiert zu sein. Diese Flecken verbinden sich seit hundert Jahren untereinander durch ein ebenfalls andersartiges Adernsystem: Landstraßen, Eisenbahnlinien, auf denen sich »nicht identifizierte Objekte« bewegen (Wagen und Züge), deren Bewegungsfrequenz mit der Wachstumsgeschwindigkeit der Beulen zusammenzuhängen scheint, ohne daß man sagen könnte, welches von beiden Phänomenen die Ursache und welches die Wirkung ist.

Seit hundert Jahren sind die Anfänge einer dritten »Hautkrankheit« der Erdrinde erkennbar, größere Schorfstellen, die an Ekzeme erinnern (Industriegebiete). Oft sind sie von einer dichten Dunstschicht bedeckt, einer Wolkendecke, die den Winden trotzt: Rauch.

Der ferne Beobachter, dem der Erreger dieser Krankheiten, die Bakterie »Mensch«, verborgen bleibt, sieht nur die Schwellungen, Knoten und Entzündungsflächen, welche sich voneinander stark unterscheiden. Er ist versucht, für jedes Krankheitssymptom eine andere »Bakterienart« verantwortlich zu machen. Und hat er nicht in gewissem Sinne recht? Sind nicht die Menschen des Dorfes, der Stadt, des Industriegebietes ebenso viele verschiedene Abarten, die sich nicht weniger voneinander unterscheiden als die einzeln lebende Heuschrecke von der schwärmenden, als der Masernbazillus vom Erreger der Blattern?

Der Maßstab, in dem unserem Beobachter die Erde erscheint, entzieht seinen Augen das Phänomen, welches wir Individuum nennen; er kann nur ganze »Kolonien« erkennen, so wie wir gewisse Viren früher nur in Kulturen zu beobachten vermochten. Wenn er jedoch durch einen Fortschritt seiner Beobachtungstechnik, wie er für uns mit dem Übergang vom Lichtmikroskop zum Elektronenmikroskop stattgefunden hat, dahin gelangt, die menschlichen »Individuen« zu unterscheiden, würde er – wie wir etwa bei den Termiten – immer noch nicht mehr als *Verhaltensweisen* wahrnehmen. Wir, die wir das Phänomen Mensch gleichsam von innen betrachten, sind versucht, *nur die Motive* zu sehen; indem wir uns allzu ausschließlich mit ihnen beschäftigen, entgeht uns der allgemeine Charakter des Phänomens, seine großen Züge, die letztlich klarer von außen zu erkennen sind.

Wahrscheinlich wird der außerirdische Beobachter sogar zu der Ansicht neigen, daß er seit etwa hundert Jahren der Entstehung einer neuen Form des Lebens auf der Erde, eines neuen Organisationsprozesses der Materie beiwohnt. Sieht er doch zum Beispiel an den Ufern der Ruhr einen neuen Organismus, das »Industriegebiet«, seine Wurzeln in den Boden senken, um ihm Minerale zu entziehen: Kohle, Erze, Salze usw., die es verwandelt und in seiner eigenen Substanz integriert. Er sieht, wie es sich mit einem Adernsystem von Straßen, Kanälen und Eisenbahnlinien umgibt, mit dessen Hilfe es fehlende Stoffe von weit her an sich zu ziehen vermag und die Endprodukte seines eigenen Stoffwechsels ausstößt, die sich gelegentlich ihrerseits in neuer Umgebung festsetzen, gleichsam Metastasen bilden und ihre Nahrung dem Boden entnehmen. Er wird sich sagen müssen – was auch wir hier behaupten –, daß zu den drei bisher auf der Erdoberfläche vorhandenen Organisationsformen: dem Mineralreich, dem Pflanzenreich und dem Tierreich, ein viertes Reich hinzugekommen ist, das sich von den älteren durch ein neues Verfahren, die Materie zu integrieren, unterscheidet. Agens und Träger dieses vierten Reiches ist der Mensch; doch der Beobachter braucht das durchaus nicht zu wissen, denn von seinem Gesichtspunkt aus erscheint dieser

Umstand ziemlich unbeträchtlich. Wichtig ist er, streng genommen, nur in unseren Augen – weshalb es nicht überflüssig ist, von Zeit zu Zeit einen anderen, weniger engen Blickwinkel zu wählen und die Menschheit mit etwas Abstand von außen zu betrachten.

Wenn man den afrikanischen Busch durchquert, trifft man häufig auf eine Art von unregelmäßigen Pyramiden, die bis zu drei und vier Meter hoch sein können: Termitenhügel. Was in ihnen vor sich geht, ist uns kaum bekannt. Wir wissen allenfalls, daß die Termiten blind sind und ihre unterirdischen Gänge nie verlassen. Keine von ihnen hat jemals einen Termitenhügel von außen gesehen. Sie können folglich keine Kenntnis davon haben, welchen Anblick ihr Bauwerk für uns bietet.

Der Mensch hingegen – doch wer weiß, vielleicht auch die Termiten? Wie wollten wir es erfahren? – besitzt die Fähigkeit, sich in der Vorstellung gleichsam außerhalb der Menschheit zu stellen, das Phänomen Mensch von außen zu betrachten, als eine biologische Tatsache, die in einen größeren Zusammenhang gehört.

Um die Richtung der fortwährend beschleunigten Entwicklung der menschlichen Gattung erkennen und begreifen zu können, ist es heute unerläßlich, sich an äußeren Bezugspunkten zu orientieren und einen Augenblick lang all das zu vergessen, was man introspektiv wahrzunehmen gelernt hat.

Es ist doch wohl nicht ganz abwegig, anzunehmen, daß der Mensch – wenigstens im gegenwärtigen Zeitpunkt – das einzige Lebewesen ist, das über diesen »Blick von außen« verfügt. Man könnte jedenfalls einen Zusammenhang mit der Tatsache vermuten, daß die menschliche Gattung zur Zeit die einzige ist, welche in ihrer Entwicklung noch nicht erstarrt zu sein scheint, sondern geradezu einen Evolutionsstoß erlebt. Es liegt nahe, zwischen diesen beiden Besonderheiten eine Verbindung zu sehen, und die Frage hat ihre Berechtigung, ob es nicht zu dem gegenwärtigen Stadium seiner Entwicklung gehört, daß sich der Mensch von außen zu sehen lernt, daß er ein veräußerlichtes Bewußtsein seiner selbst gewinnt. Vielleicht hat er, um wirklich Mensch zu sein, auch diesen Schritt zu wagen, auch diese Mühe nicht zu scheuen.

Persona

Nehmen wir an, unser Beobachter aus dem Weltraum sei inzwischen auf der Erde gelandet und könne das Verhalten der Gattung *homo sapiens* aus der Nähe studieren wie unsere Wissenschaftler die Reaktionen der *Locusta* – mit dem Blick des Insektenforschers. Versetzen wir uns in seine Lage.

Während der Beobachter von der Raumstation aus nur Gruppen, nur ganze »Kolonien« von Menschen erkennen konnte, unterscheidet er jetzt die einzelnen »Individuen«, aus denen sie sich zusammensetzen, die *»Personen«*, wie sie der *homo occidentalis* nennt, und untersucht ihr Verhalten.

Die Individuen sind in unseren Augen eindeutig differenziert, »personalisiert«. Sobald wir aber in eine fremde Umgebung geraten, verwischen sich die persönlichen Unterschiede, und die Individuen lassen sich weniger leicht auseinanderhalten. Ein Weißer, der zum erstenmal nach Afrika kommt, hat den Eindruck, daß sich alle Neger ähnlich sind; und ich habe mehr als einen Neger sagen hören: »Wissen Sie, für mich sieht ein Weißer wie der andere aus.« Ein Hirt kennt und erkennt alle zweihundert Schafe seiner Herde. Wenn man Ameisen oder Bienen beobachtet, kann man auf den ersten Blick keinen Unterschied zwischen den Individuen feststellen; und doch sind ihre Funktionen und Eigenschaften deutlich differenziert. Der Insektenforscher, der sie einzeln beobachtet, kennt faule und fleißige, friedliche und aggressive, dumme und aufgeweckte, häusliche und abenteuerlustige. Die Insekten besitzen in unseren Augen keine Persönlichkeit. Gerade in ihr aber sieht der Mensch einen seiner besonderen Vorzüge, den er höchstens mit ein paar großen Wirbeltieren – zum Beispiel manchen seiner Haustiere – zu teilen bereit ist. Die sogenannte humanistische Zivilisation des Westens gründet sich auf den Mythos der Persönlichkeit. Daher gipfelt die Angst vor gewissen Zukunftsperspektiven gewöhnlich in der Frage: »Aber was wird denn in der kollektiven Gesellschaft, welche uns erwartet, aus der Persönlichkeit? Sollen wir uns alle in Termiten verwandeln?« Man weigert sich einfach, an dergleichen zu glauben.

Die Persönlichkeit ist nicht etwas, das man von Geburt aus

mitbringt, sie bildet sich erst im Verlauf des gesellschaftlichen Daseins und gewinnt ihre endgültige Form mit der sozialen Reife. Die *Persona* des Individuums ist eine soziale Erscheinung, ein Produkt der Gesellschaft. Man erwirbt eine *Persona;* sie gehört zur Kategorie des Habens, nicht zu der des Seins. Von frühester Kindheit an lehrt man uns zwei im Grunde widersprüchliche Dinge – erstens: Jeder Mensch hat eine Persönlichkeit, zweitens: Man muß unbedingt eine Persönlichkeit haben.

Die *Persona* ist eine Art von Hülle oder Schale, die für das in Gesellschaft lebende Individuum unentbehrlich ist, da sie es gegenüber den anderen selbständig macht, vor ihnen schützt und den Verkehr zwischen den Menschen regelt. Sie ermöglicht ihm, sich in die Struktur der Gruppe einzugliedern. Wer keine *Persona* hat (mag er auch eine starke Individualität sein, und vielleicht gerade deswegen), wird als asoziale Erscheinung von der Gruppe ausgeschieden. Wer zum Maskenball Zutritt haben will, muß eine Maske tragen, sei es auch nur die eines Narren.

In den westlichen Ländern besteht die Erziehung im wesentlichen darin, daß man den Heranwachsenden zum Ansetzen einer solchen Schutzhülle, zum Anschaffen einer *Persona,* verhilft. Man bietet dem Kind eine Reihe von Persönlichkeitsmodellen an, in die es schlüpfen kann. Zuerst gelten Vater, Mutter und die älteren Geschwister als solche. Später sind es die großen Gestalten aus Religion und Geschichte, die Helden der Literatur, des Films und des Sports, deren Funktion es ist, dem Kind als ein illustrierter und kommentierter Modellkatalog von *Personae* zu dienen, als Sammlung von Themen, zu denen ein jeder seine begrenzte Variation erfinden mag – wie die Schauspieler der *Commedia dell'arte* zu den Gestalten des Arlechino, des Scaramuccio und der Colombina. Die Soziologen sprechen von der *Rolle,* die sich ein Individuum aneignet.

Nicht zuletzt lernt das Kind, sein eigenes Äußeres im Spiegel zu identifizieren und zu gestalten. Die Rolle des Spiegels in der Entwicklung der *Persona* in der westlichen Zivilisation wäre noch zu untersuchen.

Dem Halbwüchsigen zeigt man einen Katalog von »Berufspersonen«: den Ingenieur, den Facharbeiter, den Lehrer, den Priester, den Kaufmann, den Anwalt, den Arzt usw. Unter ihnen soll er sich eine aussuchen und sich darauf vorbereiten, sie mit Anstand, Würde und Erfolg zu tragen. Man betrachtet es als »asozial« (und verurteilt es mit aller Strenge), wenn der Heranwachsende keine der vorgeschlagenen Persönlichkeiten anziehen will. Immerhin läßt man es gerade noch durchgehen, daß er eine andere wählt, als man ihm zugedacht hatte; aber überhaupt keine anzunehmen ist absolut unzulässig.

Als ebenso »asozial« gilt es, seine Persönlichkeit während der Vorstellung, d. h. im Verlauf des Lebens, zu wechseln. Wehe, wenn eine komische Figur plötzlich tragische Rollen spielen möchte, wenn ein Dichter Filmregisseur werden und ein Beamter als Geschäftsmann sein Glück versuchen will: »Das paßt nicht zu ihm«, kann er überall hören – und man läßt es ihn spüren. Es wird als eine Art Verrat angesehen, eine Inkonsequenz, seiner ein für allemal angenommenen und anerkannten *Persona* nicht treu zu bleiben. Ein jeder ist an die *Persona* gebunden. Der Komiker Fernandel hat einen lieben Freund verloren. Die Menge erkennt ihn im Trauerzug. Sofort läuft die Nachricht von Mund zu Mund: »Sieh mal, Fernandel!«, und alle lachen laut. Der Ärmste muß sich wegstehlen, damit die Zeremonie nicht alle Würde verliert. Niemand kann sich vorstellen, daß Fernandel, dessen Beruf es ist, lachen zu machen, auch einmal trauert. Man hält es für einen neuen Gag – und lacht. Der Komiker hat kein Recht auf Kummer.

Eine zerbrechliche Schale – doch unentbehrlich im Gewimmel des Lebens; eine Hülle, die das heranwachsende Individuum im Kontakt mit der Gesellschaft während seiner »Larvenzeit« sekretiert, ein Kostüm, das es während seines ganzen Lebens mit sich herumträgt – die *Persona*.

In diesem Zusammenhang müssen wir uns noch einmal mit dem beschäftigen, was wir die »soziale Reife« des Individuums genannt haben; denn das Erreichen der »sozialen Reife« deckt sich weitgehend mit der Annahme einer deutlich geprägten *Persona*.

Der junge Mensch sucht eine *Persona*, er hat sie noch nicht gefunden; wenn doch, dann ist sie noch weich und geschmeidig. Je älter er wird, desto härter und undurchlässiger wird auch die Schale, die ihn von seinesgleichen trennt. »Die Türen zur Straße schließen sich«, heißt es in der Weisheit Salomos. Das alternde Individuum zieht sich immer mehr in sein

Schneckenhaus zurück; seine Persönlichkeit nimmt immer schärfere Züge an. Der alternde Mensch wird zur Karikatur seiner selbst.

Die wachsende Undurchlässigkeit der Hülle, ihre zunehmende Unfähigkeit, sich umzuformen, kennzeichnet den Prozeß des Alterns, der zwar nicht bei allen in der gleichen Weise abläuft, doch im allgemeinen nicht umkehrbar ist. Manche Menschen erleben allerdings das, was Goethe eine zweite Pubertät des Geistes genannt hat. Wie Spätsommertage werden diese Perioden der Verjüngung, der wiedergefundenen Empfänglichkeit für die Eindrücke der Umwelt im zunehmenden Alter immer seltener und dauern nicht lange.

Trotz dieser unausweichlichen Verhärtung der *Persona* vermag sich ein jeder – und es ist seine Sache, es zu wollen – eine gewisse Offenheit gegenüber der Welt zu erhalten und seine Empfänglichkeit für das Neue zu bewahren. Diese Durchlässigkeit der schützenden Schale heißt Neugier, Phantasie, Generosität.

Die *Persona* war uns auf dem Gang unserer Überlegungen als ein Gruppeneffekt erschienen, der besonders eng mit dem Übergang zur Reife, der Wandlung des jungen Menschen zum Erwachsenen, zusammenhing. Das Alter und die Formen, in denen sich dieser Übergang vollzieht, können je nach der Dichte der menschlichen Gruppen variieren. Wir wollen daraus den vorläufigen Schluß ziehen, daß die kommenden Veränderungen der Strukturen unseres Daseins in erster Linie an dem zutage treten werden, was wir die Persönlichkeit nennen.

Mit dem Maßstab der menschlichen Probleme wechselt auch die Recheneinheit. Für die abendländischen Zivilisationen war diese Einheit – wenigstens im Prinzip – das Individuum, bekleidet mit einer Persönlichkeit. Freilich gibt es für diese Regel zahlreiche Ausnahmen. Im Falle eines Krieges oder einer kollektiven Gefahr verlangte von jeher die Gemeinschaft (um der Religion, der Moral, des Patriotismus willen) von ihren Mitgliedern, daß sie ihre *Persona,* eventuell sich selbst, als lebendiges Individuum, der Gruppe opferten. Man sieht, diese Ausnahmen waren bereits die Folge eines übergeordneten Gruppeneffekts.

Henri Bergson meinte, daß die Bienen eines Stockes »tatsächlich und nicht nur metaphorisch einen einzigen Organismus bilden». Der Insektenkundler Rémy Chauvin, dem wir manche Begriffe und Beobachtungen entlehnen, erklärt in seinem Werk »Leben und Gebräuche der Insekten« (*Vie et Mœurs des Insectes,* Paris 1956): »Die Funktionen der einzelnen Biene und der Bienengruppe weisen derartige Unterschiede auf, daß sie fast nichts miteinander gemein haben.« Der Bienenstock ist ein Lebewesen, ein Organismus.

Die Biene, ebenso wie die Ameise und die Termite, kann nicht allein leben. Die einzelne Biene atmet wie die anderen Insekten. Aber der Bienenstock hat eine eigene Atmung, die nichts mit der der Individuen zu tun hat. Wenn es nötig ist, die Luft im Bienenstock zu erneuern, weil sie verbraucht oder zu feucht ist, richten sich die Arbeiterinnen auf das Schlupfloch hin aus und erzeugen durch ihren Flügelschlag einen gleichmäßigen Luftstrom, der das Innere des Stocks gründlich durchlüftet.

Die Biene ist, wie die meisten Insekten, poikilotherm, d. h. ihre Körpertemperatur entspricht ungefähr der Außentemperatur. Doch wenn eine gewisse Anzahl von Bienen in einem geschlossenen Raum vereinigt ist, läßt ihr Gruppeninstinkt sie rasch ein Knäuel bilden, dessen Innentemperatur 31 bis 32 Grad beträgt – die normale Temperatur des Bienenstocks. Etwa dreißig Bienen genügen, um diese Erscheinung hervorzurufen.

Die einzelne Biene besitzt einen Phototropismus, der sie zum Licht streben läßt. Durch ihn wird sie aus dem Stock gelockt und zum Sammeln angehalten. Die Bienengruppe verhält sich dem Licht gegenüber gleichgültig und eher ablehnend.

Der einzelnen Biene scheint jede Initiative zu fehlen. Angesichts einer neuen Situation vereinigen sich die Bienen, bevor sie eine Entscheidung treffen. »Beschlußfähigkeit« besitzt nur die Gruppe, nicht die einzelne Biene. Sie ist ein dummes Tier, erst der Bienenstock besitzt Intelligenz.

Im Bienenstock herrscht weitgehende Arbeitsteilung. Es gibt Sammlerinnen, Ammen, Wachsherstellerinnen, Wächterinnen, Aufseherinnen, die eine Art Ordnungsdienst ausüben und den Verkehr regeln, und solche, die den Stock reinigen. Unter den Sammlerinnen läßt sich eine kleinere Anzahl von Kundschafterinnen unterscheiden, deren getanzte Sprache Karl von Frisch studiert und gedeutet hat. Die »Tänzerinnen« unterrichten die Arbeiterinnen von dem Vorhandensein neuer Futterplätze und geben ihnen Richtung und Entfernung an, in der sie liegen.

Der »Beruf« einer Biene ist jedoch nicht ein für allemal festgelegt, wie man eine Zeitlang geglaubt hat, sondern paßt sich den Umständen und wechselnden Bedürfnissen des Volkes an. Eine Amme beginnt Wachs herzustellen, wenn es an ihrem Arbeitsplatz zu viele Ammen gibt, wobei sie freilich jederzeit, wenn es die Verhältnisse erfordern, wieder zur Amme werden kann. Man weiß übrigens kaum etwas über die sozialen Regulierungsmechanismen der Bienen. Man stellt einfach fest, daß sie funktionieren und dabei viel geschmeidiger sind, als man ursprünglich glaubte.

Die Anpassungsfähigkeit der Bienen schließt sogar physiologische Veränderungen mit ein. »Die jungen Arbeiterinnen sind Ammen und stellen Wachs her; ihre Kopf- und Brustdrüsen, welche die Nahrung für die Larven ausscheiden, sind dementsprechend sehr groß und ergiebig; ihre Wachsdrüsen produzieren Wachs im Überfluß, sobald genügend Nektar von außen herangeschafft wird. Nach ungefähr zwei Wochen verkümmern alle diese Drüsen, und die Biene bereitet sich auf ihren ersten Flug vor; von nun an wird sie bis ans Ende ihres Lebens als Sammlerin die Blumen besuchen. Ein deutscher Gelehrter, Rösch, ändert nun am Nachmittag den Standort eines Stocks, so daß die Sammlerinnen seinen Eingang nicht mehr wiederfinden; es genügt bereits, ihn wenige Meter fortzurücken. An seine Stelle setzt er einen andren Stock, der keine ausgewachsenen Bienen, sondern nur junge Brut enthält. Auf diese Weise verschafft er sich zwei Bienenstöcke, von denen der eine nur alte Bienen und junge Brut beherbergt, während der andere zwar von Ammen und Wachsherstellerinnen bewohnt ist, aber keine Sammlerinnen besitzt. Wenn die Entwicklung der Drüsen unwiderruflich festgelegt wäre, müßten beide Völker bald eingehen. Doch nach der ersten Verwirrung beginnen beide Völker sich zu reorganisieren. Die Drüsen der jungen Bienen verkümmern vorzeitig; sie verlassen den Stock acht bis zehn Tage früher als gewöhnlich, um Nektar und Blütenstaub heranzuschaffen, und retten so ihr Volk. Mit den alten Bienen des zweiten Stocks vollzieht sich eine noch erstaunlichere Wandlung: die verkümmerten Nährdrüsen regenerieren sich, und die Brut bekommt nahezu ihre normale Ration« (Rémy Chauvin,

a. a. O., S. 185). Auf diese Weise entdeckte Rösch die Umkehrbarkeit der Drüsenentwicklung und ihre Abhängigkeit von den Bedürfnissen des Kollektivs.

Alle diese Gruppenfunktionen hängen von der Anwesenheit einer bestimmten Anzahl Bienen ab. Die Mindestzahl variiert je nach der Art der Funktionen. Die Arbeitsteilung läßt sich schon erkennen, wenn nur zwei Bienen zusammenkommen. Um Angriffslust gegen Eindringlinge zu zeigen, müssen mindestens zehn Bienen versammelt sein. Die normale Entwicklung der Eierstöcke bei den neu ausgeschlüpften Bienen geht nur in Gruppen von zwanzig Exemplaren vor sich. Die Thermogenese (die Produktion der charakteristischen Gruppenwärme) verlangt etwa dreißig. Die sozialen Erscheinungen wie »Beratung« und »Entschluß« vor einem gemeinsamen Aufbruch lassen sich erst bei einer Mindestzahl von fünfzig Bienen beobachten. Lebensfähig sind nur Gruppen von mindestens hundert Arbeiterinnen.

Es sieht so aus, als besäßen die Bienen ein kollektives Gedächtnis, das eindeutig über die Lebensdauer einer einzelnen Biene hinausgeht. Man weiß weder wo noch wie dieses »Gedächtnis« »gespeichert« und »weitergegeben« wird. Immerhin hat man festgestellt, daß gewisse Bienen länger als die anderen leben und über ein Jahr alt werden können. Sollten sie das »Gedächtnis« des Bienenstocks sein?

Kollektives Gedächtnis, kollektive Intelligenz . . . was bedeutet der Begriff »kollektiv«, wenn man nicht mehr weiß, was man unter »Individuum« zu verstehen hat; oder richtiger, wenn man feststellen muß, daß es je nach dem Maßstab, den man anlegt, eine verschiedene Definition des Individuums gibt.

Wenn wir einen anderen Maßstab anlegen als gewöhnlich und uns auf der Ebene der lebenden Zelle umsehen, was kann uns hindern, von einer »individuellen Intelligenz« der weißen Blutkörperchen, der Leukozyten, zu sprechen, die, sobald die Haut verletzt wird, sich hinstürzen – wie Termitensoldaten, die eine Bresche in ihrem Hügel wahrnehmen –, um das Schutzsystem der Haut zu reparieren und die angreifenden Mikroben zu neutralisieren?

Aber kann man nicht ebensogut, wenn man die normale Betrachtungsebene in entgegengesetzter Richtung verläßt, von einer »Intelligenz« der Gruppe, zum Beispiel eines Industriekonzerns wie *Unilever* oder *General Motors,* sprechen? Einer Intelligenz, die weder die Summe noch der Durchschnitt aller in ihr zusammengefaßten Einzelintelligenzen ist, sondern aus der Verbindung dieser Intelligenzen mit bestimmten Maschinen und nach bestimmten Methoden in einem geschlossenen *Apparat* besteht?

Es sieht ganz so aus, als sei die gegenwärtige Form des biologischen Werdens auf der Erde, in dessen Zentrum sich der Mensch befindet, ein Weg, solche »höheren« Organismen zu bilden – höher, nicht im Hinblick auf irgendeine Wertskala, sondern einfach hinsichtlich ihrer meßbaren Größe und ihrer Komplexität.

Zukunft im Sinn haben

Auf dem Wiener Kongreß des Jahres 1815, zu dem sich Fürsten und Diplomaten versammelt hatten, um Europa sein Gesicht wiederzugeben, pflegte Talleyrand zu sagen: »Man muß Zukunft im Sinn haben.«

Mehr als im Jahre 1815, mehr als je im Verlauf der menschlichen Geschichte tut es uns heute not, »Zukunft im Sinn zu haben«.

»Die Zukunft«, hört man mancherorts sagen, »die Zukunft ist so fern und ungewiß, was sollen wir uns um sie kümmern. Wir können ja doch nichts ändern. Nur die Gegenwart ist wichtig, denn sie ist da. Und in der Gegenwart zu leben ist schon schwierig genug; was sollen wir uns noch den Kopf um die Zukunft zerbrechen.« Ein Dichterwort sagt: »Die Zukunft gehört niemandem, die Zukunft ist Gottes.«

Eine verblendete Illusion! Wenn wir uns nicht um die Zukunft kümmern, so kümmert sich doch die Zukunft um uns. Sie bricht über uns herein, dringt durch alle Ritzen, alle Poren der Gegenwart. Selbst was wir lassen, selbst was wir zu tun versäumen, webt, wie Nietzsche gesagt hat, am künftigen Geschick der Menschheit mit.

Die Gegenwart, weit davon entfernt, allein Realität zu haben, ist etwas durchaus Unwirkliches. Es gibt kein Etwas, das den Namen »Gegenwart« verdiente.

In der zeitlichen Dimension ist die Gegenwart (objektiv) nur eine ausdehnungslose Grenze zwischen Vergangenheit und Zukunft; ein Zeitpunkt, also keine Zeit. Subjektiv gesprochen, nennen wir Gegenwart eine Zeitdauer, die sich auf beiden Seiten des Zeitpunktes ausdehnt, also aus Vergangenem und Zukünftigem besteht. Eine Gegenwart als Zeitdauer gibt es nicht.

Allerdings nehmen wir leichter wahr, was das Gegenwärtige an Vergangenem als was es an Künftigem enthält. Unsere Augen reagieren nicht auf die ultravioletten Strahlen des Sonnenlichts; doch unsere Haut empfindet sie und bräunt unter ihrem Einfluß. Ebenso sind wir, die wir ständig aus der Vergangenheit ankommen, kaum imstande, in unserer Gegenwart das Ultragegenwärtige, das Künftige, zu erkennen. Eine Zukunft, die, ob wir sie wahrnehmen oder nicht, unsere Haut, unser Fleisch, unser ganzes Wesen nachhaltig angreift.

»In der Gegenwart« leben zu wollen bedeutet – vor allem in einer Epoche rascher und tiefgehender Veränderungen –, in der Vergangenheit zu leben, und zwar in einer unwiderruflich absterbenden und schnell verwesenden Vergangenheit. Es bedeutet, daß man sich am Rand der Straße niederlegt und denen zusieht, die vorüberziehen. Es bedeutet, daß man sich weigert, die Bürde des Menschen zusammen mit den anderen weiterzutragen. Es bedeutet, daß man freiwillig darauf verzichtet, an den Lebensstrom angeschlossen zu bleiben.

Wir haben zu wählen

Wir haben die Wahl zwischen zwei möglichen Haltungen. Diese Wahl läßt sich nicht umgehen, wenn anders man nicht die schlechteste aller Wahlen treffen will, welche darin besteht, einfach den Gnadenstoß zu erwarten.

Entweder wählen wir die Haltung des *Ancien Régime,* die eine vornehme Dame, welche die Französische Revolution auf die Guillotine zu steigen zwang, sagen ließ: »Mit Verlaub, Herr Henker, noch einen Augenblick!«

Oder wir sagen »ja« zur Zukunft und reihen uns unter jene, die an ihrer Gestaltung tätig mitwirken wollen.

Mitten im Herzen Chinas, wo er den ältesten menschlichen Schädel (*Homo pekinensis,* 500 000 bis 700 000 Jahre) in der Hand gehalten hatte, erfüllt von dem Vorgefühl des Aufstiegs einer von Lebenskraft überschäumenden Menschheit, schrieb im Jahre 1945 der Jesuitenpater Teilhard de Chardin: »Das große Phänomen, dem wir beiwohnen, ist die totale und möglicherweise unwiderrufliche Spaltung der Menschheit, nicht in Arme und Reiche, sondern in solche, die an die Weiterentwicklung glauben, und die anderen. Unter diesem Gesichtspunkt ist der alte marxistische Gegensatz zwischen Schaffenden und Ausbeutenden überholt; er war allenfalls eine ungenaue Annäherungsformel. Was die Menschen von heute trennt, ist nicht die Klasse, sondern der Geist – der Geist der Bewegung. Auf der einen Seite jene, die in der Welt einen behaglichen Aufenthaltsort sehen, den wir auszubauen haben; und auf der anderen Seite jene, die sie sich nur als eine Fortschrittsmaschine vorstellen können – oder besser, als einen Fortschrittsorganismus. Hier der ›bürgerliche‹ Geist in Reinkultur; dort die wirklichen ›Arbeiter der Erde‹, jene, von denen man mühelos vorhersagen kann, daß sie einmal – ohne Gewalt und ohne Haß, allein aufgrund ihrer biologischen Überlegenheit – die Vertreter der menschlichen Gattung werden. Hier der Abfall – dort die treibenden Kräfte und lebendigen Elemente der Planetisierung.« (Teilhard de Chardin, Werke, Band V, S. 174 ff.)

Zwischen diesen beiden Haltungen, dem Streben zum besseren Leben *(le mieux-être)* und dem Streben zum intensiveren Leben *(le plus-être)*, haben wir gerade noch Zeit und Möglichkeit zu wählen.

Vier Jahre später schrieb Teilhard de Chardin: »Es ist ohne Bedeutung, daß in Richtung auf die Totalisierung des Menschen der politische, ökonomische und psychologische Horizont noch immer nicht deutlich zu erkennen ist. Für den Augenblick gilt es nicht, zu wissen, wo uns der Strom hinführt und wie wir über die Stromschnellen hinwegkommen, sondern einzig zu entscheiden, *ob* wir uns an der Gabelung des Flusses dem größeren Lauf anvertrauen und weiterfahren wollen – oder nicht.« (Teilhard de Chardin, a. a. O., S. 335, Fußnote.)

Die Wahl, vor der wir stehen, ist einfach; womit keineswegs gesagt sein soll, daß sie leicht ist. Wäre sie leicht, gäbe es keine Schwierigkeit.

Wer sich für die Zukunft entscheidet, muß gewisse Opfer bringen und auf manche Bequemlichkeit verzichten – in erster Linie auf eine Reihe von intellektuellen Bequemlichkeiten, eine stattliche Anzahl von »Gewißheiten«, von »Wahrheiten«, von Denkgewohnheiten, die sich seit Generationen kaum verändert fortgeerbt haben. Er muß die »allgemeine Übereinkunft«, das »Selbstverständliche« in Frage stellen.

Unsere Weltanschauung setzt sich aus drei Komponenten zusammen:

1. dem, was wir wissen,
2. dem, was wir glauben,
3. einem Bereich zwischen diesen beiden, in dem wir fragen und suchen.

Der Bereich des Wissens (dessen, was man wissen kann) geht die Wissenschaftler und Gelehrten an.

Der Bereich des Glaubens, zu dem all das gehört, was wir nicht wissen können (was sich dem Zugriff der Erkenntnis entzieht), ist Privatangelegenheit des einzelnen und seines Gewissens.

Unser Interesse hier gilt dem Zwischenbereich, dessen Erforschung unbequem ist. Es gibt Leute, die der Schwindel packt, wenn sie vom Balkon aus auf die Straße blicken. Sie ziehen sich in das Zimmer zurück. Ihnen entgeht das Schauspiel, sie hören nur seinen Lärm und wissen nicht, was da vorgeht.

Wir, die Primitiven . . .

Als ich vor einigen Jahren auf einem afrikanischen Flugplatz den Fuß wieder auf die Erde setzte, entführten mich Freunde, die mit dem Wagen auf mich gewartet hatten, ins tiefste Innere des Buschs. Sie wollten mir ein echtes, ursprüngliches, von der westlichen, geschichtlichen Zivilisation kaum berührtes Eingeborenendorf zeigen. Als mich der Häuptling einlud, seine Hütte zu betreten, zögerte ich einen Augenblick auf der Schwelle. Durch die Türöffnung nahm ich im Dunkeln ein paar undeutliche Schatten wahr: in einer Ecke hockten mehrere Gestalten, Frauen und Kinder; zu meiner Rechten lag ein alter, in seinen Bubu gehüllter Neger. Ich hatte den Eindruck, auf der Schwelle zu einer anderen Welt, zu einer anderen Menschheit zu stehen, und ein Schritt genügte, sie zu überqueren. Ich sah um so weniger, als ich von draußen kam, noch geblendet von der unbarmherzigen Tropensonne. Zudem hatte ich vergessen, meine Sonnenbrille abzunehmen.

Nicht anders geht es uns auf der Schwelle der Zukunft; wir nehmen nur undeutliche Schatten wahr, aber wir spüren, daß sie zu einer anderen Welt gehören. Allerdings sind wir in diesem Falle die Primitiven. Angesichts der »neotechnischen« Welt stammen wir noch aus dem »Paläotechnikum«.

Und noch einmal Afrika. Im vorigen Jahr hat sich ein Europäer in die Steppe der Elfenbeinküste führen lassen, um dort nach Elefanten zu jagen. Man hatte ihm viel von den Lobbis erzählt, einem Jägerstamm, der noch ebenso lebt wie vor dreitausend Jahren. Eines Tages entdeckte er am Rand der Piste ein Lobbi-Ehepaar im Stammeskostüm: der Mann nur mit Pfeil und Bogen bekleidet, die Frau mit einem einfachen Bindfaden. Beide hatten nach der Mode zugespitzte Zähne. Der Europäer läßt den Jeep halten, stürzt auf das Paar zu, um den Menschen der Vorgeschichte, unseren Urahn, den Jäger, aus der Nähe zu fotografieren. Die Lobbis zeigen sich bereitwillig und gefällig. Als er wieder in den Wagen steigt, drückt der Europäer dem Lobbi ein Zehnfrankenstück in die Hand, wie es in Afrika üblich ist, wenn man jemanden fotografiert. Der Lobbi betrachtet das Geldstück und bemerkt in reinstem Französisch: »Monsieur, Sie haben uns alle beide fotografiert, das macht nicht zehn Franken, sondern zwanzig.« Der verdutzte Europäer reicht ihm ein zweites Geldstück und fragt: »Was, Sie sprechen Französisch?« Darauf der Lobbi: »Warum soll ich nicht gut Französisch sprechen können? Ich war als Soldat fünfzehn Jahre in Frankreich. Ich habe den Krieg mitgemacht. Schließlich habe ich mich pensionieren lassen und bin in meine Heimat zurückgekehrt. Dort habe ich geheiratet. Alle drei Monate zahlt man mir meine Sergeantenpension. Ich bin sehr glücklich.«

Um die Geschichte zu vervollständigen, muß man hinzufügen, daß dieser prähistorische Jäger höchstwahrscheinlich in irgendeinem hohlen Baum das einzige Gerät versteckt hatte, welches ihm würdig erschienen war, von Europa, von der westlichen Zivilisation, übernommen zu werden: eine elektrische Stirnlaterne, wie sie nachts die Wilddiebe benutzen, um Antilopen zu überraschen und zu erlegen.

Wie viele – oder wie wenige – Europäer besitzen die Lebensweisheit dieses Jägers, der die Errungenschaft der Technik benutzt, dabei jedoch die Integrität seiner Existenz zu bewahren weiß? Gerade das aber, die Bewältigung des Fortschritts, ist Kultur.

Nicht rücklings in die Zukunft geraten

Befreien wir uns vor allem von dem instinktiven Schrecken, einer Art anzugehören, die in Mutation begriffen ist. Den Menschen von einst ist es auch nicht leichter gefallen, sich an den Gedanken zu gewöhnen, daß sie auf einer rotierenden Kugel leben. Heute verursacht uns diese Vorstellung längst kein Schwindelgefühl mehr; wir haben uns mit ihr abgefunden.

Doch es gibt noch manche andere Reaktionen, gegen die wir uns wehren sollten. Wenn unsere Ansicht zutrifft, daß die Mutation der menschlichen Art das Individuum zugunsten größerer Gruppenorganismen aufheben wird, hören wir mehr als eine Stimme sagen: »So sieht eure Menschheit von morgen aus? Ehe ich das erleben muß, bringe ich mich lieber selber um!« Nun, man mag sich beruhigen, wir werden es sicher nicht mehr erleben; und die kommenden Generationen werden sich nach und nach anpassen, ohne es einmal zu merken. So sind die Nachfahren der steinzeitlichen Jäger mit der Zeit assimiliert und integriert worden – oder ausgestorben. Nur zuweilen noch regt sich in einem von uns als genetischer Atavismus der wache und unruhige Instinkt des jagenden Urahns. Die ihm folgen, die Abenteurer, Dichter und Landstreicher, sind »Asoziale«, die in der organisierten Gesellschaft immer weniger Daseinsberechtigung haben und auf lange Sicht verschwinden werden.

Wenn es zutrifft, daß sich mit der menschlichen Art eine Mutation vollzieht, bleibt uns keine andere Wahl, als zu versuchen, den Vorgang in guter Haltung zu überstehen. »*Ducunt volentem fata, nolentem trabunt.*« Besser, als sich vom Schicksal treiben zu lassen, ziemt es dem Menschen, darauf zuzugehen und zu achten, wo er die Füße hinsetzt. Nicht »rücklings in die Zukunft eintreten«, sagt Paul Valéry.

Sein Schicksal hinzunehmen, zu verstehen, zu lieben heißt letztlich auch, es in die Hand zu nehmen. Zumindest gelingt es nur so, seinem Leben einen Sinn zu geben. Die richtige Weise, das Schiff durch die Flutwelle zu bringen und in der Brandung nicht unterzugehen, ist immer noch, auf sie zuzufahren.

Als im Jahr 1917 ein deutscher Angriff die französischen Linien durchbrach, befahl Clemenceau einem General, sich unverzüglich und auf dem schnellsten Wege an die Front zu begeben, um sich persönlich ein Bild von der Situation zu machen. Man stellte dem General ein Flugzeug zur Verfügung. Ein General . . . im Flugzeug . . . das hat es noch nie gegeben. Doch Befehl ist Befehl – zumal wenn er von Clemenceau ausgeht. Resigniert begab sich der General zum Flugplatz und stieg in den kleinen Vogel. Bevor er sich setzte, beugte er sich nach vorn zum Piloten, um ihm eine letzte Anweisung zu geben: »Vergessen Sie nicht, mein Bester, daß Sie einen General fliegen. Darum Vorsicht! Fliegen Sie langsam und niedrig!«

Es wäre unvorsichtig, wenn in einer Übergangsepoche wie der gegenwärtigen unser Humanismus »langsam und niedrig« fliegen wollte.

Was tun?

Gelegentlich begegnet man folgendem Argument: »Wenn diese Entwicklung unabwendbar ist, was kann es dann nützen, sich über sie Gedanken zu machen? Wir können ja doch nichts ändern . . .«

Wenn schon . . . Selbst im Angesicht des Unausweichlichen bleibt es möglich, etwas zu tun. Man kann versuchen, Haltung zu bewahren und die Augen offenzuhalten. Unter den Dolchen der Mörder fallend, ordnete Julius Cäsar die Falten seiner Toga.

Aber im vorliegenden Fall, mit einer Mutation konfrontiert, gibt es etwas zu tun; denn wenn auch die Richtung der Entwicklung unverrückbar feststeht, so läßt sich das »Wie« und das »Wann« ihrer Peripetien beeinflussen.

Das »Wie«? Es hängt von uns allen ab, ob sich die Entwicklung mehr oder minder rationell, mehr oder minder »menschlich« (im traditionellen Sinne des Begriffs) vollzieht – ob sie mit größerer oder geringerer Verschwendung von Materie, Energie, Blut und Schweiß, ob sie in Eintracht oder in erbarmungslosem Kampf ihren Weg nimmt.

Das »Wann«? Es ist eine unbedachte, falsche Reaktion zu sagen: »Früher oder später, was kommt es darauf schon an?« Denn in Wirklichkeit kommt es sehr darauf an. In diesem Unterschied kann alles liegen, was dem Menschen gegeben ist, der ganze Reichtum seiner Möglichkeiten, die Summe seines Daseins. Wir wissen, daß wir eines Tages sterben müssen. Doch ist das ein Grund, uns auf der Stelle eine Kugel in den Kopf zu schießen? Dieser feige Irrtum entspringt einem Denkfehler, der seinerseits auf einem ungenauen Wortgebrauch beruht. Wir unterscheiden gewöhnlich nicht klar zwischen

»Zweck«, »Ziel«, »Ende«, und indem wir die Worte verwechseln, sind wir schon versucht, unser Leben und Handeln mit einem Hindernislauf zu vergleichen, dessen Ziel mit seinem Ende (Gewinn oder Verlust) zusammenfällt. Wenn es um unser Dasein geht, ist sein Verlauf selbst und nicht sein Ende das »Ziel«, welches ihm einen Sinn gibt. In einem Handbuch der Erotik heißt es: »Nicht das Ziel ist das Ziel; das Ziel ist der Weg.« Und Carlo Schmid: »Jeder Schritt ist ein Ziel.« Wir können übrigens den Gang der Dinge nachhaltig beeinflussen, einfach indem wir ihn beschleunigen oder verlangsamen. Ein Beispiel aus der Geschichte des Mittelalters: »Um ungefähr zu ermessen, in welchem Ausmaß Europa während des viel zu kurzen Zeitraums, in dem es von ihrer Mitarbeit profitieren durfte, zur Schuldnerin der griechischen Humanisten geworden ist, genügt es, sich vorzustellen, was aus der europäischen Kultur ohne diesen letzten Beitrag des alten Byzanz geworden wäre. Wie stände es vor allem mit unserer Kenntnis des antiken Geistes, unseren Wissenschaften, unserer Philosophie – die sich unablässig an dieser kräftigen Nahrung gestärkt haben –, wenn die Eroberung Konstantinopels und Griechenlands den Türken statt erst im 15. Jahrhundert bereits gleich nach der Schlacht von Manzikert (1071) gelungen wäre? Eine derartige Katastrophe hätte die byzantinische Renaissance der Literaturwissenschaft, der Jurisprudenz und Philosophie vernichtet und die Überlieferung des antiken Vermächtnisses verhindert. Denn ohne die Byzantiner, die von Psellos bis Plethon die Monumente des griechischen Geistes umschrieben und kommentierten, wären diese niemals auf uns gekommen. Sogar die Kenntnis der griechischen Sprache wäre nicht von einer lebendigen und sicheren Tradition weitergegeben worden, sondern hätte neu entdeckt werden müssen, wie die aller wirklich toten Sprachen. Die griechische Philosophie müßten wir mit Hilfe unvollkommener und vor allem fragmentarischer lateinischer und arabischer Übersetzungen zu rekonstruieren versuchen.« (François Masai, *Pléthon et le Platonisme de Mistra,* S. 336)

Sich bewußt werden

Doch es gibt noch weitaus mehr zu tun als das – und vor allem Besseres. Wenn, wie wir meinen und bereits angedeutet haben, das Bewußtsein die Rückkopplung bildet, welche den Verlauf der Ereignisse nicht nur spiegelt, sondern auch beschleunigt und lenkt, dann hat auch derjenige, welcher auf eigene Faust an dieser Bewußtwerdung teilnimmt, seinen möglicherweise infinitesimalen, aber letzten Endes keinesfalls unbedeutenden Anteil an der Beschleunigung und der Lenkung des Werdegangs der neuen Menschheit.

Europa hat noch nicht ausgespielt

Welchen Platz nehmen wir, die Westeuropäer, in dieser Entwicklung ein? Was die Technik betrifft, sind wir im Schlepptau: wir besitzen weder Wasserstoffbombe noch Weltraumrakete. In beiden Domänen ist unser Rückstand gegenüber den beiden Großen kaum noch aufzuholen. Es ist das weniger eine Frage des Erfindungsgeistes als eine Frage der Mittel oder richtiger: des Einsatzes der Mittel. Will das aber besagen, daß Europa endgültig und auf allen Gebieten im Schlepptau ist?

Europa – wenn wir diesen Namen aussprechen, denken wir nicht an einen Kontinent, nicht an diesen kleinen Ausläufer Asiens: genausowenig denken wir an dieses oder jenes Volk, an sechs oder zehn Staaten Europas. Europa, das bedeutet vor allem eine Geisteshaltung, ein besonderes Verhältnis zu den Dingen. Man ist nicht Europäer von Geburt, sondern man wird es durch Bildung.

Europa ist das erste »offene System« gewesen. Ein jeder, ganz gleich, wo er geboren ist und welcher Rasse er angehört, ist Europäer, sobald er die europäische Bildung annimmt und ihre Grundsätze akzeptiert, die einfach die der »offenen Welt« sind.

Europa hat den menschlichen Prozeß ausgelöst, der heute in eine neue, entscheidende Phase tritt; Europa hat die Bewegung in Gang gebracht, die heute den ganzen Planeten ergreift und, wie es scheint, in naher Zukunft ihre »Fluchtgeschwindigkeit« erreichen wird.

Europa hat den Gott einer geometrischen Schöpfung erfunden, die Mathematik, die Logik, die Naturwissenschaften und die von ihnen abstammenden Techniken.

Europa hat den dreidimensionalen Raum, die Perspektive erfunden.

Europa hat die räumliche Darstellung der Zeit erfunden und die vierte Dimension den drei anderen angeglichen.

Europa hat den Begriff des Bezugssystems geschaffen.

Europa hat die Buchführung erfunden.

Europa hat den Kapitalismus geschaffen und den Marxismus aus ihm abgeleitet.

Europa hat den Begriff des »offenen soziologischen Systems« geschaffen.

Europa hat die Geschichte geschaffen.

Europa hat schließlich immer wieder alles in Frage gestellt, alles von Grund auf neu ins Werk gesetzt.

Die sich mit dem europäischen Geist solidarisch fühlen, dürfen darauf stolz sein; doch sie dürfen nicht erwarten, daß ihnen die übrige Welt deshalb Ruhmeskränze flicht. Dankbarkeit ist weder ein natürliches noch ein politisches Gefühl.

Europa darf nicht auf Nachsicht und Schonung seitens der anderen rechnen, nur weil es der Menschheit ihren Weg gewiesen hat. Die Erben einer großen Vergangenheit müssen sich immer wieder neu behaupten und durchsetzen. Im Wettlauf des Lebens gibt es kein Mitleid für jene, die sich müde fühlen.

Europa hat ein Feuer entzündet; nun schlagen die Flammen um das eigene Haus. Alle Revolutionäre haben diese Erfahrung gemacht: die Revolution verschlingt die, die sie angestiftet haben. Unser geteiltes, zerrissenes, überholtes Europa – ist sein Urteil bereits gesprochen?

Es gibt Leute, die sich die Überzeugung nicht rauben lassen, daß es sein letztes Wort noch nicht gesprochen hat, daß es genügend Reserven besitzt, um noch eine entscheidende Rolle zu spielen.

Europa ist immer ein Zentrum der Gärung, ein außerordentlich fruchtbarer Nährboden bahnbrechender Wandlungen gewesen, und es gibt keinen Grund, warum es aufhören sollte, es zu sein. Die menschliche »Gärung«, die intellektuelle, soziale, technische Aktivität, steht in einem engen Wechselverhältnis zur Dichte, und zwar nicht nur zur rein zahlenmäßigen Dichte der Individuen pro Quadratkilometer, sondern zur Dichte der menschlichen Beziehungen.

Nun ist aber der Austausch von Informationen, die »Reibung der Gehirne«, welche die geistige Temperatur der Gruppe steigert, heute noch nirgendwo intensiver als in Europa. Gerade weil es in verschiedene Sprachgebiete zerfällt, ist in Europa der Gedankenaustausch fruchtbarer als in jedem anderen Teil der Welt.

Die Freiheit des Geistes, d. h. die Möglichkeit, Fragen zu stellen, ist nirgendwo größer. Wir nähern uns aber einem Zeitpunkt, wo es sehr darauf ankommen wird, daß man in der

Lage ist, alles erneut in Frage zu stellen. Das alte Europa könnte durchaus diese Fähigkeit den beiden »Großen« voraushaben, die in ihren Anstrengungen, ja vielleicht in ihren Erfolgen erstarren.

Wir meinen, daß Europa weiterhin seine Rolle als Herd der Wandlungen zu erfüllen vermag.

Wir haben – und das war sehr notwendig – gewisse Anschauungen überwunden, die sich von einem allzu vereinfachenden biologischen Analogiedenken herleiteten und das Leben der gesellschaftlichen Organismen mit dem der Individuen gleichsetzten. Völker und Zivilisationen sollten nach diesen Lehren dem unaufhaltsamen Kreislauf des individuellen Daseins unterworfen sein: Jugend, Reife, Altersschwäche, Tod. Man glaubte aufgrund dieser Vorstellungen, daß es »junge« und »alte« Völker gebe.

Doch die Entwicklungskurven der kollektiven Organismen sind weit davon entfernt, einfach den Lebenszyklus des Individuums in größerem Maßstab nachzuahmen. Die Korallenbänke der Südsee sind viele tausend Jahre alt und wachsen noch immer.

Ebenso besitzen die menschlichen Gesellschaften eine nahezu unerschöpfliche Regenerationsfähigkeit. Wenn es eines Beweises bedarf, genügt es, an den neuen Aufschwung, den wahrhaft jugendlichen Elan des alten Volkes der Chinesen zu denken.

Im 6. Jahrhundert nach Christi Geburt sagte Gregor von Tours: *»Mundus senescit«* (»die Welt altert«). Sechs Jahrhunderte später erlebte Europa eine unerhörte Blüte.

Europa ist nicht »alt«, nicht »müde«; bisher hat es noch immer verstanden, rechtzeitig wieder jung zu werden.

Menschen ist die große Lust
Gegeben, daß sie selber sich verjüngen.

Hölderlin, Empedokles

Nachwort zur Taschenbuchausgabe 1979

Als mein Verleger Siegfried Unseld mir vorschlug, die »Mutation der Menschheit«, deren erste Auflage 1963 erschienen war, neu herauszubringen, habe ich etwas gezögert: könnte das Werk nicht gealtert und überholt sein? Hat die inzwischen eingetretene Situation vielleicht einige meiner damaligen Ansichten widerlegt? Oder habe ich vielleicht selbst, nach zwanzig Jahren, meine Auffassungen revidiert? Müßte ich nicht einige Perspektiven abwandeln, einige Einschätzungen berichtigen?

Ich habe also noch einmal nachgelesen, was ich vor fünfzehn Jahren schrieb, und den Entschluß gefaßt, es unverändert nachzudrucken. Immerhin ist dieses Werk, das seinerzeit »bahnbrechend«* war, gewissermaßen ein »Klassiker« geworden. Es gibt nichts daran zu ändern.

Nichts, was seither geschehen oder ins Bewußtsein gedrungen ist, widerspricht dem, was ich damals sagte. Andererseits aber – so günstig das Publikum mein Werk auch aufgenommen hat – ist der wichtigste Teil der Botschaft, die ich damals verkündete, bisher noch nicht wahrgenommen worden; nämlich die Tatsache, daß die Menschheit in eine Phase der genetischen Umwandlung eingetreten ist. Für mich handelt es sich um eine *Mutation,* nicht im übertragenen, sondern im wörtlichen und wahrhaft *genetischen* Sinn des Wortes.

Zwar wird diese Tatsache immer offenkundiger werden, wie ich meine, und in zehn oder zwanzig Jahren von der wissenschaftlichen Forschung anerkannt sein, bisher jedoch wurde sie noch nicht – zumindest nicht offiziell – ernsthaft in Erwägung gezogen.

Ich halte also an meinem ursprünglichen Titel, »Mutation der Menschheit«, sowie auch an dem Werk als Ganzem fest.

Vor etwa fünfundzwanzig Jahren hat mir die Lektüre – vielmehr die erneute Lektüre – von Nietzsche sowie die Begegnung mit Teilhard de Chardin im Jahre 1952 den Mut gegeben, mich mit einem für einen traditionellen Humanisten bestürzenden Gedanken zu beschäftigen, einem Gedanken, der zwar

---

* deutsch im Original

sehr einfach ist, aber vor dem man noch immer die Augen verschließt. Seit Darwin hat sich die Erkenntnis durchgesetzt, daß die Gattung Mensch, so wie sie heute existiert – der *homo sapiens,* der Mensch, der weiß, daß er weiß – und die kaum fünfzigtausend Jahre alt ist, den vorläufigen Endpunkt einer langen biologischen Entwicklung bildet, die den Menschen, von Mutation zu Mutation, zu dem gemacht hat, was er ist.

Aber weshalb zum Teufel sollte die biologische Evolution ausgerechnet bei diesem *homo sapiens* stehenbleiben, warum sollte sie nicht zu neuen Formen fortschreiten, Formen, die zwar dem *homo sapiens* entspringen, sich jedoch von ihm unterscheiden?

Müssen wir, wenn wir an die Offenbarung des Alten Testaments glauben, wirklich der Ansicht sein, daß Gott am siebten Tag, zufrieden mit seinem Werk und den Menschen (nach Herders Ausdruck) als »die Krone der Schöpfung« betrachtend, ein für allemal aufgehört hat, neue Formen zu schaffen, wie er es die sechs vorhergehenden Tage getan hatte? Müssen wir, wenn wir dem marxistischen Credo den Vorzug geben, der Überzeugung sein, daß der Mensch keine »Natur« mehr hat, sondern nur noch »Geschichte«, die der Geschichte der Gesellschaft entspricht? Weshalb sollte das so sein, weshalb sollte das Leben, nachdem es bei der Gattung Mensch angekommen ist, aufhören, neue Formen zu erzeugen?

Der Glaube, daß der Mensch die letzte Stufe, das *nec plus ultra* der Schöpfung (oder *physis,* wie die alten Griechen sie nannten, oder *natura,* wie Lukrez sie nannte) darstellt, wird bald ebenso absurd wie anmaßend erscheinen.

Noch schwerwiegender: wer sich sträubt, die Tatsache zur Kenntnis zu nehmen, daß die Gattung Mensch eine der Mutation unterworfene tierische Gattung ist, der weigert sich nicht nur, das Phänomen Mensch zu verstehen, in das wir gegenwärtig verwickelt sind – was an sich schon bedauerlich ist –, der versagt sich auch jede Möglichkeit, auf es einzuwirken und ihm möglicherweise eine Richtung zu geben.

Man darf sich nämlich fragen – um eine bildhafte, d. h. nichtwissenschaftliche und gerade deshalb leichter verständliche Sprache zu sprechen –, ob das Bewußtsein nicht vielleicht ein »Mittel« ist, daß die »Natur« dem Menschen (wahrhaftig nur ihm allein?) an die Hand gegeben hat, damit er seine

Entwicklung selbst lenke. Auf die Ausübung dieses Faktors der Entwicklung verzichten hieße dann, sich als rein passives Wesen verhalten; hieße, auf ein wesentliches Vorrecht des Menschen verzichten. Schon Pindar sagte dem Menschen: *genoi'oios essi* – werde, der du bist; das heißt: forme dich selbst, indem du dir deiner bewußt wirst.

Wer es heute ablehnt, sich der Mutation bewußt zu werden, der verzichtet auf sein Menschsein. Der dankt ab.

Noch ein Beispiel – vielleicht mehr als nur ein Bild – aus der Paläontologie. Vor nunmehr 140 Millionen Jahren war die Erde von Sauriern bevölkert. Unter ihren Nachfahren zeichneten sich drei verschiedene Zweige ab: die heutigen Reptilien, diejenigen, die dem Stamm am nächsten geblieben sind; die von den sogenannten säugetierartigen Reptilien abstammenden Säugetiere; und die Vögel, Nachkömmlinge jener Saurier, die den Flug »erfanden«. Der erste bekannte Vogel ist der Archäopterix: er scheint zwar schon Federn gehabt zu haben, aber noch keine Flügel und zweifellos nicht die Fähigkeit des Fliegens; aber gewiß besaß er bereits gleichsam die »Idee« des Fliegens, d. h. eine Vorstellung des Luftraums sowie dessen, was notwendig wäre, ihn zu erobern, und – wer weiß? – vielleicht sogar eine Form von Bewußtsein. Jedenfalls sind die Vögel die heutigen Nachfahren eben dieser Saurier. Was die Saurier selbst betrifft, so sind sie sehr brutal ausgestorben.

Es ist durchaus möglich, daß die Zukunft im biologischen Sinn denen gehört, die das klarste und schärfste Bild des Zukünftigen haben. Weshalb sollte dieses »Bild der Zukunft«, wo nicht ein Faktor der Mutation, so doch ein Faktor zur Orientierung der Mutation sein, die sich, gemäß den großen biologischen Gesetzen des Zufalls und der Notwendigkeit, ohnehin vollzieht?

Ein Zufall, oder sagen wir besser: ein eigenartiges Zusammentreffen will, daß ich mich sehr gut an den Tag erinnere, da ich, von diesem Gedanken oder von diesem Bild der Mutation des Menschen gepackt, das mich schon seit Monaten und Jahren verfolgte, beschlossen hatte, mich an meinen Schreibtisch zu setzen und jenes kleine Buch zu schreiben, das den Titel *Mutation der Menschheit* tragen sollte.

Es war der 4. Oktober 1957. Ich hatte mich gegen 10 Uhr morgens an meinen Tisch gesetzt. Von Zeit zu Zeit lauschte ich dem gedämpften Nachmittagskonzert im Rundfunk, France-Musique – wenn meine Erinnerung nicht trügt, war es ein Konzert von Johann Stamitz; gegen fünf Uhr wird es von einer Kurznachricht unterbrochen: der UdSSR ist es gelungen, einen künstlichen Satelliten auf eine Umlaufbahn zu bringen; zum erstenmal in der Geschichte der Menschheit ist die Schwerkraft besiegt. Dieser Satellit ist groß wie eine Pampelmuse, man nennt ihn Sputnik. Ich deutete dieses Zusammentreffen als Vorzeichen, als Ermutigung, mein eigenes intellektuelles Vorhaben fortzusetzen; nämlich den Versuch zu unternehmen, die Zukunft zu denken, die Richtung zu ermitteln, in der sich vor unseren Augen das Phänomen Mensch entwickelt; mir so bewußt wie irgend möglich Klarheit darüber zu verschaffen, auf welchem Dampfer wir uns befinden; auch zu versuchen, wie Talleyrand auf dem Wiener Kongreß von 1815 sagte, nicht »rücklings in die Zukunft einzutreten«, mit geschlossenen Augen.

Ich lasse also meinen Text so, wie er ist, ohne das geringste daran zu verändern, ja nicht einmal die Zahlenangaben auf den neuesten Stand zu bringen.

In zwanzig Jahren mögen sich die Zahlen verändert haben, wir mögen über sehr viel genauere Statistiken verfügen – die Tendenz jedoch hat sich nicht verändert, die Kurven haben keine merkliche Abweichung erfahren. Die Richtung, in der sich das Phänomen Mensch entwickelt hat, ist genau dieselbe, die schon damals für jeden erkennbar war, der ihr Aufmerksamkeit schenkte. Der Club of Rome, das M.I.T, das Hudson-Institute und viele andere Institutionen haben seither immer präzisere Modelle erarbeitet, man hat mögliche, sogar wahrscheinliche Entwürfe für die kommende Evolution skizziert, von Jahr zu Jahr werden die wirklichen Probleme besser gestellt – das alles habe ich verfolgt und nichts darin gefunden, das meine Ansichten entkräftet hätte, ganz im Gegenteil.

In einem einzigen Punkt hat sich die Prognose präzisiert. Während damals noch keine Grenze des explosionsartigen demographischen Wachstums der Gattung Mensch abzusehen war, meinen die Prognose-Institute heute, daß sich die Weltbevölkerung um das Jahr 2020 bei einer Zahl von acht bis zehn Milliarden Individuen stabilisieren könnte. Erinnern wir daran, daß die Menschheit im Jahre 1977 um 73 Millionen

Menschen angewachsen ist und damit 4,2 Milliarden erreicht hat (von denen etwa ein Viertel Chinesen sind), was eine bescheidene Verringerung der Wachstumsrate bedeutet. Die weiße Rasse (Europäer – natürlich einschließlich der Russen – und Amerikaner) hat sich in ihrem Wachstum bereits stabilisiert und wird zahlenmäßig sogar rasch abnehmen, sowohl im Hinblick auf absolute Zahlen wie im Verhältnis zu den anderen ethnischen Gruppen, die noch eine gewisse Zeit anwachsen werden. Nichts garantiert, daß der *homo* von morgen, derjenige, der aus der Mutation hervorgeht, ein Nachfahre der weißen Rasse sein wird.

Meine Ansichten haben sich nicht geändert, und ich habe auch keinen Anlaß, sie zu revidieren; nur entwickelt sich das Phänomen, das ich damals wahrnahm, sehr viel schneller, als ich dachte. Und so bin ich Zeitgenosse und zugleich Betrachter von Dingen, die zu beobachten ich mir nie hätte träumen lassen.

So sagte ich zum Beispiel voraus, daß die fossilen Ressourcen an mineralischen Stoffen in absehbarer Zukunft erschöpft sein werden, angefangen mit dem Erdöl: die Energiekrise, die ich für das Ende dieses Jahrhunderts vorhersah, ist bereits 1974 ausgebrochen, rechtzeitig genug, um zum erstenmal Alarm zu schlagen, um den Regierungen gleichsam Gelegenheit zu geben, nach und nach eine Wirtschaft aufzubauen, die nicht mehr auf Erdöl basiert. Im übrigen sieht es so aus, als sei diese Warnung vergeblich gewesen, als würden sich unsere Systeme viel zu langsam an eine energiesparsame Ökonomie anpassen, als ginge die »Raubwirtschaft« auf vollen Touren weiter. Die nächste Energiekrise wird weitaus schlimmer sein, nicht mehr nur ein Alarmsignal, und sie wird unausweichlich zwischen 1985 und 1995 eintreten. Aber die Menschen sind nun einmal so beschaffen, daß sie stets glauben, alles würde »immer so weitergehen wie bisher« – warum auch nicht? – und »ewig dauern«, zumindest so lange wie sie selbst. Darin irren sie, denn heute verändern sich die Dinge sehr schnell; im übrigen um so schneller, als die Vorhersagetechniken sich verfeinern und beschleunigend wirken.

Ebenso geht der Übergang unserer Menschengruppen zum Herdentypus, insbesondere durch den Einfluß des Fernsehens, sehr viel schneller vor sich, als ich erwartete. Schon sehen wir, daß die ersten »Kinder des Fernsehens« in unsere Universitäten strömen, d. h. diejenigen, die in ihrer Kindheit 25 Stunden pro Woche vor dem Fernsehapparat verbracht haben; und tatsächlich unterscheidet sich ihr psychologisches Profil von dem der vorherigen Generationen. Man unterstelle mir nicht, was ich nicht sage: sie sind weder unfreundlicher noch weniger intelligent – ich möchte sogar das Gegenteil behaupten –, aber ihr Gehirn funktioniert anders. Das ist im übrigen der Hauptgrund für die Unangepaßtheit unseres gesamten Lehrsystems, das gemäß den neuen Gegebenheiten der Informationsübermittlung von Grund auf revidiert oder, besser gesagt, künftig einer ständigen Überprüfung unterzogen werden muß. Sogar die Vorstellung einer Bildungsreform, d. h. einer Reform, die man, zumindest für eine gewisse Zeit, ein für allemal durchführt, hat keine Gültigkeit mehr. Man muß sich in die Lage bringen, eine permanente, ununterbrochene Reform durchzuführen.

Der Prozeß der Gregarisierung (der Herdenbildung) der Gattung, der Übergang (auf dem Wege der Mutation) vom *homo sapiens* zum *homo domesticus* ist in vollem Gange, und nichts vermag ihn aufzuhalten.

Hier muß ich meinen deutschen Leser um Verzeihung bitten, daß ich ihm ein Wort präsentiere, das für ihn neu ist und das in keinem deutschen Wörterbuch steht: nämlich den Begriff »gregär«. Diesen Terminus gibt es im Lateinischen *(gregarius)*, im Französischen *(grégaire)*, im Englischen: *»gregarious: associating or living in flocks and herds«*. Dieses Wort fehlte auch Nietzsche, der viel von *Herde* sprach: »das allgemeine grüne Weide-Glück der Herde«, »der Instinkt der Herde schätzt die Mitte«, usw. Er sprach von *Herdeninstinkt, Herdenmoral, Herden-Ideal, Herdennützlichkeit* ... alles Worte, die im übrigen seine Verachtung für den *Herdenmenschen* ausdrücken. Um diese pejorative Nebenbedeutung zu vermeiden, schlage ich vor, im Namen der wissenschaftlichen Objektivität den dem Lateinischen *gregarius* entsprechenden deutschen Terminus *gregär* zu verwenden. In dem Kapitel *Bevölkerungsdichte* des vorliegenden Bandes wird man sehen, was ich unter der Gregarisierung der Gattung Mensch verstehe, die im Begriff steht, ihrerseits jene Etappe der Evolution zu durchlaufen, welche die sozialen Insekten – Bienen, Ameisen, Termiten – vor vielleicht sechzig Millionen Jahren zurückgelegt haben. Ein Bild dessen, was Gregarisierung bedeutet, zeigen uns die Bienen: die Entomologen stellen fest, daß eine vereinzelte Biene außerstande ist, irgend etwas allein zu unternehmen; sie müssen sich mindestens zu zehnt zusammenschließen, um eine Entscheidung treffen zu können.

Ich muß jedoch an dieser Stelle eine nicht unwichtige Präzisierung anfügen: wenngleich alle Ameisen und alle Termiten in Gesellschaft leben, so kennen wir in den großen Familien der Bienen *(Apoidea)* und Wespen *(Vespoidea)* neben den offen vergesellschafteten und höchst spezialisierten Gattungen wie unserer Hausbiene, *Apis mellifica,* noch andere Bienen- und Wespenarten, die mehr oder weniger vergesellschaftet sind, und sogar zahlreiche solitäre Gattungen, die weiterhin überleben. Ich für meinen Teil wünsche mir, daß der Prozeß der Vergesellschaftung (oder der Gregarisierung) der Gattung Mensch eher dem Beispiel der Bienen als dem der Ameisen oder Termiten folgt; daß in der neuen Gesellschaft auch einigen Vertretern der nicht-vergesellschafteten Gattung Mensch ein Überleben zugestanden wird, der wilden Gattung Mensch. Ohne weiteres wird man für sie ein paar Reservate, ein paar Schlupfwinkel im Gebirge oder tief in den Wäldern finden können, dort, wo sie niemand stören werden. Indes habe ich kürzlich mit großem Bedauern erfahren, daß man im Begriff ist, die Wälder abzuholzen, die an den Hängen des Himalaja noch standen – was übrigens in naher Zukunft zu einer ökologischen Katastrophe größten Ausmaßes führen wird.

Ich war mir bereits darüber klargeworden, daß der Übergang zu kollektiveren Formen der gesellschaftlichen Organisation unseren abendländischen Begriff des *Individuums* in Frage stellen würde – und zwar schneller, als wir dachten. Unsere Zivilisationen sind – das ist oft genug gesagt worden – Zivilisationen der Person.

Aber was ist eine Person, was ein »Individuum«? Ein sehr relativer Begriff: relativ in bezug auf einen bestimmten Zustand der Zivilisation.

Wenn wir eine Hierarchie der Organismen annehmen, die von dem einfachsten, auf der untersten Sprosse der Stufenleiter, bis zum komplexesten hoch oben auf der Leiter reicht, und wenn wir uns auf die Ebene stellen, auf der sich heute der Organismus befindet, den wir das menschliche Individuum nennen, können wir von hier aus sowohl nach oben wie nach unten blicken.

Blicken wir nach oben, so ist das, was wir ein »Individuum« nennen, lediglich ein Baustein von komplexeren Organismen, Gemeinschaften oder – wie ich es nannte – »Apparaten«, von denen unser »Individuum« nur ein Element bildet. In einer Armee, einer Kirche, einer Nation, einer straff organisierten politischen Partei hat das »Individuum« keine eigene Existenz. Was existiert, was unteilbar, also individuell ist, ist die Truppe, die Kirche, das Volk, die Partei. Ebenso ist bei den vergesellschafteten Insekten das »Individuum« nicht die Biene, sondern der Bienenstock, nicht die Ameise, sondern der Ameisenhaufen, nicht die Termite, sondern der Termitenhügel.

Blicken wir auf der Leiter jedoch nach unten, so werden wir gewahr, daß das, was wir Individuum nennen, in Wahrheit bereits ein Kollektiv ist, ein zusammengesetzter »Apparat«. Ein menschliches Wesen, eben jenes, das wir »Individuum« nenne, besteht aus unterschiedlichen Organen – Leber, Herz, Lungen –, die jeweils ihre spezifische Funktion haben und deren harmonisches Zusammenwirken für das Überleben dieses »Individuums« notwendig ist. Man kann auch sagen, daß unser »Individuum« ein Kollektiv aus Gefühlen, geistigen Tätigkeiten, Instinkten ist, die zuweilen miteinander in Konflikt geraten und eine – nicht unbedingt einfache – Schlichtung erforderlich machen, so wie ein Regierungschef dazu gebracht werden kann, einen sozialen Konflikt zu schlichten. Man kann sagen, daß das Freudsche *Ich, Über-Ich* und *Es* zusammen ein Kollektiv, eine Gesellschaft bilden.

Ich hatte geglaubt, einer blühenden Phantasie nachzugeben, als ich davon träumte, daß man das, was wir ein menschliches Wesen nennen, eines Tages vielleicht als den Apparat betrachten könnte, den einfachere, einzellige Wesen erfunden haben, um zu überleben, um besser zu leben, um sich fortzuentwickeln. Und ich meinte – bildlich natürlich –, daß man diese Grundelemente mit jenen einzelligen Wesen, jenen »Individuen« an der Basis, den weißen Blutkörperchen gleichstellen könnte, die, den Amöben vergleichbar, so viele verschiedene Funktionen haben: zerstörte Gewebe reparieren, dem Überfall von Bakterien oder Viren Widerstand leisten, die menschliche »Maschine« zu konstruieren und zu unterhalten . . .

Nun erfahre ich, daß genau dieses Denkschema von den Genetikern aufgestellt wurde, mit dem einzigen Unterschied, daß sie die Stufenleiter der Lebewesen noch weiter hinabsteigen, als ich es tat: die Zelle, das Zellen-»Individuum«, ist bereits ein komplexes, zusammengesetztes Wesen; das einfachste »Wesen«, jedenfalls das, zu dem die Forschung heute Zugang hat, das »Individuum« auf der tieferen Etage, ist für sie das Gen. Sie sagen ausdrücklich, daß es erlaubt ist, auf der Ebene über dem Gen die Zelle und auf der Ebene über der Zelle den biologischen Organismus als eine »Erfindung« der Gene zu betrachten, die sich zu einem »System« – zu dem, was ich einen Apparat nenne – vereinigt haben, um sich der Herausforderung des Daseins zu stellen.

In der Tat sieht man, daß sich hier auf drei Ebenen – zweifellos gibt es noch andere – dasselbe Schema wiederholt: ein relativ einfaches Wesen, das man jedenfalls für einfach hält (für ein Individuum), schließt sich mit anderen Artgenossen zusammen, um ein Kollektiv zu bilden, das einen Apparat herstellt, der dazu bestimmt ist, das Überleben unter besseren Voraussetzungen zu sichern. Die Gene organisieren sich zu Zellen, die Zellen zu tierischen oder menschlichen Individuen, die menschlichen oder tierischen Individuen zu Gemeinschaften: und so entwickelt sich das Leben auf dem Planeten Erde vom Einfacheren hin zum Komplexeren, indem es den sich bildenden Apparaten, zuweilen in sehr origineller Form, Materie, Energie und Information zuführt, die es dem umgebenden Universum entlehnt.

Jedesmal, wenn man von einem weniger komplexen zu einem komplexeren System übergeht, gibt es einen Sprung – eine große Mutation.

Aber die großen Etappen der Mutation vollziehen sich nicht auf einen Schlag: sie bereiten sich vor und zeichnen sich in einer Reihe kleiner Mutationen ab, die kaum wahrnehmbar sind, wenn man sie in unserem Zeitmaßstab beobachtet, der lächerlich klein ist. Doch einer Anstrengung sowohl der Beobachtung wie der Phantasie kann es gelingen, unsere Kurzsichtigkeit ein klein wenig zu beheben und auf jeden Fall die allgemeine Richtung zu erkennen, in der sich unsere Gattung entwickelt.

Was die Gattung Mensch betrifft, so war schon der Übergang der Lebensformen des Paläolithikums zu denen des Neolithikums, der vor etwa zehntausend Jahren eingesetzt hat, von einer Mutation der Menschen in Richtung auf die Gregarisierung begleitet, die übrigens im Ersten Testament sehr schön beschrieben wird: Esau gehört zur Rasse der Jäger, Jakob zu der neuen Rasse, zur Rasse der Listenreichen (*das schlaue Geschlecht,* sagte Hölderlin), der Organisatoren.

Der Übergang von der industriellen Zivilisation zu dem, was heute auf sie folgt und was wir mit Daniel Bell, in Ermangelung einer genaueren Bezeichnung, die postindustrielle Zivilisation nennen, geht ebenfalls mit einem Phänomen der Mutation einher: der Übergang von der menschlichen Gattung *Solitaria* (wie es bei den Heuschrecken heißt) zur Gattung *Gregaria.*

Denn wohl oder übel müssen wir feststellen, daß unserer Industriegesellschaft der Atem ausgeht, daß sie am Ende ist. Sehr viele Signale haben zu blinken und anzuzeigen begonnen, was Teilhard de Chardin nicht ohne Emphase »das große Ereignis« nannte, das vor uns liegt, das uns erwartet und dem wir uns nicht werden entziehen können; es bedeutet nicht unbedingt die Zerstörung der menschlichen Rasse – man soll die Dinge nicht dramatisieren –, aber ganz bestimmt das Ende der Welt, in der wir bisher gelebt haben, die Herausbildung neuer, noch nicht dagewesener Formen menschlichen Lebens, die sich von allem unterscheiden werden, was bisher auf der Erde existiert hat.

Es ist unser »Beruf« als Menschen, zu erkennen und zu begreifen, was uns erwartet und im Begriff steht, uns zu ereilen.

Canovas, ein großer spanischer Staatsmann vom Ende des letzten Jahrhunderts, sagte, daß die Politik die Kunst sei, möglich zu machen, was notwendig ist. Es wird die schwierige Aufgabe der Staatsmänner der ganzen Welt sein, bis zum Ende des Jahrhunderts – denn die Zeit drängt – den notwendigen Übergang von der industriellen Zivilisation zur postindustriellen Zivilisation möglich zu machen, den Übergang zu bewerkstelligen, zu erleichtern, vorzubereiten. Der Beruf eines Geburtshelfers, hätte Sokrates gesagt, Sohn einer Hebamme. Das Kind muß zur Welt kommen, so oder so. Man kann ihm dabei helfen, dafür sorgen, daß die Geburt nicht allzu schmerzhaft ist.

Formulieren wir das Problem in einfachen Worten; gewiß sind sie zu einfach, als daß sie völlig exakt sein und der Realität genauestens entsprechen könnten, aber es ist besser, zu Anfang mit leicht zu handhabenden Begriffen umzugehen, um sie später dann zu verfeinern, zu ergänzen und zu komplizieren.

Schon vor langem hatte ich gesagt, daß die industrielle Zivilisation einen Einschnitt in der Geschichte der Menschheit bedeutete, einen Einschnitt, der nur ein einziges Vorbild hat: nämlich den Übergang von den sogenannten paläolithischen Zivilisationen zu den neolithischen Zivilisationen, den Übergang von der Rasse Esaus zu der Rasse Jakobs.

Mit der Heraufkunft der neolithischen Zivilisationen vor etwa zehntausend Jahren beginnt, was ich die paläotechnische Ära nenne. Was morgen beginnt, was heute bereits begonnen hat, ist die Heraufkunft der neotechnischen Zivilisationen.

Welches Hauptproblem muß gelöst werden, um von der Paläotechnik zur Neotechnik überzugehen? Wie beim Übergang vom Paläolithikum zum Neolithikum handelt es sich um ein Problem der Organisation der menschlichen Gruppen; um ihre unumgängliche Neuorganisierung nach anderen Schemata. So hatte das Neolithikum die Arbeitsteilung erfunden, die technische Spezialisierung. Ein Beispiel: während der Jäger des Paläolithikums seine Waffe herstellte, sein Wild tötete und es verzehrte, tauchte mit der Spezialisierung des Neolithikums eine Spezialistenkaste auf, die der Schmiede, die Waffen herstellen und es anderen »Spezialisten«, den Jägern, den Kriegern, überlassen, sie zu benutzen; wieder anderen »Spezialisten«, den Händlern, die Produkte der Jagd zu kommerzialisieren.

Wir stehen heute am Ende der Ära, die mit der neolithischen Revolution begonnen hat, am Ende der paläotechnischen Ära, deren letzte, sich rasch fortentwickelnde Phase, die ihr Ende bedeutet, die industrielle Zivilisation gewesen sein wird.

Die paläotechnischen Zivilisationen gründeten – aus verschiedenen Ursachen, die zu analysieren hier nicht Raum ist – nicht nur auf der technologischen Spezialisierung und der Arbeitsteilung, sondern auch auf dem Ethos der Arbeit. Es ist kein bloßer Zufall, wenn sich der Aufschwung der industriellen Zivilisation im europäischen Abendland jüdisch-christlicher Tradition vollzogen hat, wo die biblische Devise galt: »Im Schweiße deines Angesichts sollst du dein Brot essen.« Diese Besessenheit von der Arbeit als »Heiliges Gesetz der Welt«, die Arbeit als Erlösung, ist ein wesentliches Merkmal dieser Tradition. Die kommunistische »Tradition« weicht kein Jota von dieser jüdisch-christlichen Tradition ab: die UdSSR erhebt die Überlegenheit der »Arbeiter« über alle anderen Menschentypen zum absoluten ideologischen Prinzip und wirft sich noch immer zum »Vaterland der Arbeiter« auf. Ich habe gehört, wie Maurice Thorez, die größte Gestalt des französischen Kommunismus, sagte: »Wer nicht arbeitet, kriegt auch nicht zu essen.«

Die große Herausforderung, mit der die westlichen Zivilisationen – einschließlich derjenigen marxistischer Prägung, ihre Erben – konfrontiert sind, besteht darin, daß die Arbeit künftig eine ganz andere Bedeutung haben und innerhalb der menschlichen Tätigkeiten einen ganz anderen Platz einnehmen wird.

Vereinfacht, aber humoristisch läßt sich die Entstehung des Kapitalismus als Folge des Protestantismus erklären. Der Katholik meinte, sich von der Erbsünde dadurch loszukaufen, daß er sich Gottes Gebot unterwarf, d. h., daß er arbeitete: *ora et labora*. Dem fügte der Protestant hinzu, daß es nicht ausreicht, *viel* zu arbeiten, sondern daß man auch *gut* arbeiten muß: Gott liebt den, der arbeitet, aber noch mehr liebt er den, der besser arbeitet. Und so tauchte ein neuer Begriff auf, den das Mittelalter und selbst die Renaissance nicht kannte: der Begriff der Tüchtigkeit, der Leistung – ein Begriff, der am Ursprung der industriellen Zivilisation steht.

Außerdem fordert das protestantische Ethos der Arbeit, das sich dem Gebot des Herrn unterwirft, daß alles arbeite; alles, auch das Geld, das akkumulierte Kapital. Geld, das »schläft«, ist faules, also unmoralisches Geld – daher die produktive kapitalistische Akkumulation.

Heute ist die Arbeit nicht mehr das »Heilige Gesetz der Welt«. Die Arbeit »erlöst« nicht mehr, sie ist nicht mehr das »Heil«, nicht mehr der höchste moralische Wert. Die postindustriellen Zivilisationen werden nicht mehr auf der Arbeit gegründet sein.

Man wird also nicht nur das Ethos verändern müssen – dies geschieht bereits ganz von selbst vor unseren Augen –, sondern auch das System.

Wie das neue System, wie die neuen Systeme aussehen werden, weiß ich nicht zu sagen; ich bin kein Prophet. Aber man kann schon jetzt einige der Prinzipien erkennen, denen sie sich werden anbequemen müssen, wollen sie nicht zum Scheitern verurteilt sein.

Der größte Unterschied zwischen den sogenannten kapitalistischen oder bürgerlich-liberalen Systemen und den sogenannten sozialistischen Systemen, der Unterschied, der bewirkt, daß es zwischen ihnen keine Übergangslösung, kein Zwischenstadium mehr geben kann, besteht heute darin, daß sie auf radikal entgegengesetzte Weise der Herausforderung die Stirn bieten, vor die uns die Freizeitzivilisation stellt, in die wir gerade eintreten.

Die sogenannten kapitalistischen, bürgerlich-liberalen Systeme treiben das Prinzip der Industriegesellschaft bis an die äußerste Grenze. »Bis an die Grenze«, d. h. dorthin, wo das System sich selbst in Frage stellt und wo das Phänomen umschlägt, seinen Sinn und seine Form verändert. Genau an diesem Punkt befinden wir uns gegenwärtig.

Das Prinzip des industriellen Wirtschaftssystems bestand darin, immer spitzfindigere Produkte in immer größeren Mengen zu immer niedrigeren Preisen von immer weniger qualifizierten Arbeitern herstellen zu lassen. Ein Beispiel: der Mikroprozessor – d. h. das Herz des Computers, der Teil, der rechnet –, der vor fünf Jahren 300 Dollar wert war, ist heute nur noch 15 und bald nur noch 2 oder 3 Dollar wert. Und da seine Herstellung vollautomatisiert ist, braucht man dafür keine hochspezialisierten Arbeiter.

Die Automatisierung der Herstellungsprozesse hat zur Folge, daß immer weniger »Arbeitskräfte« immer größere Mengen von Produkten in immer kürzerer Zeit produzieren.

Aber die Bedürfnisse der Verbraucher lassen sich nicht unendlich vermehren. Irgendwann einmal ist eine Grenze erreicht, obwohl die Werbung sich bemüht, künstliche Bedürfnisse zu wecken. Irgendwann einmal kommt es zur Sättigung der Verbraucher, auch wenn man ihre Grenze hinausschiebt.

Erhöhte Produktivität, begrenzter Verbrauch: die ökonomische Expansion hört irgendwo auf. Auch wenn der Ausdruck »Nullwachstum«, den der Club of Rome geprägt hatte und der vielleicht nicht sehr geschickt gewählt war, kritisiert worden ist – die Tatsache selbst bleibt bestehen; *der liebe Gott hat dafür gesorgt, daß die Bäume nicht in den Himmel wachsen.**

Da wir noch immer nach dem Prinzip leben, daß jede Entlohnung einer geleisteten Arbeit entsprechen muß – sei es nun im voraus oder im nachhinein: im nachhinein, wenn man einem ehemaligen »Arbeiter« eine Rente zahlt; im voraus, wenn man die Schulpflicht verlängert und einem Jugendlichen eine Berufsausbildung zahlt –, wie ist es dann möglich, weiterhin die Vollbeschäftigung zu garantieren in einer Industriegesellschaft, die jedesmal, wenn sie eine moderne Fabrik eröffnet, Tausende von Arbeitsplätzen streicht? In der Bundesrepublik haben 46% der Industrieinvestitionen ganz legitim das Ziel, Arbeitskräfte einzusparen. Siemens zufolge könnten bis 1990 mindestens 30% der Büroarbeiten automatisiert werden, was 40% aller Stenotypistinnen, also 800 000 Arbeitsplätze überflüssig machen würde.

Werden also alle diese Menschen arbeitslos sein? In einem Gesellschaftstypus, der eine rigide Verbindung zwischen der Tätigkeit (»der Beschäftigung«) und der Entlohnung herstellt, kommt dies einer Katastrophe gleich, der wohl kein politisches Regime gewachsen sein wird.

Es ist also dringend geboten, diese Verbindung zu revidieren, d. h. auf einen der theoretischen Grundbegriffe unserer Gesellschaften zu verzichten.

Das heißt öffentlich, offiziell, bewußt, willentlich darauf zu verzichten – denn in Wahrheit hat man diesen Begriff schon seit langem aufgegeben, aber ohne es zu sagen, ohne es theoretisch zu begründen. Ein sehr großer Teil des Bruttosozialprodukts wird schon heute in Form dessen umverteilt, was man Soziallohn oder Unterhaltslohn nennen könnte: Renten für die Alten (die immer weniger alt sind!), Lehrlingslöhne, Stipendien und Kosten für längeren Schulbesuch, Beihilfen für Kranke oder Behinderte, Arbeitslosenunterstützung, Entlassungsentschädigungen usw. – all dies wird Personen zugeteilt, die sich nicht im Produktionsprozeß befinden, zum Glück, denn sie würden ihn nur behindern.

* deutsch im Original

In der Tat verkraften unsere Wirtschaftssysteme ohne weiteres einen beträchtlichen Teil an »Nichtbeschäftigung«; der Nachteil dieser Nichtbeschäftigung ist rein psychologischer und sozialer Natur – was gewiß den Ernst dieser Lage nicht verringert, aber dazu zwingt, die Tatsache selbst anders zu beurteilen, als wir es bisher taten: nämlich einige Vorurteile über Bord zu werfen.

Rein ökonomisch gesehen, kann ein prosperierendes System (die Industrie der Bundesrepublik zum Beispiel) ohne wirtschaftliche Nachteile einen erheblichen Prozentsatz an Arbeitslosigkeit verkraften. Eine Industriewirtschaft dagegen, die der einheimischen Arbeiterschaft auf Kosten der Produktivität die Vollbeschäftigung garantieren würde, würde sehr schnell merken, daß die Situation sich verschlechtert, ihr Wohlstand schwindet und der Prozentsatz an beschäftigungslosen Arbeitern in katastrophaler Weise ansteigt: eine Situation, die unser Jahrhundert schon einmal erlebt hat und deren dramatische Folgen bekannt sind. Besser ist eine prosperierende Wirtschaft mit einem gewissen Anteil an beschäftigungslosen Bürgern, die von der Gesellschaft unterhalten werden, als eine Wirtschaft, die zwar momentan die Vollbeschäftigung garantiert, aber zu einem raschen Niedergang verurteilt ist.

Wenn man die realen Bedürfnisse einer modernen westlichen Nation berücksichtigt, d. h. diejenigen Bedürfnisse, die ihren Unterhalt sichern, braucht man kein großer Experte zu sein, um zu begreifen, daß 5% der erwerbsfähigen Bevölkerung ausreichen, um die notwendigen Nahrungsmittel zu produzieren, 5 weitere Prozent, um die notwendigen Industriegüter herzustellen, und noch einmal 5 Prozent, um die nötigen Dienstleistungen zu erbringen – d. h. 15% einer erwerbstätigen Bevölkerung, die weniger als 2000 Stunden pro Jahr und weniger als 40 Jahre im Laufe eines Lebens arbeitet –, wobei diese erwerbstätige Bevölkerung weniger als 40% der Gesamtbevölkerung ausmacht. (Noch einmal: dies sind lediglich – wahrscheinlich noch überschätzte – Größenordnungen.)

Es stellen sich nun folgende Probleme.

Zunächst gilt es, die Umverteilung des Produkts auf einerseits 15% der erwerbstätigen Bevölkerung, die das, was ihr zusteht, in Form eines direkten Lohns erhält, und den Rest der

Bevölkerung, sei sie erwerbsfähig oder nicht, zu garantieren – wobei trotz allem denjenigen der Vorzug gegeben wird, die tatsächlich »ihr Leben« (und das der anderen) »durch Arbeit verdienen«. Diese Arbeiter müssen trotz allem für ihre Anstrengung, ihre Mühe, ihren Fleiß entlohnt werden, man muß ihnen Mut machen, einen Anreiz geben.

Dieses Problem ist durchaus nicht unlösbar; es zeichnet sich sogar schon eine Lösung ab. Auf verschiedenen Wegen – Steuern, Sozialabgaben usw. – werden, so schätzt man, etwa 40% des Bruttosozialprodukts umverteilt. Dies ist, so sagen unsere Staatsmänner, angewandter »Sozialismus«, gleichgültig, auf welche Theorie man sich beruft.

Ein zweites Problem sind die Übergangsphasen, in deren Verlauf man sich von der Ideologie (oder von dem Ethos oder der Mythologie) der erlösenden Arbeit als Heiligem Gesetz der Welt zu befreien hat. Immerhin hatten viele Zivilisationen, darunter die edelsten und glanzvollsten, der Arbeit nicht dieselbe Hochachtung entgegengebracht wie wir. Aristoteles hielt die Arbeit für eine knechtische Betätigung, die dem freien Menschen nicht ansteht. Die Römer haben das erste und mächtigste Weltreich gegründet, das auch eines der dauerhaftesten war und der Menschheit fünfhundert Jahre Frieden bescherte, ohne daß sie selbst viel reale Arbeit geleistet hätten: wenn wir in Frankreich oder in Deutschland »römische« Straßen sehen, sollten wir nicht vergessen, daß sie von unseren Vorfahren, Germanen oder Galliern, erbaut wurden, vielleicht unter Anleitung eines römischen Ingenieurs oder eines Ingenieurs, der in Rom die Kunst gelernt hat, Straßen und Brücken zu bauen, aber mehr noch die Kunst, die Einheimischen für sich arbeiten zu lassen.

Man wird also den Müßiggang (die Nicht-Arbeit) nicht länger mit der Sünde oder die Arbeitslosigkeit mit der Schande gleichsetzen dürfen. Aber dazu muß ein ganzes Wertsystem durch ein anderes ersetzt werden, und das wird weder schnell noch einfach, noch schmerzlos vor sich gehen.

Ein drittes Problem wird darin bestehen, dafür zu sorgen, daß sich die »disoccupati«, wie unsere italienischen Freunde sagen, nicht langweilen; man wird sie unterhalten müssen; dazu werde ich später ein paar Worte sagen.

Die Herausforderung stellt sich den sogenannten sozialistischen Ländern, denjenigen, in denen (im Prinzip) die marxistische Ideologie gilt, in ganz anderer Weise dar.

Da ihre Ideologie auf der Arbeit gegründet ist, kann die Lösung der Umverteilung eines Teils des Bruttosozialprodukts in Form von Zuschüssen nicht zum Prinzip erhoben werden. Geld zu erhalten, das nicht einer Entlohnung des »Werktätigen« entspricht, ist dort (theoretisch) unmoralisch. Es ist sogar die Unmoral *par excellence:* der Vorwurf, den man der kapitalistischen Bourgeoisie machte, war ja gerade, daß sie, im Gegensatz zu den »Werktätigen«, von der Arbeit der anderen lebten.

Von diesen Fakten ausgehend, muß man der Gesamtheit der erwerbsfähigen Bevölkerung um jeden Preis eine bezahlte Tätigkeit garantieren, wobei der Produktivitätsrate in bezug auf das oberste Gebot der Vollbeschäftigung eine völlig sekundäre Bedeutung zukommt.

Die Lösung der sogenannten sozialistischen Länder besteht darin, die Automatisierung der Produktion abzulehnen. Daß die Automatisierung in den sozialistischen Ländern wenig entwickelt ist, liegt nicht an ihrer technischen Unfähigkeit – denn diejenigen, die den ersten Sputnik in den Weltraum geschossen haben und deren Raketen sich mit den raffiniertesten Waffen messen können, sind durchaus imstande, vollautomatische Fabriken zu bauen, falls sie sich dazu entschließen sollten. Wenn sie es nicht tun, so deshalb, weil sie es nicht wollen, eben um die Vollbeschäftigung aufrechtzuerhalten, auch wenn der wirtschaftliche Ertrag des Systems mittelmäßig bleibt. Was macht das schon aus?

Im Jahre 1970 las ich mit großem Interesse eine Propagandabroschüre der DDR, die den Titel trug: *»Wie meistern die Sozialisten die wissenschaftlich-technische Revolution?«* Darin hieß es insbesondere, »daß schon in wenigen Jahren in der DDR soviel Menschen mit der elektronischen Datenverarbeitung beschäftigt sein werden, wie bisher in der Kohleindustrie«. Die Autoren der Broschüre sagten, sich auf Marx, Engels und Lenin berufend: »Wir stehen vor einer wissenschaftlich-technischen Revolution . . ., vor der die Sozialisten keine Angst zu haben brauchen . . . Automatisierung bedeutet nicht einfach die Einführung irgendeiner neuen Technik, nicht nur eine hohe Steigerung der Arbeitsproduktivität. Sie bedeutet auch eine gänzlich neue Einstellung des Menschen im Produktionsprozeß und damit neue, andersartige Forderungen an den Menschen.« Es war die Rede von der »Entwicklung eines automatisierten Informationsverarbeitungssystems . . .«

Ein Jahr nach ihrer Veröffentlichung wurde diese bemerkenswerte Broschüre aus dem Verkehr gezogen. In der DDR wußte man nicht einmal, daß es sie je gegeben hatte; die »wissenschaftlich-technische Revolution« war abgeblasen worden. Warum, ließ sich nicht in Erfahrung bringen.

Bei näherer Überlegung drängt sich die Antwort auf: eine Steigerung der Produktivität hätte, dort wie hier, einen Teil der Arbeitskräfte »freigesetzt«, also Arbeitslosigkeit geschaffen – und gerade das kann sich eine sogenannte sozialistische Wirtschaft nicht leisten. Sie behält also die technische Perfektionierung einigen genau umrissenen Sektoren vor: Weltraumforschung, Rüstung. Ansonsten transportiert man Erde in Schubkarren, pflügt mit Pferden . . . Das beschäftigt die Leute, liefert den Vorwand, ihnen einen Lohn zu zahlen . . .

Die UdSSR ist eines jener sogenannten entwickelten Länder, in denen die Arbeit den schlechtesten Ertrag bringt und in denen am wenigsten gearbeitet wird. Sinowjew sagte kürzlich, daß die Devise des *homo sovieticus* lautet: »Es ist egal, wo man arbeitet, Hauptsache, man arbeitet nicht.« Er sagte auch: »In der UdSSR verdient die Bevölkerung wenig, aber sie arbeitet auch wenig.« Ein linker Soziologe aus dem Westen bekam von einem polnischen Kollegen, den er nach den Arbeitsbedingungen in seinem Land fragte, die Antwort: »Das ist sehr einfach: sie tun so, als ob sie uns bezahlen, und wir tun so, als ob wir arbeiten.«

Wenn man bedenkt, daß die Revolution von 1917, die große marxistisch-leninistische Revolution, den Begriff des Staatsbürgers durch den des Werktätigen ersetzt hatte und ausrief: »Arbeiter aller Länder, vereinigt euch!«, dann bleibt die UdSSR vielleicht weiterhin, wie sie es verkündet, »das Vaterland der Arbeiter«, aber sie ist ganz gewiß nicht das Vaterland der Arbeit.

Es gibt noch eine andere Lösung, um die Erwerbstätigen mit nichtproduktiven Arbeiten zu beschäftigen, eine Lösung, die im übrigen sowohl in sozialistischen wie in kapitalistischen

Ländern Gültigkeit hat: nämlich unnütze Dinge zu produzieren, Dinge, die nicht konsumiert zu werden brauchen – wie es bei der Rüstungsindustrie der Fall ist. Ich möchte sogar behaupten, daß es sich dabei gleichsam um ein abgekartetes Spiel der beiden Lager, des östlichen und des westlichen, handelt, die »mach-mir-Angst« spielen. Jedes der beiden Lager beruft sich auf die Drohung, die das andere für es darstellt, um seine Rüstung weit über das erforderliche Maß hinaus zu steigern – vor einigen Jahren schätzte man das »overkilling« auf zwanzig, d. h. daß jedes der beiden Lager über ein Waffenarsenal verfügte, das ausreichte, den Gegner zwanzigmal auszurotten, was offensichtlich ein Luxus ist, aber seine Erklärung findet, wenn man bedenkt, daß man auf beiden Seiten einzig darauf bedacht ist, Arbeitern, die mit definitionsgemäß unrentablen Aufgaben wie der Rüstung beschäftigt werden, Löhne zu zahlen: sinnlose Beschäftigungen, die jedoch, hier wie dort, einen Vorwand liefern, Arbeitsplätze zu erhalten oder zu schaffen, und die also der alten »Wirtschaftsmaschine«, der im Osten wie der im Westen, zu funktionieren erlauben.

Eine weniger gefährliche Lösung – denn letztlich bedeutet die Rüstung, selbst wenn man im Prinzip fest entschlossen ist, sich ihrer nicht zu bedienen, eine Gefahr –, ein sowohl für den Osten wie für den Westen annehmbares System der Vollbeschäftigung ist die Bürokratie.

Der Schaffung unzähliger Bürostellen sind keine Grenzen gesetzt. Ganz im Gegenteil, die Verwaltung hat die Tendenz, sich spontan fortzupflanzen: wo es einen Bürovorsteher gibt, hat er nur den einen Gedanken, sich wichtig zu machen, die Zahl der Mitarbeiter, die er zu leiten hat, zu vermehren: er braucht einen Angestellten, der die anderen kontrolliert, einen stellvertretenden Bürovorsteher, einen Hilfsbürovorsteher . . . Eine Abteilung verschickt Fragebogen an die andere Abteilung, von denen jeder weiß – oder wissen müßte –, daß sie zu nichts taugen, es sei denn zur Beschäftigung 1. derjenigen, welche die Fragebogen ausarbeiten, sowie derjenigen, die sie verschicken; 2. derjenigen, die den Fragebogen erhalten, die Fragen beantworten und ihn zurückschicken; 3. derjenigen, die den Fragebogen ausgefüllt erhalten haben, zuweilen einen Blick darauf werfen, ihn aber meist unbesehen abheften. Der

Fragebogen hat seine Funktion erfüllt, nämlich Verwaltungsbeamte zu beschäftigen. Dies läßt sich beliebig oft wiederholen, ohne irgend jemandem zu schaden, und manchmal verschafft es denen, die damit befaßt sind, neben einem Gehalt noch ein gutes Gewissen: die Illusion, der Gesellschaft nützlich gewesen zu sein.

Die Bürokratie ist der ideale Schwamm zur Aufsaugung der überschüssigen, unbeschäftigten Arbeitskräfte. Der Nachteil tritt erst zutage, wenn die Bürokraten sich ernst nehmen, sich wirklich für nützlich halten und sich unentbehrlich machen wollen: dann sind sie imstande, auch die am besten konstruierte und leistungsfähigste Verwaltungsmaschine zum Stillstand zu bringen.

Überflüssige Rüstung, Eroberung des Weltraums, Bürokratie, Ablehnung der Automatisierung des Produktionsprozesses – dies sind die hauptsächlichen Techniken, welche die Gesellschaft sozialistischen Typs anwendet, um ihren Mitgliedern Vollbeschäftigung zu garantieren. Sie wäre in der Lage gewesen (denken wir an die technischen Fähigkeiten der DDR; einer der besten Kybernetiker seiner Zeit, Klaus Georg, war Bürger der DDR), ihr Genie darauf zu verwenden, die Produktion zu rentabilisieren, was ihren Bürgern einen sehr viel höheren Lebensstandard beschert hätte, vergleichbar dem des kapitalistischen Westens; aber dann wäre das System anfällig geworden, denn sehr schnell wäre das Problem der Vollbeschäftigung, des Soziallohns, der Nutzung der Freizeit aufgetaucht.

Nun kann das sozialistische System zwar viele Prüfungen bestehen – denn in manchen Dingen besitzt es eine große Flexibilität –, es kann seinen Bürgern große Opfer abverlangen, ohne sich in Gefahr zu bringen, ganz im Gegenteil; aber es kann nicht akzeptieren, eine Freizeitgesellschaft zu werden, ohne sich selbst zu verleugnen, ohne abzubröckeln und vielleicht rasch zusammenzubrechen. Sinowjew sagte, daß »die Zivilisation, die in der UdSSR aufgebaut worden ist, keine selbstzerstörerischen Elemente enthält . . ., das System ist von innen her unzerstörbar, es kann jahrhundertelang faulen, ohne einzustürzen«. Das Element der Freizeit, sollte es eingeführt werden, wäre ein solches selbstzerstörerisches Element, dem

225

die sowjetischen Führer, die bewußter und aufgeklärter sind, als man sich im Westen gemeinhin vorstellt, die Tore zu öffnen sich weigern.

Denn die größte Herausforderung, die der Übergang von der paläotechnischen Gesellschaft zur postindustriellen Gesellschaft darstellt, ist die der Freizeit.

Ich glaube, wir sind uns darüber im klaren: die postindustrielle Gesellschaft ist eine Freizeitgesellschaft. Unsere Gesellschaftsmodelle jedoch – sowohl diejenigen, die unmittelbar auf der jüdisch-christlichen Tradition beruhen, als auch diejenigen, die sich sozialistisch nennen, aber in einer jüdisch-christlichen Tradition zweiten Grades stehen – sind theoretisch außerstande, mit den Problemen fertig zu werden, welche die Freizeit stellt: aber die westlichen und bürgerlichen Gesellschaften – und das ist für sie vielleicht von entscheidendem Vorteil – sind eher in der Lage als die Länder des Ostens, das Problem der Freizeit wirksam anzugehen. Die letzteren müßten ihrer ideologischen Basis, die auf der Arbeit beruht, abschwören oder sie verleugnen, während sich diese Gesellschaftsform im Westen, obwohl sich eine Ideologie der Freizeitgesellschaft noch nicht durchgesetzt hat, ganz allmählich herausbildet und sogar institutionalisiert, freilich ohne daß man schon wagt, sie beim Namen zu nennen.

In der Tat ist die Freizeitgesellschaft seit langem im Anmarsch und bereits weiter fortgeschritten, als man im westlichen Europa und in den Vereinigten Staaten wahrhaben will. Seit fünfundzwanzig Jahren hat sich beispielsweise in der Bundesrepublik die Arbeitszeit um 23% verkürzt, während sich die Kaufkraft pro Einwohner vervierfacht hat. Hier französische Zahlen: 1850 arbeitete der Fabrikarbeiter 3600 Stunden im Jahr; 1910: 3100 Stunden; 1950: 2200 Stunden; 1972: 2100 Stunden; 1976: 2050 Stunden; 1978: 2000 Stunden. Seit zwanzig Jahren nimmt die wöchentliche Arbeitszeit regelmäßig um eine halbe Stunde jährlich ab. Man kann im übrigen beobachten, daß der dichteste Verkehrsstrom auf den Ausfallstraßen der großen Städte, der früher an Samstagen auftrat, heute freitags erfolgt, und immer früher am Nachmittag. Unter Berücksichtigung von Sonn- und Feiertagen gibt es heute 137 arbeitsfreie Tage im Jahr gegenüber 228 Arbeitstagen. In der Universität ist es allgemein üblich, daß die Tätigkeit des Lehrkörpers (unter Ausschluß der Prüfungen) innerhalb eines Jahres, d. h. zweier Semester, einer tatsächlichen Arbeitszeit von maximal 25 Wochen, zuweilen noch weniger, entspricht. Wer will noch behaupten, daß die Freizeitgesellschaft nicht langsam, aber sicher im Anmarsch ist?

Soviel ich weiß, hat man noch nicht ausgerechnet – was im Augenblick auch kaum möglich ist –, welcher Teil der »Tätigkeiten« der erwerbstätigen Bevölkerung einer wirklichen Produktion zugute kommt und einem realen Bedürfnis der Bevölkerung entspricht, und welcher Teil auf unwichtige Tätigkeiten, auf Freizeitbeschäftigung entfällt.

Würde man eine solche Rechnung aufstellen, so käme man zu überraschenden Ergebnissen. Nur ein Beispiel: die Industrie der Pferderennen ist in Frankreich eine der zehn wichtigsten Industrien. Nehmen wir an, sie stünde an zehnter Stelle. Kann man behaupten, daß die in dieser Branche beschäftigten Personen wirklich produktive Arbeit leisten, eine Arbeit, die einem lebenswichtigen Bedürfnis der Bevölkerung entspricht? Gewiß gibt es in Frankreich allwöchentlich sechs Millionen Menschen, die Wetten abschließen, folglich eine gewisse Anzahl von »erwerbstätigen Personen«, die sich damit beschäftigen, die Wetten zu verbuchen, die Gewinner auszuzahlen – nicht eingerechnet die Jockeys, die *lads,* die Trainer –, aber kann man sie als produktiv betrachten?

Wie soll man zum Beispiel die riesigen Summen berechnen, die der Sport im allgemeinen in Umlauf setzt, einschließlich der Sportzeitungen, der Reporter, der Hersteller und Händler von Sportartikeln, usw.?

Die Tourismusindustrie nimmt einen vorrangigen Platz in der Wirtschaft Spaniens – 35 Millionen Einwohner, 40 Millionen Touristen im vergangenen Jahr –, Italiens, Griechenlands ein, und einen entsprechenden, äquivalenten Platz in der Wirtschaft derjenigen Länder, deren Touristen Spanien, Italien, Griechenland besuchen.

Sind die Tabak- und die Spirituosenindustrien produktive, für das menschliche Leben unerläßliche Industrien?

Sehen wir uns die Werbung in Zeitungen und Zeitschriften an: meist hat sie die Aufgabe, überflüssige Produkte anzupreisen: Farbfernseher, Stereoempfänger, Fotoapparate, Filmkameras, Ski, Wassersport . . .

Die pharmazeutische Industrie, ein sehr bedeutender Teil der chemischen Industrie, entspricht nur zu einem relativ geringen Teil realen Bedürfnissen: in medizinischen Kreisen beklagt man den überhöhten Verbrauch an Pharmazeutika, der den Gesundheitszustand der Bevölkerung nicht nur nicht verbessert, sondern neue Probleme schafft.

Ein erheblicher Teil der Automobilindustrie arbeitet für die Befriedigung von Bedürfnissen, die zweifellos auch als solche empfunden werden, aber keinen realen wirtschaftlichen Notwendigkeiten entsprechen.

Schließlich könnte man noch die Ansicht vertreten, daß die Rüstungsindustrie, die in einigen Staaten bis zu 40% des Haushalts verschlingt, nicht unbedingt lebensnotwendig ist: und wenn sie heutzutage für das Überleben bestimmter »Organismen« wirklich unerläßlich ist – man denke an den Staat Israel –, so handelt es sich um eine Notwendigkeit, die mit einer besonderen historischen Situation zusammenhängt, die für das Überleben der Gattung nicht notwendig ist.

Damit soll natürlich nicht geleugnet werden, was der technologische Fortschritt Tätigkeiten zu verdanken hat, die man als unnütz bezeichnen könnte, d. h., die zumindest fürs Überleben nicht unerläßlich sind: die Informatik hat im Gefolge der Entwicklung neuer Waffen sowie der Weltraumforschung enorme Fortschritte gemacht, und es entsteht zur Zeit ein dichtes »Informationsnetz«, das die ganze Erde umspannt.

Von entstehenden »Freizeitzivilisationen« zu sprechen, ist kein schnurriger Einfall, keine Wahnvorstellung eines verrückt gewordenen Futurologen: dieser Terminus bezeichnet sehr präzise, was sich im Augenblick, ohne daß wir es bemerken, vor unseren Augen entwickelt.

Aber da wir noch zu sehr in alten Denkformen und überkommenen Ideologien befangen sind, insbesondere der Ideologie des Arbeitsethos, weigern wir uns, die Augen zu öffnen und festzustellen, was tatsächlich um uns herum geschieht.

Unsere Kurzsichtigkeit hindert uns daran, die beiden Herausforderungen deutlich wahrzunehmen, die uns langfristig, und inzwischen sogar schon mittelfristig, die Freizeitzivilisation stellt.

Freilich könnte der Westen noch eine Weile, vielleicht sogar noch ziemlich lange, fortfahren, von Fiktionen, von Mythen zu leben: vom Mythos der Vollbeschäftigung, des wirtschaftlichen Wachstums, des Exports. So wie jene alten Häuser mit ihren verfaulten Balken und rissigen Mauern, die noch lange stehenbleiben können – sofern nicht irgend etwas passiert, ein Unwetter, eine Überschwemmung, oder einfach ein neuer Besitzer kommt, der das alte Gemäuer renovieren will: erst dann merkt man, daß alles baufällig ist, daß man alles abreißen und etwas anderes aufbauen muß.

Das Ungewitter, die äußeren Ereignisse, die das Alter der Strukturen zum Vorschein bringen und eine vollständige Renovierung erforderlich machen, können im Fall unserer Zivilisation aus drei verschiedenen Himmelsrichtungen kommen.

Der erste Schock, der unmittelbarste und stärkste, wird ohne Zweifel die Energiekrise sein. Diese Krise wird unvermeidlich zu einer erheblichen Verschlechterung des Lebensstandards führen – einer Verschlechterung dessen, was wir, wenngleich zu Unrecht, für unseren Lebensstandard als charakteristisch betrachten; eine Verschlechterung, welche die verwöhnten Bürger der westlichen Welt nur sehr schwer und nicht ohne heftige Proteste hinnehmen werden. Sie werden durch die Erfahrung lernen müssen, daß man sehr viel weniger reich und darum doch nicht weniger glücklich sein kann, ganz im Gegenteil. Dazu aber wird man auch die Lebensweise ändern müssen. Und dies wird man weder sofort noch ohne Proteste einsehen.

Einen zweiten Schock wird auf industrieller und kommerzieller Ebene die Konkurrenz der Entwicklungsländer bringen. Für ein bestimmtes Land scheint der Gedanke, einen Überschuß seiner Handelsbilanz zu erzielen, ein gesunder Gedanke zu sein: er ist jedoch insofern nicht gesund, als es nicht für alle Staaten, ja nicht einmal für viele von ihnen möglich ist, einen Exportüberschuß zu haben; und zwar der Definition nach.

Der dritte Schock wird die sogenannte Unterbeschäftigung oder Arbeitslosigkeit sein.

In welcher Reihenfolge diese drei Phänomene eintreten werden, läßt sich zwar nicht voraussehen, aber auf jeden Fall werden sich ihre Auswirkungen gegenseitig verstärken, ohne daß sich die Folgen absehen oder berechnen ließen. Doch hat es je Gesellschaften gegeben, die sich anders als unter dem Zwang der Notwendigkeit tiefgreifend verändert hätten?

Eine unbequeme Frage (aber ist es nicht gerade das Wesen des Geistes, Fragen zu stellen? Ist es nicht die einzige geistige Tätigkeit, die man niemals einer Maschine wird anvertrauen können?), eine unbequeme Frage also: hat die menschliche Intelligenz im Laufe der vergangenen Jahrhunderte und Jahrtausende zugenommen oder vielleicht abgenommen? »Wie kann man nur so eine Frage stellen«, werden die meisten antworten, »und was ist darauf wohl zu antworten, in einer Zeit, da der menschliche Geist ins Herz der Materie vordringt und den Weltraum jenseits der Sterne erforscht«?

Ich stelle die Frage anders. Ich mache einen Unterschied zwischen der individuellen – zerebralen, neurophysiologischen, organischen – Intelligenz und der kollektiven Intelligenz, der Intelligenz der Apparate. Und ich bin mir nicht sicher, ob die obige Antwort, die für die zweite Form, die kollektive Form der Intelligenz Gültigkeit hat, auch für die Intelligenz der Individuen zutrifft.

Im Jahre 500 vor Christus lebte eine bestimmte Anzahl von Individuen, deren Namen uns überliefert sind, gleichzeitig auf der Erde. Diese Zeitgenossen des Jahres 500 v. Chr. waren in Griechenland die Philosophen Heraklit und Parmenides, die Begründer des modernen wissenschaftlichen Denkens. Pythagoras, sollte er je existiert haben, lebte noch; Anaxagoras war soeben geboren worden. Ein genialer Techniker, Bildhauer und Architekt, Theodorus, erfand den Gebrauch des Winkelmaßes, der Wasserwaage, die Drehbank und die Fallklinke. Die Staatsmänner Kleisthenes, Themistokles, Leonidas schufen die Grundlagen der Demokratie.

Zur selben Zeit organisierte Darius im Iran das erste und größte Weltreich, er schuf die Instrumente einer modernen Verwaltung, er erfand das System der Währungseinheit, er öffnete einen Kanal zwischen dem Mittelmeer und dem Roten Meer, der durch den Nil führte.

Weiter im Osten zog ein fünfzigjähriger Mann, Gautama Buddha, durch Indien und verbreitete die tröstliche Botschaft. In China war Lao-tse im Jahre 500 v. Chr. sechzig und Konfutse achzig Jahre alt; einmal begegneten sie sich, so will es die buddhistische Überlieferung – genau im Jahre 501 v. Chr.

Alle diese Männer, die vor zweitausendfünfhundert Jahren Zeitgenossen waren und die Geschichte der menschlichen

Rasse zutiefst geprägt haben, waren Teil einer Menschheit, die damals nur etwa vierzig bis fünfzig Millionen Individuen zählte, was heute ungefähr der Einwohnerzahl der Bundesrepublik, Frankreichs oder Großbritanniens entspricht. Heute leben hundertmal mehr Menschen auf der Erde, und sie alle haben ein Gehirn, das keinen Grund zu der Annahme gibt, wie man uns versichert, daß es weniger wert oder weniger leistungsfähig ist als das unserer großen Vorfahren. Vielleicht . . . Aber dann fragt man sich, wo denn die hundert Heraklit, die hundert Lao-tse, die hundert Gautama Buddha sind, auf die uns die Statistik ein Recht geben würde.

Dazu ist noch zu bemerken, daß es zu ihrer Zeit die Schrift zwar schon gab, aber daß sie kaum praktiziert wurde; daß sie die Erben einer mündlichen Überlieferung waren, die wahrscheinlich an die fünfzigtausend Jahre zurückreichte, und auch die Begründer mündlicher Überlieferungen ohne schriftliche Grundlage. Doch das Zeitalter der Schrift sollte bald anbrechen.

Vielleicht könnte dies der Ansatz einer Erklärung sein. Von dem Augenblick an, da es eine schriftliche Überlieferung gibt, geht derjenige, der denkt, in ein Kollektiv ein, dessen inneres Band der Text, die geschriebene Botschaft, die »Schrift« ist. Die »Intelligenz« wird somit zu einer kollektiven Tatsache, zur Tatsache einer Menschengruppe. Und dieser Übergang von der Intelligenz als organischer und individueller Tatsache zur Intelligenz als einer kollektiven Tatsache verstärkt und beschleunigt sich im 16. Jahrhundert mit der Buchdruckerkunst, und heute noch mehr mit den Massenmedien. Aber wir stellen auch fest, daß Analphabeten ein zehnmal, hundertmal besseres Gedächtnis haben als diejenigen, die lesen gelernt haben.

Daß die Menschengruppen heute »intelligenter« sind, als sie es vor zweitausendfünfhundert Jahren waren, steht außer Zweifel – vorausgesetzt, man macht sich das erwähnte Kriterium der Intelligenz der »Apparate« zu eigen. Vergleicht man jedoch die Individuen untereinander, so darf man diesen Fortschritt zu Recht in Zweifel ziehen und sogar versucht sein, das Gegenteil zu behaupten.

Im übrigen wäre die Tatsache eines Absinkens der individuellen, organischen Intelligenz in keiner Weise überraschend. Wenn wir der Gattung Mensch, die mit der neolithischen

Revolution entstanden ist, den Nachfahren Jakobs, den Namen *homo domesticus* geben, warum akzeptieren wir dann nicht für den Menschen, was für jede wilde Rasse – Esel, Gans, Hund oder Katze – gilt, wenn sie domestiziert wird: man schätzt, daß ihr bei der Domestizierung im allgemeinen 20%, d. h. ein Fünftel ihrer zerebralen Fähigkeit verlorengeht.

Die Neurophysiologen stellen fest, daß gegenwärtig nur ein geringer Teil, vielleicht ein Zehntel unserer Neuronen genutzt wird. Daraus hat man geschlossen, daß das menschliche Gehirn an dem Tag, da es zum Beispiel doppelt so viele Neuronen nutzen würde, zu riesigen Entwicklungen fähig wäre.

Aber es läßt sich auch das Gegenteil vorstellen, d. h., daß unsere großen Vorfahren – wie alle wilden Rassen, die gezwungen sind, sich ständig mit der Natur herumzuschlagen – einen größeren Teil ihres Gehirns arbeiten ließen, als wir es tun; daß die inaktiven Neuronen nicht etwa ein künftiges Potential darstellen, sondern nur das schlummernde Überbleibsel archaischer Tätigkeiten, für die der *homo domesticus* keine Verwendung mehr hat und deren Organ – das Gehirn – in funktionaler Regression begriffen ist.

Eine solche Regression bedeutet bei weitem nicht, daß die kollektive Intelligenz letztlich weniger effizient ist als die individuelle Intelligenz. Das haben die Bienen vor sechzig Millionen Jahren festgestellt und sich endgültig für das kollektive System entschieden, das beispielsweise bewirkt, daß der Bienenstock an einem bestimmten Tag, gleichsam auf Befehl, nur eine einzige Blumenart aufsucht. Einige Bienengattungen aber sind von den Vorteilen des Systems noch nicht völlig überzeugt und führen weiterhin ein wildes Dasein, das zwar mit Sicherheit weniger leistungsfähig ist, dem sie jedoch den Vorzug geben.

Um 1950, einige Jahre nach dem Ende des Kriegs, als die europäische Wirtschaft unter empfindlichen Restriktionen zu leiden hatte, wollte ich mich mit meinem Freund, André Philip, dem damaligen französischen Wirtschaftsminister – einem Mann, der »Zukunft im Kopf« hatte – über diese Beschränkungen unterhalten, die damals die Lebensmittel, die Rohstoffe und die Fette betrafen, aber er unterbrach mich gereizt: »Ich will nichts mehr von den Problemen der Knappheit hören. Diese Probleme können wir in etwa lösen: man setzt eine Planwirtschaft durch, verteilt, organisiert – und man kommt davon. Was wir dagegen nicht wissen, ist, wie wir mit einer Überflußwirtschaft fertig werden sollen; da aber werden wir demnächst angelangt sein, bald wird es von allem zuviel geben – und wirklich, wir haben nicht die leiseste Ahnung, wie wir damit zurechtkommen sollen. Das könnte noch sehr viel tragischer, sogar katastrophal werden.« Dieser Mann sah weit voraus, und er sah richtig.

Wir wollen das übertragen. Die auf der menschlichen Arbeit gegründete Wirtschaft können wir organisieren, sogar nach ganz verschiedenen Schemata: nach dem liberalen Schema der Konkurrenz, dem sogenannten sozialistischen Schema der Planung und Lenkung – und noch nach anderen Schemata wie denjenigen Chinas oder der Dritten Welt . . .

Aber eine Wirtschaft, und folglich eine Gesellschaft, die nicht auf der menschlichen Arbeit beruht, übersteigt unsere Erfahrung, denn so etwas hat es, wie wir glauben, noch nie gegeben; es übersteigt vielleicht sogar unsere Phantasie.

Und dennoch müssen wir genau dieser Situation, der einer einzurichtenden Freizeitgesellschaft, ins Auge sehen.

Eine Freizeitgesellschaft – das heißt unter den gegenwärtigen Verhältnissen eine Gesellschaft, in der man sich langweilt. Man langweilt sich, sofern darin nicht der Spieltrieb Gelegenheit findet, sich voll zu entfalten.

Nachdem nun die sexuelle Befreiung, von wenigen Details abgesehen, praktisch gesichert ist, muß noch eine andere große Befreiung geleistet werden: die des Spieltriebs.

Nicht, als ob er wirklich unterdrückt wäre – wie es im übrigen auch dem Sexualtrieb in der traditionellen bürgerlichen Zivilisation nicht an Gelegenheiten mangelte, sich zu äußern –, aber der Spieltrieb verlangt nun ebenfalls, in seinem Wesen, in seinen Ansprüchen, ich möchte sogar sagen in seiner Würde anerkannt zu werden. Hätte ich noch ein langes Leben vor mir, ich würde es dem Spieltrieb widmen, so wie Freud das seine dem Sexualtrieb gewidmet hat.

Hier einige sehr schematische Überlegungen zu diesem Thema. Der Mensch, wie übrigens auch das Tier, hat zwei Haupttriebe (gibt es überhaupt andere?): den Selbsterhaltungstrieb und den Spieltrieb.

Der Selbsterhaltungstrieb nimmt zwei Formen an. Die erste Form ist die Erhaltung des Individuums, die dafür sorgt, daß es sein Bestes tut, um seine persönliche, individuelle Existenz zu sichern: zu essen, zu trinken, zu schlafen, sich vor der Witterung zu schützen, sich zu verteidigen und anzugreifen, kurz, zu überleben.

Die zweite Form des Selbsterhaltungstriebs ist die Erhaltung der Art: der Fortpflanzungstrieb, der Sexualtrieb, der das Überleben der Rasse sichert.

Der Spieltrieb umfaßt alles, was darüber hinausgeht. Er ist sowohl Appetit auf Luxus, der sich äußert, sobald der Selbsterhaltungstrieb befriedigt ist, als auch der Motor jeglichen Fortschritts, jeder Vervollkommnung, jeder Steigerung: all dessen, was über das schiere Überleben hinausgeht.

Der Spieltrieb ist zweckfrei, er verfolgt kein anderes Ziel als seine Befriedigung; er läßt sich für keine Zwecke einspannen, stellt aber gleichzeitig all das in Frage, bringt all das wieder »ins Spiel«, was existiert und die Tendenz hat, in seinem Wesen zu verharren, sich zu erhalten, auch wenn es sich dem universellen Gesetz des Verfalls, der Entropie unterwerfen muß.

Insofern ist der Spieltrieb beim Menschen, und embryonär auch schon bei den Tieren, der Motor der Evolution *par excellence*.

Vielleicht ist er beim Menschen die Manifestation dessen, was der Philosoph Bergson den »élan vital« nannte – eine vage Bezeichnung, aber wir haben bisher noch kein präziseres Wort gefunden: jene Kraft, die das Leben auf unserem Planeten dazu getrieben hat, in Milliarden von Jahren immer komplexere Formen, immer verfeinertere Kombinationen zu erfinden.

Ein seltsames Zusammentreffen: der große Biologe Jacques Monod stellte dem Werk, in dem er versuchte, dem Phänomen des Lebens mit Hilfe des Denkens beizukommen, einen Satz von Demokrit als Motto voran: »Alles Bestehende im Universum ist die Frucht des Zufalls und der Notwendigkeit.« Wenn wir nun aber das Spiel analysieren – das, was wir die Spiele nennen, welche die gereinigtste, am deutlichsten institutionalisierte Manifestation des Spieltriebs sind –, so zeigt sich, daß alle Spiele eine gemeinsame Basis haben, die gleichsam ihr Grundgesetz ist, nämlich die – variable, je nach dem Spiel verschiedene – Kombination von Zufall einerseits und Notwendigkeit andererseits.

Nehmen wir nur ein Beispiel, das des Schachspiels, jenes Spiels, bei dem der Zufall im Prinzip definitionsgemäß ausgeschaltet ist. In Wirklichkeit hat man nicht genügend darauf geachtet, daß die Ausgangspositionen von Weiß und Schwarz nicht symmetrisch sind – nicht etwa aus Unachtsamkeit, denn es wäre durchaus möglich gewesen, ein vollkommen symmetrisches Schachbrett zu konzipieren, das eine Figur, einen Bauern und eine Reihe von Feldern mehr hat –, und diese anfängliche Asymmetrie bewirkt, daß die Auslosung des Lagers, Weiß oder Schwarz, die auch über den ersten Zug entscheidet, in die Schachpartie ein zufälliges, zwar verstecktes, aber dennoch bestimmendes Element einführt. Die Chancengleichheit zwischen den Partnern ist erst dann gesichert, der Zufall erst dann ausgeschaltet und das Schachspiel erst dann kein Glücksspiel mehr, wenn eine Reihe von Partien gespielt wird, d. h. wenn man, wie beim Roulette, zur Statistik überwechselt. Bei der einzelnen Partie herrscht zu Anfang der Zufall, und seine Wirkung wird durch die Asymmetrie der Stellung der Figuren verstärkt. Dies war von denen, die das Schachspiel, das schönste Spiel der Welt, erfunden und vervollkommnet haben, zweifellos beabsichtigt.

Man kann sich vorstellen – und eben dies tat Goethe, vornehmlich in seiner berühmten Prosahymne *Die Natur* (»Mit allen [Menschen] treibt [die Natur] ein freundliches Spiel und freut sich, je mehr man ihr abgewinnt. Sie treibt's mit vielen so im Verborgenen, daß sie's zu Ende spielt, ehe sie's merken«) –, daß gerade die Bewegung der »Natur«, der »Schöpfung« (welcher Terminologie man sich immer bedient, sie ist mythologisch), daß das Leben auf diesem Planeten ein stets sich erneuerndes Spiel ist, eine Verbindung von Elementen, die jeweils nur eine kurze Zeit anhält – die Zeit einer »Partie«. Am Ende jeder »Partie«, jeder individuellen Existenz, werden die Karten neu verteilt; die chemische Materie geht neue organische Verbindungen ein, die wiederum vorübergehend, vergänglich sind. Die Paläontologen sagen, daß die Erdkruste bis zu hundert oder tausend Meter Tiefe aus Stoffen mineralischer Art besteht, die jedoch irgendwann zu einem lebendigen Organismus gehört haben. Wie viele »Partien« sind wohl mit denselben Kalzium-, Silizium-, Kohlestoffatomen hintereinander ge-spielt worden!

Ein Spiel, gewiß, das im Verlauf von Millionen von Jahren immer komplexer wird. Einige Lebensformen, einige Gattun-gen, die den Spieltrieb verloren zu haben scheinen, wie der Coelacanthus, ziehen sich in die tiefen Wasserschichten des Indischen Ozeans zurück, um dort ein Leben weitab von den Wechselfällen des Großen Spiels zu führen. Sie haben sich aus dem Spiel zurückgezogen, sie begnügen sich damit, zu überle-ben, und rühren sich nicht mehr.

Der Tod ist nichts anderes als die erneute Einbeziehung jener Elemente in das Spiel, die sich für eine gewisse Zeit zu einen »Individuum« zusammengeschlossen haben: alle, die über die-ses Thema nachgedacht haben, wissen es. Vielleicht hat Freud, wenn er vom Todestrieb spricht, dessen philosophisch not-wendigen Aspekt geahnt – dem Sexualtrieb als Lebenstrieb komplementär. Was er nicht erkannte, war die Verbindung – ich möchte sogar sagen: die Identität – zwischen Todestrieb und Spieltrieb.

Er hatte zwar gesehen, daß zwischen »Spiel und Ernst« kein Gegensatz besteht, daß der Spieltrieb jeder künstlerischen Tä-tigkeit zugrunde liegt. Aber er konnte nicht sehen, wie sein Zeitgenosse Johan Huizinga, daß das, was bei ihm die mytho-logischen Namen Eros und Thanatos trägt, in gewisser Weise dem Paar entspricht, das der Selbsterhaltungstrieb und der Spieltrieb bilden.

Wenn ich gelegentlich in der Öffentlichkeit über den Spiel-trieb sprach und sagte, daß er hinter vielen, hinter den meisten, vielleicht hinter allen menschlichen Tätigkeiten, ja sogar hinter dem Krieg steht, der für mich nichts anderes ist als eine Explo-sion des Spieltriebs, dann stieß ich gewöhnlich auf großes Unverständnis. Manche, die sich klarer ausdrückten als an-dere, sagten mir: »Wie können Sie noch von Spiel reden, wo es um den Tod eines oder vieler Menschen geht?« Sie verstanden es nicht. Nur wenige verstehen es und geben es auch zu: die schönsten Spiele sind diejenigen, bei denen es ums Dasein geht. Das höchste Spiel, das absolute Spiel ist dasjenige, das das Leben selbst mit in jenes Große Spiel hineinzieht, das alle Spiele umfaßt: das Spiel mit dem Tod.

Ist das Leben, das individuelle Dasein – sofern man sich nicht auf ein ideologisches Absolutes, auf irgendeine Offenbarung bezieht – etwas anderes als eine zeitlich und räumlich begrenzte Partie, die jeder nach besten Kräften spielt?

Nach einer Schlacht, die seine arabischen Partisanen über die Türken gewonnen haben, geht Lawrence von Arabien in der Nacht auf das Schlachtfeld zurück. Die Toten sind von den Siegern ihrer Kleider beraubt worden; die nackten Leichname der Türken, die unter den Strahlen des Mondes weißschimmernde Haut regen Lawrence dazu an, über den Sinn des Lebens nachzudenken. Für die Toten ist die Partie zu Ende; für die Überlebenden geht sie weiter; eine Zeitlang werden sie sich noch die Beute streitig machen, sich ihrer Kraft und Ausdauer rühmen, Gefahren auf sich nehmen ... »und am Ende steht der Tod, ob man gewonnen oder verloren hat«. Eine Spielphilosophie des Daseins. Heute stelle ich die Frage: ist *heute* eine andere möglich?

So wie es dem Theologen Hugo Rahner zufolge eine *theologia ludens* gibt, so gibt es auch eine *philosophia ludens* – und ihr wird die Aufgabe zufallen, die Menschheit auf dem Weg ihres Schicksals aufzuklären.

Es ist anzunehmen, daß sich der Spieltrieb oder vielmehr das Lebensprinzip, das er repräsentiert und dessen Manifestation er in menschlichem Maßstab ist, nicht immer damit begnügt, die Individuen zu erneuern, indem er die materiellen Elemente, aus denen sie bestehen, wieder dem Großen Spiel zuführt (genau dies ist der Tod), sondern daß er sich zuweilen dadurch äußert, daß er »Individuen« zu einer Individualität der höheren Ebene zusammenfügt: die Bienen zu einem Bienenstock, die Menschen zu Kollektiven. Ist die Gesellschaft letztlich etwas anderes als ein Spiel von Mannschaften (ich setze den Terminus Mannschaft in den Plural, denn der Spieltrieb erheischt ja gerade, daß nicht nur eine Mannschaft, sondern zwei vorhanden sind, um das Spiel besser zu entwickeln), dessen Gesellschaftsregeln auf sonderbare Weise den Regeln der Spiele ähneln?

Der Spieltrieb hat also zwei verschiedene Funktionen: zum einen eine Funktion der Neuverteilung (das Elementare, die Materie, aus der die Individualitäten bestehen, erneut ins Spiel zu bringen), zum anderen eine Funktion der höheren Organisation (Individualitäten der höheren Ebene zusammenzufassen, indem er die Individualitäten der niederen Ebene umverteilt und organisiert).

Wenn wir nicht in der Lage sind, die organisatorische Funktion des Spieltriebs rechtzeitig zu erkennen, diesen Trieb bewußt, willentlich in unsere Auffassung von der Welt – insbesondere der aufzubauenden Welt – einzubeziehen, dann kann es passieren, daß er sich auf schreckliche Art für den Mangel an Anerkennung rächen wird und daß seine zerstörerische Funktion die Oberhand gewinnt.

Eine massive, unkontrollierte Explosion des Spieltriebs würde noch verheerendere Folgen haben als die ABC-Waffen (die atomaren, biologischen und chemischen Waffen) zusammengenommen, denn er wird sich außer dieser drei Waffen noch vieler anderer Dinge bedienen, um sein erstes Ziel, das einfachste und unmittelbarste, zu erreichen: alles Bestehende zu zerstören, um ... etwas Neuem Platz zu schaffen. Ich erinnere daran, daß schon 1912 eine Schülerin von Freud, Sabine Spielrein, einen Aufsatz mit dem bezeichnenden Titel: »Die Destruktion als Ursache des Werdens«, geschrieben hatte. Letztlich ist die Existenz der Menschheit nicht unerläßlich und ihr Verschwinden nicht mehr undenkbar, als Vorbedingung dafür, daß auf dem Planeten andere Formen des Lebens entstehen als die menschliche.

Vielleicht erwartet uns der Krieg, das allgemeine Massaker, d. h. eine Abreaktion des Spieltriebs weltweiten Ausmaßes.

Die Alternative besteht darin, daß der Spieltrieb, rechtzeitig in die Strukturen der Gesellschaft eingegliedert, seine zweite Funktion erfüllt: Verbände, soziale Systeme, Lebensformen zu organisieren, die einer höheren Organisationsebene entsprechen. Und in der Tat stellt die Gregarisierung der Gattung (ob sie uns nun gefällt oder nicht) solche Organisationstypen in Aussicht. Wenn die Gattung Mensch nicht will, daß das Spiel des Todes bis zum bitteren Ende gespielt wird, kann sie das nur dadurch verhindern, daß sie das »Gesellschafts«-Spiel bis zu Ende spielt.

Es scheint auf der Hand zu liegen – aber das wird sich vielleicht erst allmählich herausstellen –, daß die Regeln des Gesellschaftslebens »Spielregeln« sind; zum Beispiel unterscheiden sich die Regeln eines bestimmten Spiels in den bürgerlichen Gesellschaften und in den sozialistischen Gesellschaften. Dennoch muß man die Tatsache berücksichtigen, daß es in diesen beiden Gesellschaftstypen, um nur von diesen zu reden, theoretische Regeln, eine Fassade gibt, aber daß die Wirklichkeit, die sich hinter diesen Fassaden verbirgt – das Spiel, das wirklich gespielt wird – ganz anders aussieht. Einige Menschen – und gerade das macht Sinowjews Analyse so faszinierend – schauen hinter die Fassade und stellen fest, daß sich die tatsächlich praktizierten Spielregeln von den verkündeten Spielregeln unterscheiden. Aber man muß auch sagen, daß dies immer und bei allen Spielen der Fall ist, wo man zwar nach den Regeln, aber auch mit den Regeln spielt. Beim Bridge, beim Fußball ist es nicht anders.

Schon jetzt gibt eine »Spiel«-Analyse der Strategie im Weltmaßstab Aufschlüsse über das Verhalten des neuen China, die weit über die Feststellungen hinausgehen, die jedermann aufgrund der Zeitungslektüre treffen kann. Man darf nicht vergessen, daß die Chinesen schon immer einen sehr ausgeprägten Spieltrieb besessen haben, einen ebenso ausgeprägten wie die Griechen des Altertums; daß sie genau wissen, daß Spiele zu zweit und die zu viert stabil sind, Spiele zu dritt dagegen instabil und gefährlich. In dem Augenblick, da China in den Rang einer dritten Großmacht aufzusteigen gedenkt, braucht es einen vierten Partner, um die Partie auszugleichen und zu stabilisieren; sonst erwartet uns der Krieg, dessen Ausgang ebenso unvorhersehbar wie katastrophal wäre. Dieser vierte Partner könnte Europa sein; er könnte auch Japan sein, aber – gemäß der Spieltheorie – sehr wahrscheinlich nicht beide zugleich.

Schließlich bildet die Analyse des Spieltriebs, seiner Manifestationen und der entsprechenden Institutionen die einzig mögliche Basis für eine neue Ethik, die Ethik des dritten Jahrtausends.

Im wissenschaftlichen Zeitalter haben die Offenbarungen ihre Glaubwürdigkeit verloren. Man mag die Zehn Gebote noch so oft in den verschiedensten Tonlagen wiederholen, niemand wird mehr glauben, daß es notwendig ist, »im Schweiße seines Angesichts sein Brot zu verdienen«, »mit Schmerzen Kinder zu gebären«, daß es verboten ist, »seinen Samen unnütz zu vergießen«. Woraus aber ein Bezugssystem herleiten, welches das menschliche Dasein zu strukturieren vermag? Einzig aus der Ethik des Spiels, die verlangt, daß man beim Spielen gleich welchen Spiels die Spielregeln beachtet – auch wenn man dann andere Regeln erfinden und ein anderes Spiel spielen wird: Spiel gegen Spiel: das ist regelgerecht!

Angesichts dieser drei Tatsachen – Abbröckeln der traditionellen Werte, Heraufkunft einer Freizeitzivilisation (die im übrigen in materieller Hinsicht eine karge Zivilisation sein wird), Gregarisierung der Gattung – neigt man zu der Ansicht, daß nur eine Ethik des Spiels es der Gattung Mensch erlauben wird, noch einmal davonzukommen und die Partie für einige Jahrtausende noch einmal anzukurbeln.

Dies sind Dinge, die schmerzlich zu hören und vielleicht schwer zu fassen sind; aber wie Max Planck am Ende seines Lebens sagte: *Umdenken tut not.*

Pierre Bertaux

(Aus dem Französischen von Eva Moldenhauer)

Pierre Bertaux
im Suhrkamp Verlag

Friedrich Hölderlin. 1978. 664 Seiten. Ln.
Hölderlin und die Französische Revolution. 1969. 208 Seiten.
edition suhrkamp, Band 344.

Spiele und Vorspiele. Spielelemente in Literatur, Wissenschaft
und Philosophie. Eine Sammlung von Aufsätzen aus Anlaß
des 70. Geburtstages von Pierre Bertaux. Herausgegeben von
Hansgerd Schulte. 1978. 138 Seiten. *suhrkamp taschenbuch*,
Band 485.

st 530 Wolfgang Koeppen, Reisen nach Frankreich
176 Seiten
Die *Reisen nach Frankreich* führen vom äußersten Norden bis nach Marseille und Nizza. Aber bei allen Städten Frankreichs in der Provinz, die Koeppen besucht, spürt er die große Sehnsucht, die nach Paris gerichtet ist. So schließt auch wie selbstverständlich ein großes Paris-Kapitel dieses Buch, das 1961 erstmals erschien, ab.

st 531 Hermann Lenz, Der russische Regenbogen
Roman
176 Seiten
Die junge Russin Tamara wird 1944 als Kriegsgefangene nach Ostpreußen geschafft, von dort flieht sie nach Italien, gelangt aber nur in das Zwangslager einer süddeutschen Stadt. Ihr moralischer Halt sind ihr Haß und das Gift, das sie in der Jacke versteckt hat. Von den Amerikanern befreit, gibt sie ein Fest, das Opfer und ehemalige Feinde vereint.

st 532 Christiane Rochefort, Frühling für Anfänger
Roman
ca. 240 Seiten
Christoph Ronin, sechzehn Jahre, dreht eines Abends durch. Aus der Beschirmtheit durch den häuslichen Fernsehapparat geht er weg und seiner eigenen Wege. Seine Stationen sind Pommes-frites-Buden, Flipperlokale, eine Bibliothek, drei Betten und ein Parkplatz. Der März im Paris des Jahres 1967 wird zum Vorboten des Pariser Mais 1968.

st 534 Stanisław Lem, Der futurologische Kongreß
Aus Ijon Tichys Erinnerungen
Aus dem Polnischen von I. Zimmermann-Göllheim
Phantastische Bibliothek Band 29
144 Seiten
Im Zeitalter der Psychemie werden alle Sinneswahrnehmungen durch chemische Mittel beeinflußt, die die ganze

menschliche Existenz durchdringen, so daß es keine Wirklichkeit mehr gibt, die nicht chemisch manipuliert wäre. Lem betreibt ein Spiel mit der Sprache und imaginiert beiläufig eine Futurologie, die die Zukunft anhand der Umformungsmöglichkeiten der Sprache erforscht.

st 535 Herbert W. Franke, Sirius Transit
Phantastische Bibliothek Band 30
176 Seiten
Ein neuentdeckter, erdähnlicher Planet und eine Firma, die die Besiedlung organisiert: die SIRIUS TRANSIT. Für Barry Griffin bedeutet der neue Planet die Erfüllung alter Träume und Sehnsüchte, und er hofft, daß der ältere Bruder, der Leiter der SIRIUS TRANSIT, ihm einen Job bei den Erschließungsarbeiten verschaffen kann. Schließlich gelingt es Barry, das Geheimnis der SIRIUS TRANSIT aufzuklären, aber er verirrt sich in diesem System perfekter technischer Illusion, in dem die Unterschiede zwischen Wirklichkeit und Täuschung verfließen.

st 558 Erica Pedretti
Harmloses, bitte
80 Seiten
An den Bildern, die Erica Pedretti in anschaulicher Deutlichkeit entwirft, läßt sich der Übergang von der Deskription einer idyllischen Landschaft, des heilen Lebens zur angedeuteten Tragödie erkennen. Dieses Modell ist in einer gegenständlichen Sprache erzählt, die modernste Erzähltechniken ebenso wie den einfachen Satz aufnimmt. So erweist sich der Text als spiegelndes Glatteis, auf dem der, der Harmloses erwartet, zu Fall kommt.

st 559 Ralf Dahrendorf
Lebenschancen
Anläufe zur sozialen und politischen Theorie
238 Seiten
Dieser Band ist ein Versuch, den Begriff der Lebenschancen als Schlüsselbegriff zum Verständnis sozialer Prozesse zu etablieren und in den Zusammenhang geschichtsphilosophischer Erwägungen zur Frage des Fortschritts, sozialwissenschaftlicher Analysen des Endes der Modernität und politisch-theoretischer Überlegungen zum Liberalismus zu stellen.